第1種電気工事士
筆記試験

50回テスト

若月輝彦　編著

弘文社

はじめに

　第一種電気工事士試験に合格し，定められた実務経験を積み第一種電気工事士免状を取得すると，最大電力 500 kW 未満の自家用電気工作物の工事を行うことができます（ただし，ネオン工事と非常用予備発電装置工事は除かれます）。また，最大電力 500 kW 未満の自家用電気工作物の許可主任技術者として，自家用電気工作物の事業者の申請により電気主任技術者になることもできます。さらに，第二種電気工事士の免許を所有していなくても，一般用電気工作物の工事も行うことができます（第二種電気工事士の免許を所有していなくても，第一種電気工事士試験を受験することができます）。

　このように，第一種電気工事士免状を取得すると，特殊な工事を除いて電気工作物の工事を行うことができる電気工事のスペシャリストになります。また，第一種電気工事士免状を取得すると，実務経験なしで電気工事施工管理技術検定1級の受験資格も取得することができ，電気工事施工管理の管理技術者としての道も開かれます。

　第一種電気工事士の学習を行えば，第3種電気主任技術者試験の基礎を学習することになり，将来電気主任技術者を目指している受験者にとって大変メリットのある試験といえます。

　第一種電気工事士試験は，本書で取り上げた筆記試験の他に技能試験があります。技能試験は，筆記試験免除者と筆記試験合格者が受験することができ，技能試験に合格すると第一種電気工事士免状を取得することができます。技能試験の問題の候補が事前に発表されるようになり，以前よりも合格することが容易になりました。

　本書を活用して筆記試験の合格の栄冠を勝ち取られることを期待いたします。

著者

本書の特徴

　本書は，過去に出題された第一種電気工事士試験の問題を項目別に編集したものです。第一種電気工事士試験問題の多くは，過去に出題された問題が繰り返し出題されています。つまり，過去問題を解くことができれば，合格することができるということです。そこで，過去に出題された問題を精選して50回のテストとしてまとめ上げました。1日1テストを学習すれば，2ヵ月で合格することも不可能ではありません。学習回数がはっきりと示されているので，学習計画が立て易いでしょう。

　本書の最大の特徴は，多くの受験者が苦手とする計算問題を最後にしていることです。ほぼすべての第一種電気工事士のテキストなどは電気理論から始まりますが，本書では必要最小限な電気の基礎を最初に学び，後の学習の基礎となるようにしています。なぜこのような構成にしたかというと，第一種電気工事士の試験内容が変更され，計算問題が減り，配線図関係の問題が増え，さらに第二種電気工事士試験で出題される鑑別問題が出題されるようになったからです。配線図関係の問題と鑑別問題を合計すると毎年18～19問程度出題されるので，計算問題ができなくとも合格基準の30問の60％程度を獲得することができます。後の11～12問を計算問題以外の問題20問程度から解答できれば見事合格可能です。もちろん，この受験方法が不安な受験者の第3種主任技術者試験の基礎となる第42回～第50回の計算問題の学習を妨げるものではありません。時間のある受験者は，第1回～第50回テスト，時間の無い受験者は，第1回～第41回テストまでを十分に学習されるといいでしょう。

　本書では機器および材料などの写真と図記号が繰り返し示されています。新しい試験方式では，これらの習得が必要不可欠となりますので，写真を見て機器の名称及び用途並びに図記号までリンクして覚えるようにして下さい。そうすれば合格は見えてきます。

目 次

はじめに……………………………………………………………… 3
本書の特徴…………………………………………………………… 4
受験ガイド…………………………………………………………… 8

第1章　電気の基礎
第1回テスト　電気の基礎……………………………………………10

第2章　電気応用
第2回テスト　照明……………………………………………………20
第3回テスト　電熱……………………………………………………28

第3章　電気機器・材料・工具
第4回テスト　変圧器1…………………………………………………38
第5回テスト　変圧器2…………………………………………………44
第6回テスト　電動機関連……………………………………………48
第7回テスト　高圧開閉器等…………………………………………56
第8回テスト　電力用コンデンサ……………………………………64
第9回テスト　高圧機器等……………………………………………70
第10回テスト　半導体応用機器………………………………………74
第11回テスト　材料1…………………………………………………82
第12回テスト　材料2…………………………………………………88
第13回テスト　材料3…………………………………………………94
第14回テスト　材料4………………………………………………100
第15回テスト　工具…………………………………………………104

第4章　発電・変電・送電施設
第16回テスト　発電関係1……………………………………………110
第17回テスト　発電関係2……………………………………………116
第18回テスト　発電関係3……………………………………………124

第19回テスト	変電所	130
第20回テスト	変電配電	136
第21回テスト	送電	142

第5章　受電設備
第22回テスト	受電設備1	150
第23回テスト	受電設備2	156
第24回テスト	受電設備3	164

第6章　電気工事の施工方法
第25回テスト	電気工事の施工方法1	174
第26回テスト	電気工事の施工方法2	184
第27回テスト	電気工事の施工方法3	192
第28回テスト	電気工事の施工方法4	200

第7章　電気法規関係
第29回テスト	電気法規関連1	214
第30回テスト	電気法規関連2	222
第31回テスト	電気法規関連3	230

第8章　自家用電気工作物の工事
第32回テスト	自家用電気工作物の工事1	238
第33回テスト	自家用電気工作物の工事2	246
第34回テスト	自家用電気工作物の工事3	254

第9章　シーケンス
第35回テスト	シーケンス1	264
第36回テスト	シーケンス2	272
第37回テスト	シーケンス3	278

第10章　配線図
| 第38回テスト | 高圧受電設備の配線図1 | 286 |
| 第39回テスト | 高圧受電設備の配線図2 | 292 |

| 第40回テスト | 高圧受電設備の配線図3 | 298 |
| 第41回テスト | 高圧受電設備の配線図4 | 304 |

第11章　電気理論

第42回テスト	電気理論1	312
第43回テスト	電気理論2	320
第44回テスト	電気理論3	328
第45回テスト	電気理論4	336
第46回テスト	電気理論5	342

第12章　配電理論

第47回テスト	配電1	350
第48回テスト	配電2	358
第49回テスト	配電3	366
第50回テスト	配電4	372

受 験 ガ イ ド

第一種電気工事士に合格すると次のような電気工事及び管理をすることができます。
- (a) ネオンと非常用予備発電装置の工事を除く，最大電力 500 kW 以下の自家用電気工作物の電気工事
- (b) 一般用電気工作物の電気工事
- (c) 経済産業局長の許可を受ければ，最大電力 500 kW 以下の自家用電気工作物の電気主任技術者として選任することができます。

1. 受験資格

受験資格には，学歴，年齢，性別及び経験等の制限はありません。誰でも受験することができます。

2. 受験手付

受験申込書配布時期　毎年 6 月下旬頃
受験願書受付期間　毎年 7 月上旬～7 月下旬頃
郵便窓口受付による申し込みと，インターネットによる申し込みがあります。

3. 試験実施日

筆記試験　毎年 10 月上旬の日曜日
技能試験　毎年 12 月上旬の日曜日
受 験 料　10,900～11,300 円
　（技能試験不合格者は次の年度の受験のみ筆記試験免除）

4. 筆記試験の出題方式

筆記試験の出題方式は四肢択一方式で，一般問題 40 問，配線図 10 問の合計 50 問です。配点は 1 問 2 点になっています。

5. 筆記試験合格基準

原則 60 点以上となっていますが，そのときの受験者の平均により変動する場合がありますので，合格点すれすれの受験者も試験センターが発表するまでは希望を捨てないで下さい。

* 試験日時等は変更される場合がありますので，必ず期日が近づいたならば，財団法人電気技術者試験センター(http://www.shiken.or.jp/)に問い合わせて下さい。

第1章
電気の基礎

> 1. 電気の基礎（第1回テスト）
> （正解・解説は各回の終わりにあります。）

※本試験では，各問題の初めに以下のような記述がございますが，本書では，省略しております。

次の各問には4通りの答え（イ，ロ，ハ，ニ）が書いてある。それぞれの問いに対して答えを1つ選びなさい。

第1回テスト　電気の基礎

	問い	答え
1	導体について導電率の大きい順にならべたものは。	イ．銅　銀　アルミニウム ロ．銅　アルミニウム　銀 ハ．銀　アルミニウム　銅 ニ．銀　銅　アルミニウム
2	温度が上昇すると抵抗値が減少するものは。	イ．ニクロム線 ロ．銅導体 ハ．アルミニウム導体 ニ．シリコン半導体
3	電界の強さの単位として，正しいものは。	イ．〔V/m〕 ロ．〔F〕 ハ．〔H〕 ニ．〔A/m〕
4	図のように，面積 S の平板電極間に，厚さが d で誘電率 ε の絶縁物が入っている平行平板コンデンサがあり，直流電圧 V が加わっている。このコンデンサの静電容量 C に関する記述として，正しいものは。	イ．電圧 V に比例する。 ロ．電極の面積 S に比例する。 ハ．電極の離隔距離 d に比例する。 ニ．誘電率 ε に反比例する。

5	図のように，円形に巻かれたき数 N のコイルがあり，電流 I〔A〕が流れている。円形コイルの中心 A 点の磁界の強さは。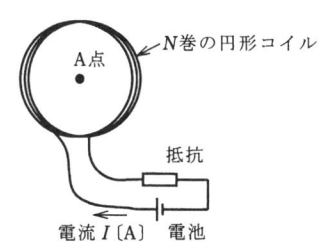	イ．NI に比例する。 ロ．N^2I に比例する。 ハ．NI^2 に比例する。 ニ．N^2I^2 に比例する。
6	図のように，2本の電線が離隔距離 d〔m〕で平行に取り付けてある。両電線に直流電流 I〔A〕が図に示す方向に流れている場合，これらの電線間に働く電磁力は。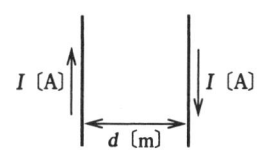	イ．$\dfrac{I}{d^2}$ に比例する ロ．$\dfrac{I}{d}$ に比例する ハ．$\dfrac{I^2}{d}$ に比例する ニ．$\dfrac{I^2}{d^2}$ に比例する

7	図のような正弦波電圧波形に関する記述として，誤っているものは。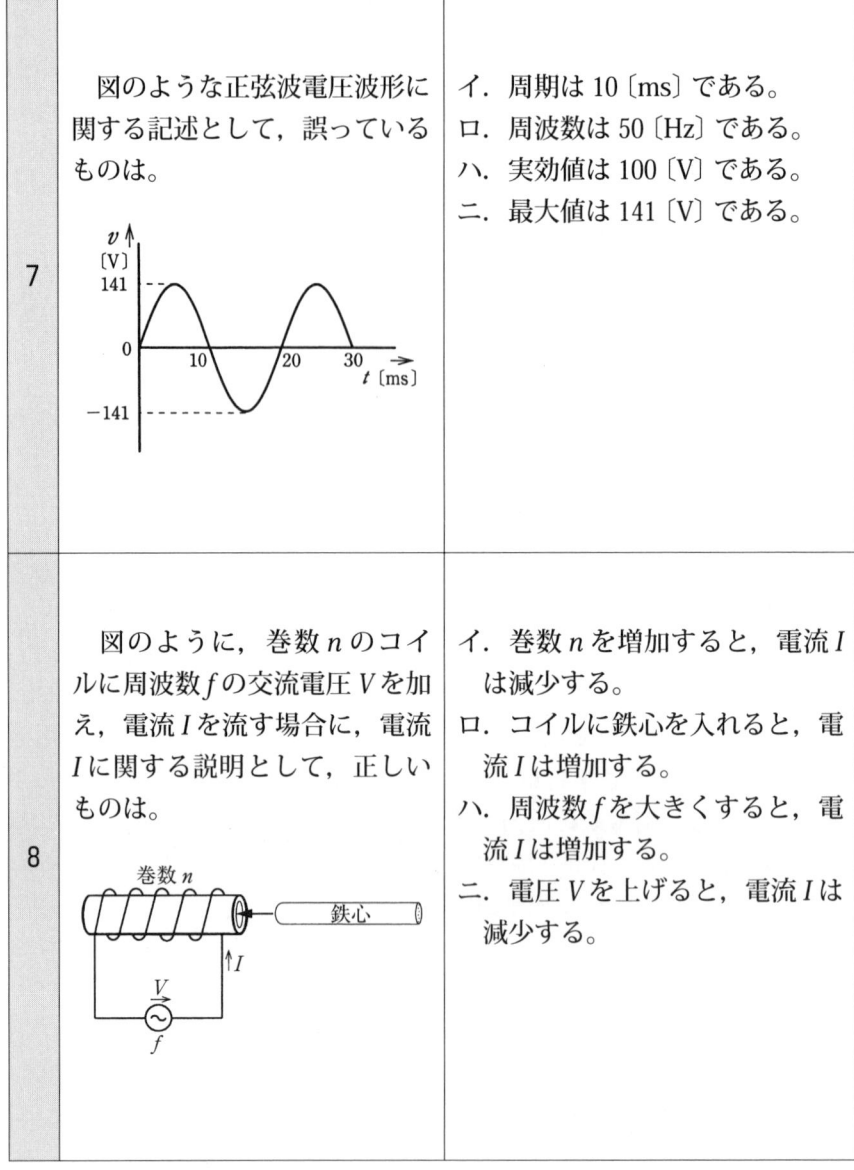	イ．周期は 10 〔ms〕である。 ロ．周波数は 50 〔Hz〕である。 ハ．実効値は 100 〔V〕である。 ニ．最大値は 141 〔V〕である。
8	図のように，巻数 n のコイルに周波数 f の交流電圧 V を加え，電流 I を流す場合に，電流 I に関する説明として，正しいものは。	イ．巻数 n を増加すると，電流 I は減少する。 ロ．コイルに鉄心を入れると，電流 I は増加する。 ハ．周波数 f を大きくすると，電流 I は増加する。 ニ．電圧 V を上げると，電流 I は減少する。

9 図のような回路において，スイッチSを閉じた瞬間から，定常状態に至るまでの回路に流れる電流 i の変化を示す図は。

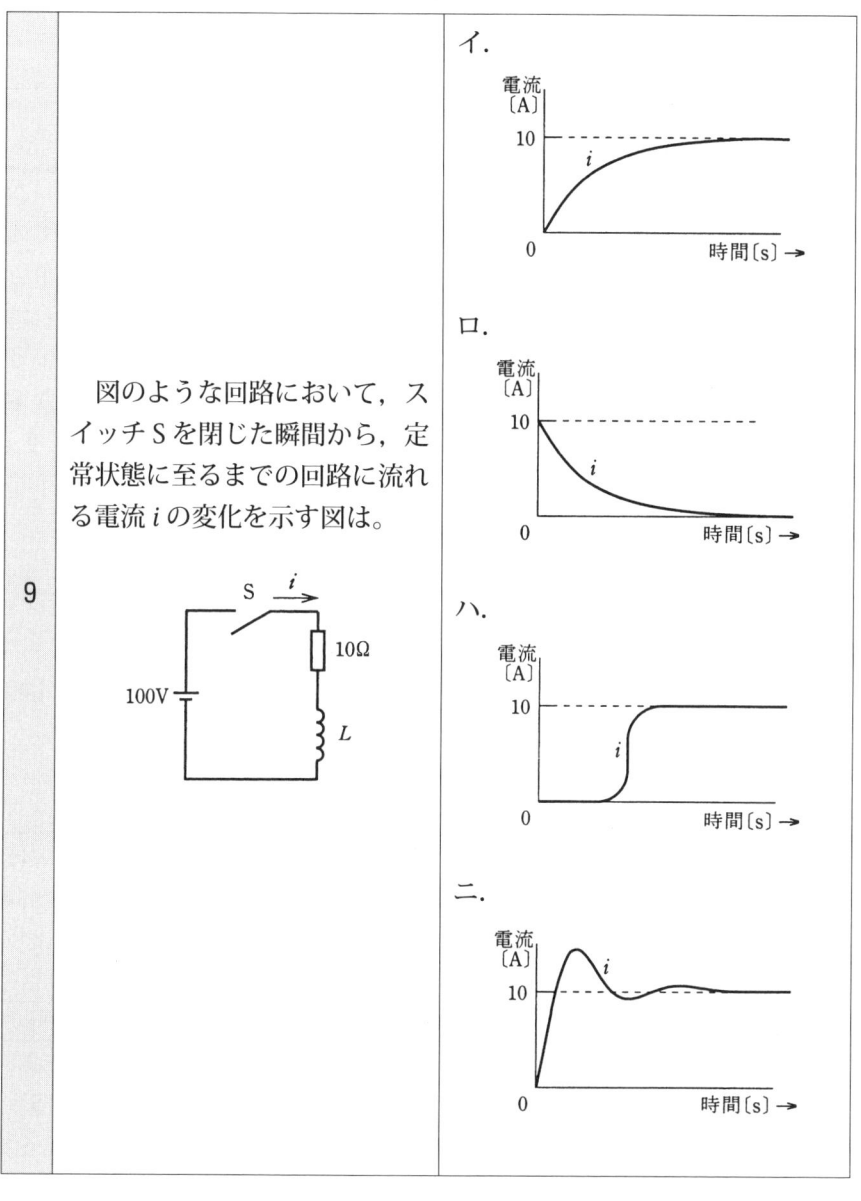

第1回テスト　解答と解説

問題1　【正解】（ニ）

　電気を通す金属を**導体**といいます。電気ストーブの熱源となるニクロム線などの抵抗体も良導体ではありませんが導体の仲間です。導体としての電線の材料は大きく分けて**銅**と**アルミ**が使用されます。低圧の電気工事では銅が主に使用されています。**抵抗率 ρ（ロー）〔$\Omega \cdot m$〕**は電流の流れにくさを表し，電流の流れ易さを表す概念として**導電率 σ（シグマ）**という表し方があります。電線として使用する場合には導電率が大きいほうが電圧降下が小さくなります。導電率 σ〔S/m〕（Sはジーメンスといいます）は抵抗率 ρ〔$\Omega \cdot m$〕の逆数で，

$$\sigma = \frac{1}{\rho} \text{〔S/m〕}$$

となります。代表的な導体の導電率の大きい順に並べると，

　　銀 ＞ 銅 ＞ アルミ ＞ 鉄

のようになります。銀は銅よりも導電率が良いですが価格が高いので電線としては用いません。

問題2　【正解】（ニ）

　導体は**温度が上昇**すると**抵抗率が上昇**（導電率が減少）します。半導体は逆に**温度が上昇**すると**抵抗率が減少**（導電率が上昇）します。これと同じ現象が現れるのが「**サーミスタ**」という抵抗体です。覚えておきましょう。

問題3　【正解】（イ）

　「**電界**」とは，簡単にいうと電圧がかかっている空間の状態をいいます。電界の強さの単位は電圧に関わるので〔V/m〕となります。〔F〕（ファラッド）は**静電容量**の単位，〔H〕（ヘンリー）は**インダクタンス**の単位，〔A/m〕は**磁界の強さ**の単位です。

問題4　【正解】（ロ）

　問題のようなコンデンサを平行平板コンデンサといいます。**静電容量 C** とは，どれくらい電荷を蓄えられるかの目安を表します。平行平板コンデ

ンサの電極の面積を S, 平板電極間の距離を d, 誘電率を ε（イプシロン）とする絶縁物が平板電極間の距離 d 分詰まっている場合の静電容量 C は，

$$C = \varepsilon \frac{S}{d}$$

で与えられます。この式より，**静電容量** C は電極の**面積** S に**比例**することが解ります。問題の図にあるように静電容量 C 〔F〕に電圧 V 〔V〕を加えたときに蓄えられる電荷 Q 〔C〕は，

$$Q = CV \text{〔C〕}$$

で与えられるので，**電圧** V 〔V〕に**比例**するのは「**電荷**」となります。〔C〕は電荷のクーロンです。

　コンデンサに直流電圧を加えると加えた瞬間は電流が流れますが，やがて流れなくなります。しかし，電圧が交流であると様子が違ってきます。交流の周波数が f 〔Hz〕，コンデンサの静電容量が C 〔F〕であるとき，周波数が f 〔Hz〕の交流に対して，

$$X_c = \frac{1}{2\pi fC} \text{〔Ω〕}$$

の抵抗を示すようになります。単位は直流の抵抗と同じように〔Ω〕となります。これは**進相リアクタンス**と呼ばれます。実際に出題される問題では上式を計算することはほとんど無く，$X_c = 10$ 〔Ω〕のように与えられることが多いです。これは電気理論や配電理論で必要となる知識なので，計算問題を勝負と考える受験者は覚える必要があります。

問題5　【正解】（イ）

　図1のように半径 r 〔m〕の円形状になっている1巻の導体に電流 I 〔A〕が流れているときの円の中心の**磁界の大きさ** H 〔A/m〕は，

$$H = \frac{I}{2r} \text{〔A/m〕}$$

で与えられます。これより**磁界の大きさ**は，**電流の大きさ** I 〔A〕に**比例**することがわかります。この式は覚えなくともいいでしょう。さらに巻数が N 回であると磁界の大きさは N 倍となります。図2のような直線状の導体に電流が流れているときのP点の磁界の強さは，

$$H = \frac{I}{2\pi r} \text{〔A/m〕}$$

で与えられます。この式は覚えなくとも**磁界の強さ**は同じように**電流に比例**することが解れば十分です。（この2式は電験3種の試験では必須です）

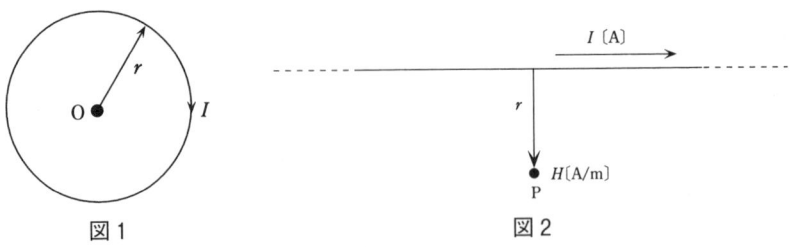

図1　　　　　　　　　図2

問題6　【正解】（ハ）

　2本の電線が離隔距離 d〔m〕で平行に取り付けてある場合の電線間に働く電磁力は $\dfrac{I^2}{d}$ に比例します。電線に働く力は問題の図のように電流の方向が「**反対方向**」の場合には「**反発力**」，「**同方向**」の場合には「**吸引力**」になります。

問題7　【正解】（イ）

　交流とは一般に図3に示すような**正弦波**と呼ばれる波形をいいます。**周波数** f〔Hz〕の正弦波とは1秒間に波形の繰り返しが f 回繰り返されます。**周期** T〔s〕**とは周波数の逆数**をいいます。図3の波形の範囲が **1周期** となります。50〔Hz〕の正弦波の1周期は，

$$T = \dfrac{1}{f} = \dfrac{1}{50} = 0.02 \text{〔s〕} = 20 \text{〔ms〕}$$

となります。図4において波形のピークを最大値 V_m〔V〕といい，**最大値** V_m〔V〕の $1/\sqrt{2}$（≒ 0.707）の値を**実効値** V〔V〕といいます。通常，図4で示すように交流電圧は実効値で表すので特に指示のない場合には実効値として取り扱います。問題の実効値は，$141 \times 0.707 = 100$〔V〕となります。

電気の基礎

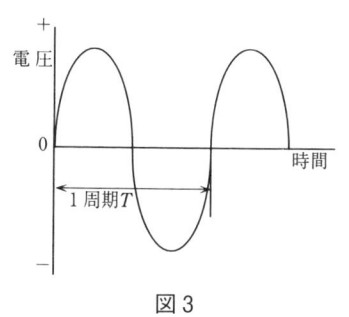

図3

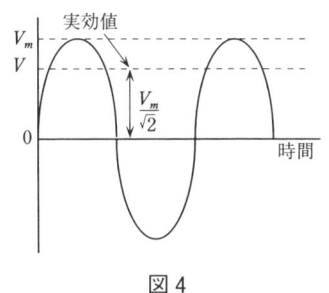

図4

問題8 【正解】（イ）

　問4のように，コンデンサに直流電圧を加えると加えた瞬間は電流が流れますがやがて流れなくなります。このことは直流に対してはコンデンサの抵抗が無限大であるといえます。問題の図のようなコイルに直流電流を流すと流れる電流はコイル自身が持つ抵抗分に相当する電流しか流れません。しかし，コイルに交流電圧を加えるとこの抵抗分のほかに周波数 f〔Hz〕に比例した抵抗分が発生します。コイルのインダクタンスを L〔H〕とすると交流に対する抵抗分を**遅相リアクタンス** X_L〔Ω〕といい，

$$X_L = 2\pi f L \,〔Ω〕$$

となります。コンデンサのときと同じように実際に出題される問題では上式を計算することはほとんど無く，$X_L = 10$〔Ω〕のように与えられることが多いです。（この式は電験3種の試験では必須です）X_L は式でわかるように周波数とインダクタンスに比例します。**インダクタンス**はコイルの巻数を増加するか，内部に**鉄心**を入れると**大きくなる**ので X_L は増加します。電源の電圧の実効値を V〔V〕とするとこのとき流れる電流 I〔A〕は，

$$I = \frac{V}{X_L} \,〔A〕$$

となるので，X_L が大きくなる条件になると電流は小さくなります。

問題9 【正解】（イ）

　コンデンサに直流電圧を加えると加えた瞬間は電流が流れますがやがて流れなくなりました。インダクタンスに直流電圧を加えると加えた瞬間は電流が流れなく，次第に電流は流れるようになって問題の答えの（イ）のような変化をします。電流の立ち上がりの変化は直列に接続されている抵

抗やインダクタンス自身の抵抗の大きさによって変化します。また，コンデンサに抵抗を直列に接続して直流電圧を加えたときの電流の変化は問題の答えの（ロ）のような変化をします。これを「**過渡現象**」といいます。通常我々が電気機器のスイッチを入り切りしているとき，回路の内部ではこのような現象が生じているのです。難しく考えずにこのように変化するのだなと覚えてしまいましょう。（電験3種を受験するようになるともう少し進んだ学習をするようになります。）

　類似問題として，「図5のような回路において，スイッチをとじたときの電圧 v の時間的な変化を示す図は。」
という問題が出題されています。電圧 v の時間的な変化は，問9の答えの図を流用すると電流を電圧と読み替えると（イ）のような変化をします。コイルとコンデンサは電流の変化と電圧の変化が同じような変化になることを覚えてください。今はこれで十分です。

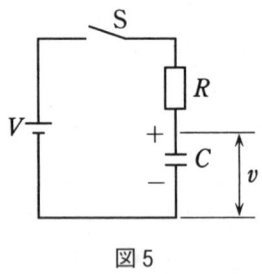

図5

第2章
電気応用

- 1. 照明（第2回テスト）
- 2. 電熱（第3回テスト）

（正解・解説は各回の終わりにあります。）

※本試験では，各問題の初めに以下のような記述がございますが，本書では，省略しております。

次の各問には4通りの答え（イ，ロ，ハ，ニ）が書いてある。それぞれの問いに対して答えを1つ選びなさい。

第2回テスト　電気応用（照明）

	問い	答え
1	照明に関する記述として，誤っているものは。	イ．蛍光ランプには水銀が入っている。 ロ．白熱電球の内部は一般的に不活性ガスが封入してある。 ハ．蛍光灯用の点灯管（グロースタータ）はバイメタルの機能を利用している。 ニ．キセノンランプは白熱電球の一種である。
2	電源を投入してから，点灯するまでの時間が最も短いものは。	イ．ラピッドスタート形蛍光ランプ ロ．メタルハライドランプ ハ．高圧水銀ランプ ニ．高圧ナトリウムランプ
3	光源に関する記述として，正しいものは。	イ．白熱電球の消費電力は，電源の周波数が50〔Hz〕から60〔Hz〕に変わっても同じである。 ロ．蛍光灯の発光効率〔lm/W〕は，白熱電球より低い。 ハ．白熱電球の寿命は，電源電圧の高低に影響されないい ニ．ハロゲンランプは，放電灯の一種である。

4	ラピッドスタート形蛍光灯に関する記述として，正しいものは。	イ．安定器は不要である。 ロ．グロー放電管（グロースタータ）が必要である。 ハ．即時（約1秒）点灯が可能である。 ニ．Hf（高周波点灯専用型）蛍光灯よりも高効率である。
5	照明用の光源のうち，光源の効率〔lm/W〕が最も高いものは。	イ．ハロゲン電球 ロ．高圧ナトリウムランプ ハ．高圧水銀ランプ ニ．一般照明用電球
6	図Aのように光源から1〔m〕離れたa点の照度が100〔lx〕であった。図Bのように光源の光度を4倍にし，光源から2〔m〕離れたb点の照度〔lx〕は。	イ．50 ロ．100 ハ．200 ニ．400
7	面積がS〔m²〕の床に入る全光束がF〔lm〕であるとき，床の平均照度E〔lx〕を示す式は。	イ．$E = \dfrac{S}{F}$　　ロ．$E = \dfrac{F}{S^2}$ ハ．$E = \dfrac{F^2}{S}$　　ニ．$E = \dfrac{F}{S}$

8	写真に示す品物の名称は。	イ．キセノンランプ ロ．ハロゲン電球 ハ．LED ニ．高圧ナトリウムランプ
9	写真に示す品物の用途は。	イ．電源の周波数測定に用いる。 ロ．磁束の測定に用いる。 ハ．照度の測定に用いる。 ニ．騒音の測定に用いる。

第2回テスト　解答と解説

問題1　【正解】（ニ）

(1) 白熱電球の特徴

① 白熱電球の内部は一般的に**不活性ガス**が封入してあり，フィラメントの蒸発を抑制して寿命が延びるようにしてあります。

② フィラメントの抵抗は**温度**が**上昇**すると**抵抗値が増加**する性質があるので，点灯前の抵抗値は点灯後の抵抗値に比べて小さな値となっています。100〔V〕，100〔W〕の白熱電球の点灯後の抵抗値 R〔Ω〕は，

$$P = \frac{V^2}{R}$$

より，

$$R = \frac{V^2}{P} = \frac{100^2}{100} = 100 \text{〔Ω〕}$$

ですが，点灯前はこの値よりも小さくなっています。

③ 白熱電球の**寿命**は**電圧**が**上昇**すると**短く**なり，電圧が**減少**すると**長く**なる特徴があります。

④ 白熱電球は，電源の周波数が 50〔Hz〕から 60〔Hz〕の商用周波数では周波数の変化による消費電力の変化はありません。

(2) 蛍光ランプ

蛍光ランプは「**放電灯**」に分類され白熱電球とは発光の原理が異なります。放電灯の代表的な種類は次のようになります。

① 放電等の種類

イ．キセノンランプ

ロ．メタルハライドランプ

ハ．高圧水銀ランプ

ニ．高圧ナトリウムランプ

ホ．低圧ナトリウムランプ

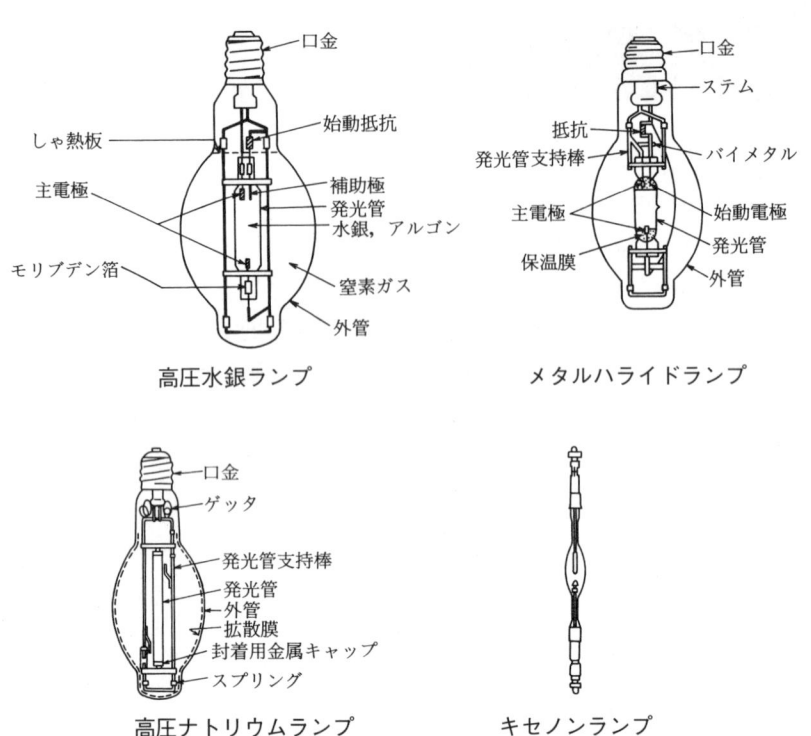

高圧水銀ランプ　　　　メタルハライドランプ

高圧ナトリウムランプ　　キセノンランプ

②　蛍光ランプの発光原理
　蛍光ランプの内部には水銀が封入されていて，水銀による**紫外線**がランプ内壁の発光体を光らせます。
③　始動方式
　蛍光ランプに電源電圧をそのまま加えても点灯しません。何らかの方法で点灯時にランプの電極間に高電圧を発生させる必要があります。現在，蛍光ランプの点灯方式を大きく分類すると，点灯管（**グロースタータ**）方式，ラピッドスタート方式，Hf（**高周波点灯専用型**）方式があります。点灯管方式では，内部にバイメタルが入っていてバイメタルの機能を利用して点灯のきっかけを作ります。点灯には数秒ほど時間が掛かります。ラピッドスター方式はグロースタータは必要なく，安定器で高電圧を発生するようにして即時（約1秒）点灯が可能です。Hf（高周波点灯専用型）方式は，電子回路で構成され，先の2方式よりも効率が良く軽量で即時点灯ができ高周波で動作するのでチラツキもなく，またワット数あたりの明るさも高いのが特徴です。高周波を発生させるために

インバータが必要となります。

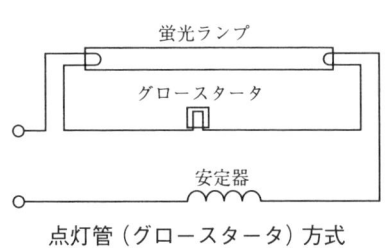

点灯管（グロースタータ）方式

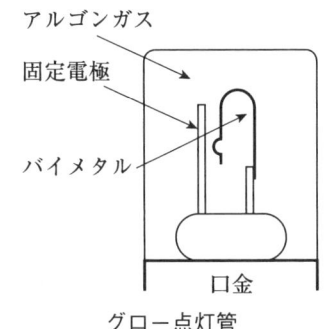

グロー点灯管

問題2　【正解】（イ）

蛍光ランプ以外の「**放電灯**」は点灯に**時間が掛かる**のが特徴です。覚えておきましょう。ハロゲン電球（ハロゲンランプ）も放電灯ではないので点灯は瞬時に行われます。

問題3　【正解】（イ）

光源の発光効率とは単位消費電力当たりどれくらいの光束を出すかで比較されます。光束の単位は「〔lm〕**ルーメン**」です。光束の定義は少々難しいので光源の明るさを表すひとつの表現だと考えてください。光束が多く出る光源は明るいと考えてよいでしょう。代表的な光源の発光効率の例を示します（W数などにより数値は異なってくるのであくまでも目安としてください）。

光源の種類	ランプ効率〔lm/W〕	光源の種類	ランプ効率〔lm/W〕
白熱電球	14	ハロゲン電球	16
一般蛍光ランプ	48	高圧水銀ランプ	51
メタルハライドランプ	100	高圧ナトリウムランプ	106
低圧ナトリウムランプ	139	キセノンランプ	30

問題4 【正解】(ハ)

ラピッドスタート形蛍光灯は，安定器が必要でグロースタータが必要ありません。**即時点灯**（約1秒）が可能で，Hf方式よりは効率が悪いのが特徴ですね。

問題5 【正解】(ロ)

高圧ナトリウムランプが一番高いです。

問題6 【正解】(ロ)

光度とは光源の明るさを表す量をいいます。光源の光度が I 〔cd〕（**カンデラ**）のとき，光源の直下 d 〔m〕の照度 E 〔lx〕（**ルックス**）は，

$$E = \frac{I}{d^2} \text{〔lx〕}$$

で求めることができます。問題において，光源から1〔m〕離れたa点の照度が100〔lx〕なので，$I = Ed^2$ 〔cd〕より，

$$I = 100 \times 1^2 = 100 \text{〔cd〕}$$

として光源の光度が求められます。光源の光度を4倍，$I = 100 \times 4 = 400$〔cd〕として，距離を2倍，$d = 1 \times 2 = 2$〔m〕とすると，

$$E = \frac{I}{d^2} = \frac{400}{2^2} = \frac{400}{4} = 100 \text{〔lx〕}$$

となります。この式で求められる照度は問題7の平均照度とは異なり，ある**一点の照度**を計算する場合に用います。式の使い分けに注意しましょう。類似問題として次のような問題が出題されています。

	問い	答え
	照度に関する記述として，正しいものは。	イ．被照面に当たる光束を一定としたとき，被照面が黒色の場合の照度は，白色の場合の照度より小さい。 ロ．屋内照明では，光源から出る光束が2倍になると，照度は4倍になる。 ハ．1〔m²〕の被照面に1〔lm〕の光束が当たっているときの照度が1〔lx〕

	である。 ニ．光源から出る光度を一定としたとき，光源から被照面までの 2 倍になると，照度は 1 倍になる。

正解は（ハ）ですね。被照面に当たる光束を一定としたとき，被照面が黒色でも，白色でも照度そのものは変わりません。人間の感覚としては異なるように見えますが，照度の定義からはまったく同じになります。

問題7 【正解】（ニ）

照度とは単位面積あたりに照射された光束と等しく，人間の明るさを感じる量を表します。面積が S 〔m²〕の床に入る全光束が F 〔lm〕であるとき，床の平均照度 E 〔lx〕は，

$$E = \frac{F}{S} \text{〔lx〕}$$

で求めることができます。これは部屋の平均照度を求める式となります。面積が一定であれば床の平均照度は光束に比例することがわかります。屋内照明では，光源から出る**光束が 2 倍**になると，**照度は 2 倍**になるということです。

問題8 【正解】（ロ）

これはハロゲン電球の写真です。よく出題されるので覚えておきましょう。

問題9 【正解】（ハ）

これは照度を測定する照度形の写真です。メーターのところに **LUX** と書いてあるので照度（ルックス）を測定するのだということがわかります。

第3回テスト 電気応用（電熱・蓄電池）

	問い	答え
1	電子レンジの加熱方式は。	イ．誘導加熱　ロ．抵抗加熱 ハ．赤外線加熱　ニ．誘電加熱
2	電気加熱方式のうち，5〔MHz〕以上の高周波電源が使用されているものは。	イ．抵抗加熱　ロ．アーク加熱 ハ．誘導加熱　ニ．誘電加熱
3	水4〔ℓ〕を20〔℃〕から63〔℃〕に加熱したとき，この水に吸収された熱エネルギー〔kJ〕は。	イ．41　　　　ロ．172 ハ．180　　　ニ．720
4	定格電圧で1分間に18〔kJ〕の熱量を発生する電熱器の消費電力〔kW〕は。ただし，熱効率は100〔％〕とする。	イ．0.3　　　ロ．0.4 ハ．0.5　　　ニ．0.6
5	1〔kW〕，熱効率60〔％〕の電熱器を用いて，15〔℃〕の水2〔ℓ〕を10分間加熱すると，水の温度は何度〔℃〕になるか。	イ．45　　　　ロ．58 ハ．72　　　　ニ．87
6	消費電力1〔kW〕の電熱器を1時間使用したとき，10リットルの水の温度が43〔℃〕上昇した。この電熱器の熱効率〔％〕は。	イ．40　　　　ロ．50 ハ．60　　　　ニ．70
7	定格電圧100〔V〕，定格消費電力1〔kW〕の電熱器を，電源電圧90〔V〕で10分間使用したときの発生熱量〔kJ〕は。 　ただし，電熱器の抵抗の温度による変化は無視するものとする。	イ．292　　　ロ．324 ハ．486　　　ニ．540

電気応用（電熱・蓄電池）

8	鉛蓄電池の電解液は。	イ．希硫酸 ロ．塩化アンモニウム水溶液 ハ．水酸化カリウム水溶液 ニ．水酸化ナトリウム水溶液
9	鉛蓄電池に関する記述として誤っているものは。	イ．放電すると電解液の比重が上がる。 ロ．充電状態にある1槽の起電力は約2〔V〕である。 ハ．電解液には希硫酸が用いられている。 ニ．開放型蓄電池は補水などの保守が必要である。
10	鉛蓄電池に関する説明として，誤っているものは。	イ．充電された1槽の起電力は約2〔V〕で，放電とともに低下する。 ロ．電解液の比重は，放電時間とともに大きくなる。 ハ．同一の蓄電池で放電電流を大きくすると容量（アンペア時）は小さくなる。 ニ．使用中に液面が低下した場合には，蒸留水を規定液面まで注入する。
11	アルカリ蓄電池に関する記述として，正しいものは。	イ．過充電すると電解液はアルカリ性から中性に変化する。 ロ．充放電によって電解液の比重は著しく変化する。 ハ．1セル当たりの公称電圧は鉛蓄電池より低い。 ニ．過放電すると充電が不可能になる。

第3回テスト 問題

12	鉛蓄電池と比較したアルカリ蓄電池の長所として誤っているものは。	イ．重負荷特性がよい。 ロ．1個の起電力が大きい。 ハ．保守が簡単である。 ニ．小型密閉化が容易である。
13	蓄電池に関する記述として，正しいものは。	イ．アルカリ蓄電池の放電の程度を知るためには，電解液の比重を測定する。 ロ．鉛蓄電池の電解液は，希硫酸である。 ハ．アルカリ蓄電池は，過放電すると充電が不可能になる。 ニ．単一セルの起電力は，鉛蓄電池よりアルカリ蓄電池の方が高い。
14	浮動充電方式の直流電源装置の構成図として，正しいものは。	イ．電源〜整流器―蓄電池―負荷 ロ．電源〜蓄電池―整流器―負荷 ハ．電源〜負荷―整流器―蓄電池 ニ．電源〜整流器―蓄電池―負荷

第3回テスト　解答と解説

電気応用（電熱・蓄電池）

問題1　【正解】（二）

電気加熱の種類には次のようなものがあります。

① 抵抗加熱方式

抵抗加熱方式でよく知られているのが，金属発熱体を用いた電熱器です。金属発熱体にはニクロム線（ニッケル・クロム）と鉄クロム線とがあります。

② 誘導加熱

誘導加熱は金属に高周波磁界を加えたとき発生する**ジュール熱**を利用するものです。誘導加熱には 1 kHz 〜数百 kHz 程度の高周波を使用する高周波誘導加熱と 50 Hz 又は 60 Hz を使用した低周波誘導加熱方式があります。

③ 誘電加熱

誘電加熱は誘電体（絶縁物）を対象にした加熱方式で，数 MHz 〜 80 MHz の高周波を用います。木材の乾燥及び接着などに用いられます。誘電加熱のなかでも周波数が 300 MHz 〜 300 GHz の誘電加熱を**マイクロ波加熱**といいます。誘電加熱とマイクロ波加熱を区別する場合もあります。**電子レンジ**に応用されています。

④ アーク加熱

アーク加熱は金属と電極間にアークを発生させて，アークによる熱で金属を溶解します。アーク炉には**直接アーク炉**と**間接アーク炉**とがあります。

⑤ 赤外線加熱

赤外線加熱は赤外線電球により放射される赤外線により被熱物の表面を加熱することができるので，**塗装面の乾燥**などに使用されています。

問題2　【正解】（二）

これも誘電加熱ですね。

問題3　【正解】（二）

1 [cc] の水の温度を **1 [℃]** 上昇させるために必要な熱量は，**4.2 [J]** となります。一般に，温度 T_1 [℃] の水 M [ℓ]（1 [ℓ] = 1000 [cc]）を温度 T_2 [℃] に上昇させるために必要な熱量 [kJ] は，

$$Q = 4.2\,M\,(T_2 - T_1)\ [\mathrm{kJ}] \quad\cdots\cdots\cdots\cdots\cdots\cdots\cdots\cdots\cdots\cdots\cdots (1)$$

で計算することができます。**4.2**は**水の比熱**といい，物質に固有の値となります。上式に題意の数値を代入すると，

$$Q = 4.2 \times 4 \times (63 - 20)$$
$$= 16.8 \times 43 = 722.4 \fallingdotseq 720\ [\mathrm{kJ}]$$

となります。式(1)は重要なので必ず覚えましょう。

問題4 【正解】(イ)

1 [W] の電力で 1 [s] の時間に発生する電力量 1 [W・s] の電気エネルギーを熱量に換算すると 1 [J] に等しくなります。
1 分間では，$60 \times 1\ [\mathrm{W \cdot s}] = 60\ [\mathrm{J}]$ となり，1 時間では，$60 \times 60 \times 1\ [\mathrm{W \cdot s}] = 3600\ [\mathrm{J}]$ となります。W を kW にすると，

$$1\ [\mathrm{kW \cdot h}] = 3600\ [\mathrm{kJ}] \quad\cdots\cdots\cdots\cdots\cdots\cdots\cdots\cdots\cdots\cdots (2)$$

となります。この式は，**1 [kW]** の電力で **1 時間** (60 分) に発生する熱量を表しています。これは電熱計算の基礎となる重要な関係なのでこのまま暗記して下さい。題意より，1 分間に 18 [kJ] の熱量を 1 時間当たりの熱量 Q [kJ] に換算すると，

$$Q = 18 \times 60 = 1080\ [\mathrm{kJ}]$$

となります。必要な電力 P [kW] は，熱効率は 100 [%] なので，

$$P = \frac{Q}{3600} = \frac{1080}{3600} = 0.3\ [\mathrm{kW}]$$

となります。実際は効率が 100 [%] ということはないので，これよりも大きな値になります。

問題5 【正解】(ロ)

1 [kW] の電熱器が 10 分間で発生する熱量は，1 時間で 3600 [kJ] なので，

$$3600 \times \frac{10}{60} = 600\ [\mathrm{kJ}]$$

ですが，熱効率 60 [%] なので実際に発生する熱量 Q は，

$$Q = 600 \times 0.6 = 360\ [\mathrm{kJ}]$$

となります。式(1)において，$Q = 360$，$M = 2\ [\ell]$，$T_1 = 15\ [\mathrm{℃}]$ とすると，

$$360 = 4.2 \times 2\,(T_2 - 15) = 8.4 T_2 - 8.4 \times 15 = 8.4\,T_2 - 126$$

$$8.4\,T_2 = 360 + 126 = 486\,[\mathrm{kJ}]$$

$$\therefore\quad T_2 = \frac{486}{8.4} \fallingdotseq 58\,[℃]$$

となります。

問題6 【正解】(ロ)

10リットルの水の温度が43[℃]上昇したとき必要な熱量は，式(1)より，

$$Q = 4.2\,M\,(T_2 - T_1) = 4.2 \times 10 \times 43 = 1806\,[\mathrm{kJ}]$$

となります。消費電力1[kW]の電熱器を1時間使用したとき，理論上の発熱量は，3600[kJ]なので，この電熱器の熱効率 η（イータ）[%]は，

$$\eta = \frac{1806}{3600} \times 100 \fallingdotseq 50\,[\%]$$

となります。

問題7 【正解】(ハ)

電圧を V，電熱器の抵抗を R，消費電力を P とすると，

$$P = \frac{V^2}{R}$$

で表すことができます。一般に電熱器の抵抗は電圧が変化して消費電力が変化すればその値は変化します。しかし，題意より温度による変化は無視するので，消費電力は電圧の2乗に比例することになります。定格電圧100[V]，定格消費電力1[kW]である電熱器の消費電力は90[V]になると，

$$1 \times \left(\frac{90}{100}\right)^2 = 1 \times 0.81 = 0.81\,[\mathrm{kW}]$$

となります。発生熱量は電力に比例するので，1時間あたりの発生熱量 Q [kJ]は，

$$Q = 0.81 \times 3600 = 2916\,[\mathrm{kJ}]$$

となり，10分間ではこれの1/6なので，

$$2916 \times \frac{1}{6} = 486\,[\mathrm{kJ}]$$

となります。

問題 8　【正解】（イ）
　鉛蓄電池は，内部に鉛と二酸化鉛が配置されていて，電解液として**希硫酸**が用いられています。

問題 9　【正解】（イ）
　鉛蓄電池 1 個の**公称電圧**は，**2〔V〕**で**放電**すると電解液の比重が**下がる**ので電解液の比重を計ることで放電の進み具合を推定することができます。開放型蓄電池では電解液の水が蒸発してしまうので定期的に補水して**蒸留水**を規定液面まで注入します。

問題 10　【正解】（ロ）
　電解液の比重は，放電時間とともに小さくなりますね。同一の蓄電池で放電電流を大きくすると使用できる容量（アンペア時）は小さくなります。一度に大きな電力を使用するより小さな電力で長時間使用するほうが内部に蓄えているエネルギーを効率よく使用できるということです。

問題 11　【正解】（ハ）
　アルカリ蓄電池は，ニッケル・カドミウム蓄電池やニッケル・水素蓄電池としてよく知られています。**公称電圧は 1.2〔V〕**となっています。答えの（イ），（ロ）及び（ニ）のような現象は生じません。アルカリ蓄電池は，大電流放電や低温特性に優れ，長寿命であるなどの多くの特長があり，さまざまな用途分野で使用されています。

問題 12　【正解】（ロ）
　鉛蓄電池よりアルカリ蓄電池の起電力が小さいのが特徴ですね。アルカリ蓄電池は鉛蓄電池と比較して，
　　① 　重負荷特性がよい。
　　② 　保守が簡単である。
　　③ 　小型密閉化が容易である。
のような特徴があります。

問題 13 【正解】（ロ）
正しくは
　イ．鉛蓄電池の放電の程度を知るためには，電解液の比重を測定する。
　ハ．アルカリ蓄電池は，過放電しても充電は可能である。
　ニ．単一セルの起電力は，鉛蓄電池よりアルカリ蓄電池の方が低い。
です。

問題 14 【正解】（イ）
　浮動充電方式とは蓄電池の**自然放電分**の充電容量を随時保障するための装置です。直流電源装置の構成は図のように交流電圧を整流器で整流して蓄電池を充電します。大きな負荷電流は蓄電池により供給します。

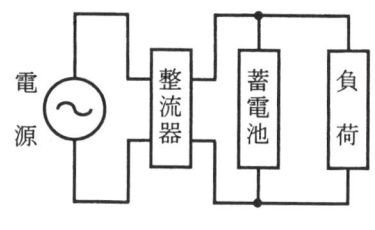

電源 ～ ─ 整流器 ─ 蓄電池 ─ 負荷

浮動充電方式の例

第3章
電気機器・材料・工具

1. 変圧器 1～2　　　（第4回テスト～第5回テスト）
2. 電動機関連　　　（第6回テスト）
3. 高圧開閉器等　　（第7回テスト）
4. 電力用コンデンサ（第8回テスト）
5. 高圧機器等　　　（第9回テスト）
6. 半導体応用機器　（第10回テスト）
7. 材料 1～4　　　（第11回～第14回テスト）
8. 工具　　　　　　（第15回テスト）

（正解・解説は各回の終わりにあります。）

※本試験では，各問題の初めに以下のような記述がございますが，本書では，省略しております。

次の各問には4通りの答え（イ，ロ，ハ，ニ）が書いてある。それぞれの問いに対して答えを1つ選びなさい。

第4回テスト　電気機器（変圧器の特性）

	問い	答え
1	変圧器の鉄損に関する記述として正しいものは。	イ．周波数が変化しても鉄損は一定である。 ロ．鉄損は渦電流損より小さい。 ハ．鉄損はヒステリシス損より小さい。 ニ．一次電圧が高くなると鉄損は増加する。
2	図はある変圧器の鉄損と銅損の損失曲線である。この変圧器の効率が最大となるのは負荷が何パーセントのときか。 （損失[W]：銅損・鉄損の曲線、横軸 負荷[%] 0, 25, 50, 75, 100）	イ．25 ロ．50 ハ．75 ニ．100
3	変圧器の損失に関する記述として，誤っているものは。	イ．無負荷損の大部分は鉄損である。 ロ．負荷電流が2倍になれば銅損は2倍になる。 ハ．鉄損は電源電圧の2乗に比例する。 ニ．銅損と鉄損が等しいときに変圧器の効率が最大となる。

電気機器（変圧器の特性）

第4回テスト 問題

4. 図のように単相変圧器の二次側に20〔Ω〕の抵抗を接続して，一次側に2000〔V〕の電圧を加えたら一次側に1〔A〕の電流が流れた。この時の単相変圧器の二次電圧 V_2〔V〕は。ただし，巻線の抵抗や損失を無視するものとする。

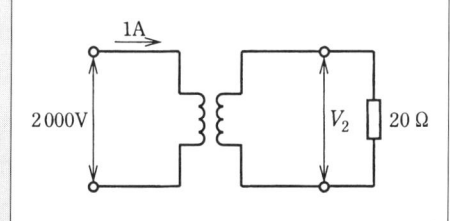

イ．50
ロ．100
ハ．150
ニ．200

5. 配電用6kVモールド変圧器（定格容量75〔kV・A〕，定格一次電圧6600〔V〕，定格二次電圧210〔V〕）において，一次側タップを6600〔V〕に設定してあるとき，二次側電圧が200〔V〕であった。二次側電圧を210〔V〕に最も近い値とするための一次タップ電圧の値〔V〕は。

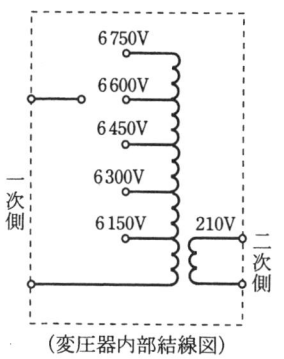

イ．6150
ロ．6300
ハ．6450
ニ．6750

(変圧器内部結線図)

- 39 -

6	同容量の単相変圧器2台をV結線し，三相負荷に電力を供給する場合の変圧器1台あたりの最大の利用率は。	イ. $\dfrac{1}{2}$ ロ. $\dfrac{\sqrt{2}}{2}$ ハ. $\dfrac{\sqrt{3}}{2}$ ニ. $\dfrac{2}{\sqrt{3}}$
7	定格容量100〔kV・A〕の単相変圧器と定格容量200〔kV・A〕の単相変圧器をV結線した電路で，三相負荷に供給できる最大容量〔kV・A〕は。ただし，三相負荷は平衡しているものとする。	イ. 141 ロ. 150 ハ. 173 ニ. 300

電気機器（変圧器の特性）

第4回テスト　解答と解説

問題1　【正解】（ニ）

　変圧器が電圧を上げたり下げたりできるのは，変圧器の鉄心に磁束が発生しているからです。磁束の変化に比例した電圧が発生します。磁束を発生させると損失が生じ，**ヒステリシス損**と**渦電流損**という損失が発生します。これは変圧器が無負荷であっても発生する損失なのでヒステリシス損と渦電流損を合わせて**無負荷損**といい，変圧器の鉄心部に発生する損失なので，**鉄損**ともいいます。鉄損は変圧器の**一次電圧の2乗に比例**し，**周波数に反比例**します。鉄損は負荷の大小に関わりなくほぼ**一定値**となります。

問題2　【正解】（ロ）

　変圧器の効率（一般的には規約効率と呼ばれます）は，

$$効率 = \frac{出力}{出力 + 鉄損 + 銅損} \times 100 \,[\%]$$

で定義されます。出力が一定であれば鉄損と銅損（負荷損）が関係することがわかります。数学的に照明すると難しくなるので，結論を言うと，変圧器の**最大効率は鉄損と銅損が等しい**ときに発生します。問題の図によれば鉄損と銅損が等しくなるのは負荷が50〔%〕のときになっています。

問題3　【正解】（ロ）

　変圧器は電圧を変成するために鉄心に巻線が巻かれていますが，その巻線には抵抗分 $R\,[\Omega]$ があるので巻線に負荷電流 $I\,[\mathrm{A}]$ が流れると変圧器巻線の抵抗よる抵抗損 $P_L\,[\mathrm{W}]$ は，

$$P_L = I^2 R \,[\mathrm{W}]$$

が生じます。抵抗損は**負荷損**とも，また，巻線が銅でできているので**銅損**とも呼ばれます。抵抗損は式から分かるように，負荷電流の**2乗に比例**します。負荷電流が2倍になれば銅損は $2^2 = 4$ 倍になります。

問題4 【正解】（ニ）

　変圧器の基本特性は次のようになります。次図のように，変圧器の一次側（電源側）の巻線数を N_1 回，変圧器の二次側（負荷側）の巻線数を N_2 回とすると，一次側に電圧 V_1〔V〕を加えたときの二次側の電圧 V_2〔V〕は，

$$V_2 = \frac{N_2}{N_1} \times V_1 \text{〔V〕} \quad \cdots\cdots\cdots\cdots\cdots\cdots\cdots\cdots\cdots\cdots\cdots\cdots\cdots\cdots\cdots\cdots (1)$$

で求められます。一次側の巻線数 N_1 と二次側の巻線数 N_2 の比，N_1/N_2 を巻数比 a といいます。また，一次側の電力 $P_1 = V_1 I_1$ と二次側の電力 $P_2 = V_2 I_2$ は変圧器の損失を無視すると等しくなることも重要なポイントです。

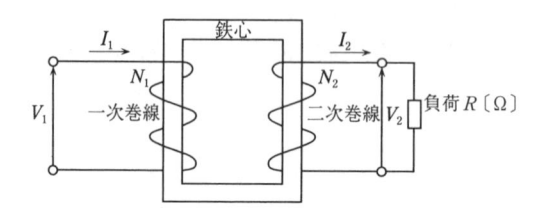

題意より一次側の電力 P_1〔W〕は，

$$P_1 = V_1 I_1 = 2000 \times 1 = 2000 \text{〔W〕}$$

で，二次側は，

$$P_2 = P_1 = V_2 \times I_2 = V_2 \times \frac{V_2}{20} = \frac{V_2^2}{20} = 2000 \text{〔W〕}$$

より，

$$V_2^2 = 2000 \times 20 = 40000$$

$$\therefore \quad V_2 = \sqrt{40000} = \sqrt{(200)^2} = 200 \text{〔V〕}$$

となります。

問題5 【正解】（ロ）

　式（1）より一次及び二次の巻数をタップに置き換えれば，一次電圧が一定であるとき，二次電圧が 200〔V〕になる一次電圧 V_1〔V〕は，

$$V_1 = \frac{N_1}{N_2} \times V_2 = \frac{6600}{210} \times 200 = 6286 \text{〔V〕}$$

となっていることがわかります。この電圧で二次側を 210〔V〕にするためのタップ（巻数比）はこれの値に近いタップとすればよいので 6300〔V〕とすればよいことがわかります。

問題6 【正解】（ハ）

V結線とは単相変圧器2台で三相電力を供給するものです。供給できる容量は単相変圧器の容量の $\frac{\sqrt{3}}{2}$ (**0.866**) **倍**となります。この関係は重要なので覚えておきましょう。

問題7 【正解】（ハ）

1台で容量100〔kV・A〕の0.866倍供給できるので、2台では、
$$100 \times 0.866 \times 2 \fallingdotseq 173 〔kV・A〕$$
となります。

第5回テスト　電気機器（変圧器関連）

	問い	答え
1	三相変圧器はどれか。	イ. ロ. ハ. ニ.
2	変圧器の結線方法のうち△−△結線は。	イ. ロ. ハ. ニ.

3	写真に示す品物の用途は。	イ．コンデンサ回路投入時の突入電流を抑制する。 ロ．大電流を小電流に変流する。 ハ．零相電圧を検出する。 ニ．高電圧を低電圧に変圧する。
4	写真に示す品物の用途は。	イ．蛍光灯を点灯させるときの始動に用いる。 ロ．大電流を小電流に変成する。 ハ．進相コンデンサに接続して投入時の突入電流を抑制する。 ニ．高電圧を低電圧に変成する。
5	通電中の変流器の二次側回路に接続されている電流計を取りはずす場合の手順として，適切なものは。	イ．電流計を取りはずした後，変流器の二次側を短絡する。 ロ．変流器の二次側端子の一方を接地した後，電流計を取りはずす。 ハ．電流計を取りはずした後，変流器の二次側端子の一方を接地する。 ニ．変流器の二次側を短絡した後，電流計を取りはずす。
6	写真に示す品物の名称は。	イ．計測用変流器 ロ．零相変流器 ハ．計器用変圧器 ニ．ネオン変圧器

第5回テスト 解答と解説

問題1 【正解】（イ）

　一般に使用されている電力用変圧器は，**三相変圧器**と**単相変圧器**です。三相変圧器は電動機などの負荷に，単相変圧器は照明などの負荷に電力を供給します。単相変圧器を2台又は3台使用して三相負荷に供給することもできます。三相用変圧器は（イ）となります。三相変圧器は**高圧側**（写真の後側）の端子が**3個**，**低圧側**（写真の前側）の端子が3個あるのでよく見ればわかると思います。高圧側と低圧側の端子の**形状が違う**ことに注意してください。（ハ）も端子が合計で6個あるので三相用変圧器では，と疑問を持つかもしれませんが，前と後ろの**端子がまったく同じ**であるところがポイントです。この端子はすべて高圧用で，この機器の名称は**直列リアクトル**と呼ばれます。通常（ニ）の**電力用コンデンサ**と組み合わせて使用します。（ロ）は**高圧側**（写真の後側）の端子が**2個**，低圧側（写真の前側）の端子が3個あるので単相変圧器と判別できます。低圧側の端子が3個あるのは単相3線式の配電方式に対応できるようになっているためです。（ニ）は高圧端子3個のみなので判断がしやすいと思います。

　（イ）及び（ロ）の変圧器は**油入変圧器**といって内部絶縁を絶縁油で行っているタイプのもので湿式に分類されます。下の写真の変圧器は**モールド変圧器**といって巻線の絶縁を**エポキシ樹脂**で行っている乾式の変圧器です。柱上変圧器は電柱の上に取り付けられている電力会社が主に使用するものです。

モールド変圧器　　　　柱上変圧器

電気機器（変圧器関連）

問題 2　【正解】（イ）

　三相変圧器の巻線の結線方法は△（三角又は**デルタ**）結線と Y（**ワイ，スター**）結線の 2 方式があります。高圧側と低圧側の結線の違いにより，△－△，△－Y，Y－△，Y－Y があります。単相変圧器を **2 台**使用する V－V（**ブイ，ブイ**）結線も使用されます。（イ）は△－△，（ロ）は V－V，（ハ）は Y－Y，（ニ）は上が Y で Y－△結線となっています。

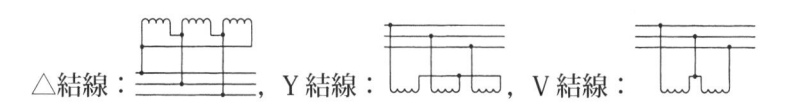

△結線：　　　　　，Y 結線：　　　　　，V 結線：

と覚えてしまいましょう。この形で毎回出題されています。

問題 3　【正解】（ニ）

　写真に示す品物の名称は**変成器**といって変圧器の仲間です。用途は**高圧電路の電圧を測定する**ために高圧を低圧にします。写真の上部に見える白い物体は大電流が流れた場合に計器を保護するための**ヒューズ**です。

問題 4　【正解】（ロ）

　写真に示す品物の名称は**変流器**といいます。高電圧を低圧に変成するのが変成器でしたが，変流器は**高圧**又は**低圧**の**大電流**を小電流に変成して電流計で測定できるようにするために用いられます。

問題 5　【正解】（ニ）

　変流器の二次側（電流計が接続されている側）を**通電中**に**開放**すると変流器に異常電圧が発生して変流器の故障の原因となります。そのため，変流器の**二次側を短絡**した後，電流計を取りはずします。

問題 6　【正解】（ロ）

　これは**零相変流器**といって，**地絡方向継電器**（地絡継電器）と組み合わせて使用します。電路に**地絡**（大地に電流が漏れることをいいます。）が生じたときに遮断器を動作させて電路や機器を保護するために使用します。形状が丸く，中心に穴が開いていてこの穴の中に電線やケーブルを貫通させます。

第6回テスト　電気機器（電動機関連）

	問い	答え
1	定格出力 22〔kW〕，極数6の三相誘導電動機が電源周波数 50〔Hz〕，すべり 5.0〔％〕で運転している。このときの，この電動機の同期速度 N_S〔min^{-1}〕と回転速度 N〔min^{-1}〕との差 $N_S - N$〔min^{-1}〕は。	イ．25 ロ．50 ハ．75 ニ．100
2	6極のかご形三相誘導電動機があり，その一次周波数が調整できるようになっている。 この電動機が滑り 5〔％〕，回転速度 570〔min^{-1}〕で運転されている場合の一次周波数〔Hz〕は。	イ．20 ロ．30 ハ．40 ニ．50
3	かご形誘導電動機の Y－△始動法に関する記述として，誤っているものは。	イ．固定子巻線を Y 結線にして始動したのち，△結線に切り換える方法である。 ロ．始動時には固定子巻線の各相に定格電圧の $1/\sqrt{3}$ 倍の電圧が加わる。 ハ．△結線で全電圧始動した場合に比べ，始動時の線電流は 1/3 に低下する。 ニ．始動トルクは △結線で全電圧始動した場合と同じである。

4	三相誘導電動機の結線①を②，③のように変更した時，①の回転方向に対して，②，③の回転方向の記述として，正しいものは。	イ．②は逆に回転をし，③は①と同じ回転をした。 ロ．③は逆に回転をし，②は①と同じ回転をした。 ハ．②，③とも逆に回転をした。 ニ．②，③とも①と同じ回転をした。
5	図において，一般用低圧三相かご形誘導電動機の回転速度に対するトルク特性曲線は。	イ．A ロ．B ハ．C ニ．D
6	巻上機で質量 W〔kg〕の物体を毎秒 v〔m〕の速度で巻き上げているとき，この巻上用電動機の出力〔kW〕を示す式は。 ただし，巻上機の効率は η〔％〕であるとする。	イ．$\dfrac{0.98\,W\cdot V}{\eta}$ ロ．$\dfrac{0.98\,W\cdot V^2}{\eta}$ ハ．$0.98\,\eta\,W\cdot V$ ニ．$0.98\,\eta\,W^2\cdot V^2$

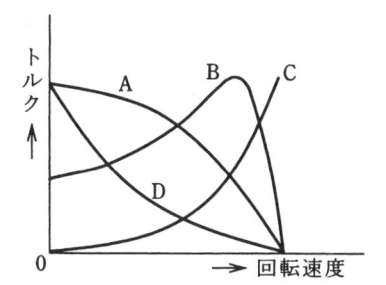

7	巻上荷重 100〔kg〕の物体を毎分 60〔m〕の速さで巻き上げているときの巻上機用電動機の出力〔kW〕は。ただし，巻上機の効率は 70〔%〕とし，100〔kg〕の物体に働く重力は 980〔N〕とする。	イ．0.7 ロ．1.0 ハ．1.4 ニ．2.0
8	全揚程が H〔m〕，揚水量が Q〔m³/s〕である揚水ポンプの入力〔kW〕は。ただし，ポンプの効率は η とする。	イ．$\dfrac{9.8\,QH}{\eta}$ ロ．$\dfrac{QH}{9.8\,\eta}$ ハ．$\dfrac{9.8\,H\eta}{Q}$ ニ．$\dfrac{QH\eta}{9.8}$
9	写真の単相誘導電動機の矢印で示す部分の名称は。	イ．固定子鉄心 ロ．固定子巻線 ハ．ブランケット ニ．回転子鉄心

第6回テスト　解答と解説

問題1　【正解】（ロ）

　極数 p の三相誘導電動機を周波数 f〔Hz〕の電源に接続したときに固定子の巻線に発生する磁界を回転磁界といいます。これによりその三相誘導電動機の**同期速度** N_S〔min^{-1}〕が定まります。

$$N_S = \frac{120f}{p} \text{〔min}^{-1}\text{〕} \quad \cdots \cdots (1)$$

　三相誘導電動機の回転子の回転速度 N〔min^{-1}〕は N_S より小さく**負荷が大きくなればなるほど回転速度は小さく**なっていきます。これが三相誘導電動機の基本特性です。**同期速度** N_S と**回転速度** N との差がどの程度になっているかを示すのが**すべり** s〔%〕です。すべりは次のように定義されます。

$$s = \frac{\text{同期速度} - \text{回転速度}}{\text{同期速度}} \times 100 \text{〔%〕} = \frac{N_S - N}{N_S} \times 100 \text{〔%〕} \cdots (2)$$

　問題の電動機の同期速度 N_S〔min^{-1}〕は，

$$N_S = \frac{120f}{p} = \frac{120 \times 50}{60} = 1000 \text{〔min}^{-1}\text{〕}$$

なので，$s = 5$〔%〕より，

$$5 = \frac{N_S - N}{N_S} = \frac{N_S - N}{1000} \times 100 = \frac{N_S - N}{10}$$

$\therefore \quad N_S - N = 50$〔min^{-1}〕

となります。1分間に50回，回転速度の方が遅れることになります。

問題2　【正解】（ロ）

　インバータを使用すると電源の**周波数**を自由に調整することができます。式(2)より，

$$5 = \frac{N_S - 570}{N_S} \times 100 \text{〔%〕}$$

$\therefore \quad 100 N_S - 570 \times 100 = 5 N_S$

$$100 N_S - 5 N_S = 57000$$

$$\therefore\ N_S = \frac{57000}{95} = 600\ [\mathrm{min}^{-1}]$$

となるので，式 (1) を変形すれば，

$$f = \frac{N_S p}{120} = \frac{600 \times 6}{120} = 30\ [\mathrm{Hz}]$$

となります。

問題3 【正解】（ニ）

　三相誘導電動機には回転子の形が鳥かごの形をしている**かご型三相誘導電動機**と回転子に電線を巻いてある**巻線形**三相誘導電動機に分類することができます。容量の小さなかご形三相誘導電動機を始動するときは電源電圧をそのまま電動機に印加する方法がとられますが，容量が大きくなると始動電流が大きくなり電源に悪影響を与えたり，電圧降下が大きくなりすぎて始動ができなくなることがあります。そこで，大容量のかご型三相誘導電動機を始動する方法として一般に用いられているのが，**Y－△始動法**です。Y－△始動法の特徴は，次のようになります。

① 　固定子巻線を Y 結線にして始動したのち，△結線に切り換える方法である。
② 　始動時には固定子巻線の各相に定格電圧の $1/\sqrt{3}$ 倍の電圧が加わる。
③ 　△結線で全電圧始動した場合に比べ，始動時の線電流は $1/3$ に低下する。
④ 　始動トルクは△結線で全電圧始動した場合の $1/3$ に低下する。
　Y－△始動法を採用すると電流が $1/3$ に低下しますがトルクも $1/3$ に低下するので，始動トルクが大きい負荷の場合には注意が必要です。

電気機器（電動機関連）

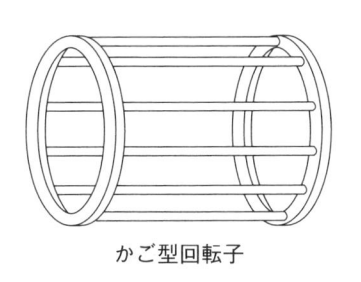

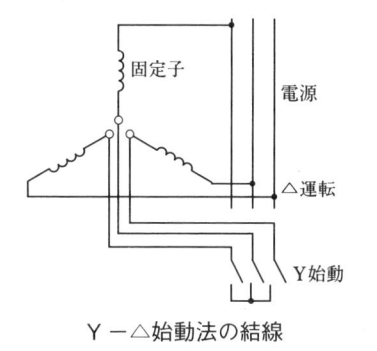

かご型回転子

Y－△始動法の結線

第6回テスト 解答

問題4　【正解】（イ）

　回転磁界の回転方向を**相回転**ともいいます。相回転は三相誘導電動機に接続される電線を入れ替えることによって回転方向を簡単に変えることができようになっています。今，電源のUに電動機の端子a，電源のVに電動機の端子b，電源のWに電動機の端子cが接続されているときの回転方向を基準とすると，電源のUに電動機の端子b，電源のVに電動機の端子c，電源のWに電動機の端子aのように電動機の端子をひとつずつ順番に移動させると最初の回転方向は変化しません。逆に移動させても同じです。ところが，電源のUに電動機の端子b，電源のVに電動機の端子a，電源のWに電動機の端子cが接続されている場合では順に入れ替えていないので電動機の回転方向は最初の方向の逆となります。一般に**任意の2線を入れ替える**と三相誘導電動機の**回転方向を変える**ことができます。

問題5　【正解】（ロ）

　三相誘導電動機の回転速度が同期速度（すべり0）に等しくなると三相誘導電動機は運転を停止します。これは同期速度と回転速度の差により回転に必要なトルクを得ているためです。**かご型三相誘導電動機の始動トルク**は定格トルクに比べて**小さい**のが特徴です。この特徴に一致する**トルク特性曲線**は問題のBとなります。負荷として接続される**送風機**や**ポンプ**の回転速度に対する負荷の**トルク特性曲線**は一般に問題のCのようになります。BとCの**交点**が電動機の**運転点**を表します。

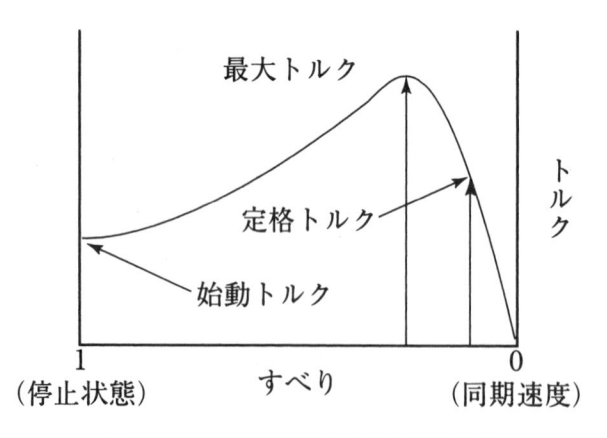

かご型三相誘導電動機のトルク特性曲線

問題6 【正解】（イ）

巻上機の巻上荷重を W [kg]，巻上速度を V [m/min]，巻上機の効率を η（$\eta < 1$）で表すと，巻上機の所要動力 P [W] は，

$$P = \frac{9.8\, WV}{60\, \eta} \text{ [W]} \quad \cdots\cdots\cdots\cdots\cdots\cdots\cdots\cdots\cdots\cdots\cdots\cdots \quad (3)$$

で与えられます。ただし，1 [kg] の物体に働く重力を 9.8 [N] とします。問題では，巻上速度を V [m/s] で与えているので，式 (3) の 60 倍となり，効率を少数にすれば，

$$P = \frac{9.8\, WV}{60\, \eta/100} \times 60 = \frac{980\, WV}{\eta} \text{ [W]}$$

となります。単位を [kW] にすれば，

$$P = \frac{980\, WV}{\eta} \times \frac{1}{1000} = \frac{0.98\, WV}{\eta} \text{ [kW]}$$

となります。一般には，式 (3) が用いられるので式 (3) を覚えておきましょう。

問題7 【正解】（ハ）

式 (3) に，巻上荷重 100 [kg]，60 [m/min]，$\eta = 0.7$ を代入すれば，

$$P = \frac{9.8\, WV}{60\, \eta} \text{ [W]} = \frac{9.8 \times 100 \times 60}{60 \times 0.7} = 1400 \text{ [W]}$$

となるので，単位を [kW] にすれば，

$$P = 1400 \times \frac{1}{1000} = 1.4 \,[\mathrm{kW}]$$

となります。

問題8 【正解】(イ)

揚水ポンプの揚水量 $Q\,[\mathrm{m}^3/\mathrm{min}]$, 全揚程（総揚程）を $H\,[\mathrm{m}]$, ポンプ効率を η ($\eta < 1$) とすると, 揚水ポンプの所要動力 $P\,[\mathrm{kW}]$ は,

$$P = \frac{9.8\,QH}{60\,\eta}\,[\mathrm{kW}] \quad\cdots\cdots\cdots\cdots\cdots\cdots (4)$$

で与えられます。ただし, $1\,[\ell]$ の水に働く重力を $9.8\,[\mathrm{N}]$ とします。問題の揚水量の単位が $[\mathrm{m}^3/\mathrm{S}]$ なので,

$$P = \frac{9.8\,QH}{\eta}\,[\mathrm{kW}]$$

となります。

　このような問題のポイントは**効率 η** にあります。一般に**効率**は電気などを作り出すときは**少なくなる**ように作用し, 動力として使用する場合は**多くなる**ように作用します。このことを理解しておけば問題6と8の選択肢の (ハ) と (ニ) は初めから除外できることがわかります。**損をするように作用**するものだと理解しておけば, まず間違いありません。

問題9 【正解】(イ)

　写真の矢印で示される部分は**固定子鉄心**といいます。電動機の内部を見る機会はほとんど無いと思いますが, 外側が固定子, 軸のある部分が回転子であることを理解しておけばいいでしょう。

第7回テスト　電気機器（開閉器等）

#	問い	答え
1	写真に示す品物の用途は。	イ．保護継電器と組み合わせて，遮断器として用いる。 ロ．電力ヒューズと組み合わせて，高圧交流負荷開閉器として用いる。 ハ．停電作業などの際に，電路を開路しておく装置として用いる。 ニ．容量 300〔kV・A〕未満の変圧器の一次側保護装置として用いる。
2	写真に示す品物の名称は。	イ．高圧交流負荷開閉器 ロ．断路器 ハ．高圧交流遮断器 ニ．高圧カットアウト
3	写真に示す矢印の部分の主な役割は。	イ．相間の短絡事故を防止する。 ロ．ヒューズの溶断を表示する。 ハ．開閉部の刃の汚損を軽減する。 ニ．開閉部で負荷電流を切ったときに発生するアークを消す。

電気機器（開閉器等）

第7回テスト 問題

4	写真の機器の矢印で示す部分の主な役割は。 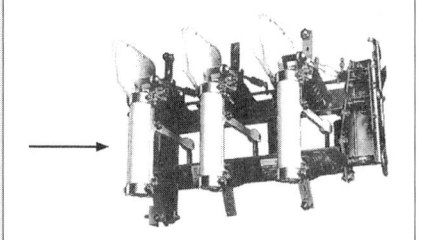	イ．高圧電路の地絡保護 ロ．高圧電路の過電圧保護 ハ．高圧電路の高調波電流抑制 ニ．高圧電路の短絡保護
5	写真の矢印で示す部分の主な役割は。 	イ．ヒューズが溶断したとき連動して，開閉器を開放する。 ロ．過大電流が流れたとき，開閉器が開かないようにロックする。 ハ．開閉器の開閉操作のとき，ヒューズが脱落するのを防止する。 ニ．ヒューズを装着するとき，正規の取付け位置からずれないようにする。
6	写真に示す品物の名称は。 	イ．高圧交流遮断器 ロ．高圧開閉器 ハ．高圧電磁接触器 ニ．高圧気中開閉器

7	写真に示す品物の名称は。	イ．断路器 ロ．避雷器 ハ．G付PAS ニ．高圧カットアウト
8	写真に示す品物の名称は。	イ．電力用ヒューズ ロ．高圧検電器 ハ．高圧電線 ニ．高圧カットアウト用ヒューズ

第7回テスト　解答と解説

問題1　【正解】（ハ）

　写真に示す品物の名称は**断路器**です。用途は，停電作業などの際に，**電路を開路**しておく装置として用います。断路器は**負荷電流**の開閉は行うことができず，無負荷（無負荷の変圧器の一次側の開閉は行うことはできます）の電路の開閉を行うことができます。断路器の操作を行うときは電流の有無を確かめてから操作しなければなりません。問題の写真は3相一括のものですが，図1の写真は1相単位となっているものです。断路器の図記号は図に示すようになっています。重要なので確実に覚えましょう。ここで出てくる図記号は高圧受電設備の問題では必ず出てくるものなので，名称，形状，用途及び図記号をしっかりと覚えましょう。

図1　断路器

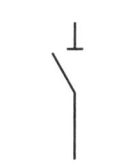

図2　断路器の図記号

問題2　【正解】（イ）

　写真に示す品物の名称は，**高圧交流負荷開閉器（LBS）**といいます。高圧交流負荷開閉器は遮断器と異なり負荷の**定格電流は開閉**できますが，**短絡電流**のような大電流の開閉は行うことができません。高圧交流負荷開閉器の種類として開閉を**気中**で行うもの，**油中**で行うものなどがあります。現在では気中で行うものが主流です。写真に示す高圧交流負荷開閉器は気中で行うタイプです。そのほかに図3に示すようなものがあります。図4は油入高圧交流負荷開閉器の例です。高圧交流負荷開閉器の図記号は図5の様になります。

図3　気中高圧交流負荷開閉器 　　図4　油入高圧交流負荷開閉器

　この他にPASという高圧交流負荷開閉器があります。**PAS**とは**柱上気中開閉器**の略で架空配電線の区分開閉器や分岐開閉器などに使用されます。自家用受電設備の引き込み用に使用する場合には，地絡継電装置付きのG付PASが使用されます。

図5　高圧交流負荷開閉器の図記号 　　図6　G付PAS

　高圧開閉器の仲間として，高圧の負荷を自動開閉させるために使用される**高圧電磁接触器**があります。自動制御回路に組み込まれて負荷を自動開閉します。

図7　高圧電磁接触器の例　　図8　電磁接触器の図記号

問題3　【正解】（ニ）

　油入高圧交流負荷開閉器では負荷電流を開閉したときのアークは容易に**消弧**することができますが，気中高圧交流負荷開閉器で負荷電流を開閉し

たときのアークは切れにくいのでアークを切れやすくするための工夫が必要です。問題の写真に示す部分の役目は，開閉部で負荷電流を切ったときに発生するアークを消す，**アークシュート**と呼ばれる装置です。

問題4　【正解】（ニ）

　高圧交流負荷開閉器（LBS）は負荷電流を開閉する目的で製作されているので，短絡電流のような大きな電流を遮断する能力はありません。そこで，短絡が生じたときに**短絡電流**を遮断するために**電力ヒューズ**が用いられます。写真の機器の矢印で示す部分の主な役割は高圧電路の短絡保護が目的です。高圧交流負荷開閉器（LBS）に電力ヒューズを取り付けたものは小規模の受電設備の主保護用の遮断装置として用いられる場合があります。一般に高圧交流負荷開閉器（LBS）に設置されるのは**限流形電力ヒューズ**で次のような特徴があります。

　　①　小形で遮断容量が大きい。
　　②　限流効果が大きい。
　　③　遮断時にアークガスの放出がない。
　　④　小電流遮断性能が悪い。

　高圧限流ヒューズは保護する対象に最適なものを使用しなければなりません。ヒューズには次のような記号が記されていて保護対象は以下のようになります。

　　①　T：変圧器用
　　②　M：電動機用
　　③　C：コンデンサ用
　　④　G：一般用

　高圧ヒューズの遮断特性は次のものが求められます。
　①　包装ヒューズ
　過電流遮断器として施設するヒューズのうち，高圧電路に用いる包装ヒューズは，定格電流の **1.3 倍**の電流に耐え，かつ，**2 倍**の電流で **120 分**以内に溶断しなければなりません。
　②　非包装ヒューズ
　過電流遮断器として施設するヒューズのうち，高圧電路に用いる非包装ヒューズは，定格電流の **1.25 倍**の電流に耐え，かつ，**2 倍**の電流で **2 分**以内に溶断しなければなりません。

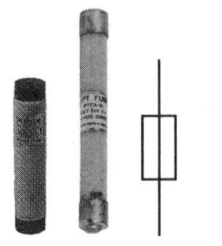

図9　電力用ヒューズと図記号 　　図10　電力ヒューズ付 LBS と図記号

問題5　【正解】（イ）

写真の矢印で示す部分は**ヒューズ溶断引き外し機構**と呼ばれ，ヒューズが溶断したとき連動して，LBS を**自動的**に開閉器を**開放**するようになっています。先端の部分は**ストライカ**と呼ばれていてヒューズが溶断すると飛び出して引き外し機構が作動するようになっています。**1 相**でも**溶断**すると **3 相**すべてが**開放**されます。

問題6　【正解】（イ）

高圧回路の短絡電流を遮断するのが交流遮断器で，交流遮断器には油入遮断器（**OCB**），真空遮断器（**VCB**）及びガス遮断器（**GCB**）などがあります。問題の写真は真空遮断器の例です。真空遮断器を油遮断器と比較すると次のようになります。

① 遮断時に異常電圧が発生し易い。
② 火災の心配がない。
③ 電気的開閉寿命が長い。
④ 装置全体が小形軽量である。

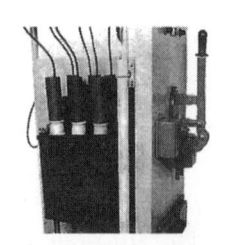

図11　油入遮断器の例 　　図12　遮断器の図記号

電気機器（開閉器等）

問題7　【正解】（ニ）

　写真に示す品物の名称は**高圧カットアウト（PC）**とよばれます。小容量の変圧器やコンデンサの開閉と保護用に使用されます。高圧カットアウトは**変圧器**で **300〔kV・A〕**，**コンデンサ**で **50〔kvar〕**の容量まで使用できます。用途と数値は重要なので確実に覚えましょう。図13は屋外で使用する**耐塩用高圧カットアウト**の例です。

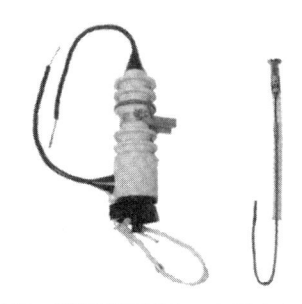

図13　耐塩用高圧カットアウトと高圧カットアウトのヒューズ

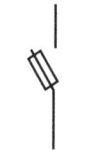

図14　高圧カットアウトの図記号

問題8　【正解】（ニ）

　写真に示す品物の名称は**高圧カットアウト用ヒューズ**です。形状が特殊なのでわかりやすいです。

第8回テスト　電気機器（電力用コンデンサ関係）

	問い	答え
1	写真に示す品物の名称は。 保護接点（圧力接点）	イ．高圧進相コンデンサ用放電コイル ロ．高圧進相コンデンサ用直列リアクトル ハ．接地用コンデンサ（零相電圧検出用） ニ．高圧進相コンデンサ
2	写真の矢印で示す品物の用途は。	イ．力率を改善するのに用いる。 ロ．高圧の電圧を負荷設備に適した電圧に変成するのに用いる。 ハ．電力量を計測するのに用いる。 ニ．停電時の予備電源に用いる。
3	高圧進相コンデンサを設置する目的は。	イ．高圧電路の進み力率を遅れ力率にする。 ロ．低圧電路の遅れ力率を改善し，三相変圧器を有効に使用する。 ハ．低圧電路の線路損失を少なくする。 ニ．高圧電路の遅れ無効電流を少なくする。

4	写真の矢印で示す破線で囲った部分の目的は。	イ．異常電圧からコンデンサを保護する。 ロ．コンデンサに流入する高調波を吸収する。 ハ．コンデンサの内部短絡時の事故電流を遮断する。 ニ．コンデンサの開放時に残留電荷を放電する。
5	高圧進相コンデンサに直列リアクトルを接続する目的として，正しいものは。	イ．軽負荷時に高圧電路の負荷電流が進み位相とならないようにする。 ロ．コンデンサの残留電荷を急速に放電する。 ハ．商用周波数の変化に対して，コンデンサ容量を一定にする。 ニ．コンデンサ回路投入時の突入電流の抑制や高調波障害を防止する。
6	高圧受電設備で使用する進相コンデンサ（放電抵抗内蔵形）に関する記述として，誤っているものは。	イ．コンデンサの保護装置として，高圧限流ヒューズを用いる。 ロ．コンデンサ投入時の突入電流の抑制と電圧波形ひずみの軽減のために直列リアクトルを設置する。 ハ．精密点検の際には相間の絶縁抵抗を1000〔V〕絶縁抵抗計で測定し，絶縁の良否を判断する。 ニ．油入コンデンサは，正常時でもケースがある程度膨張するように製作されているため，

		正常時の膨張の程度を確認しておく必要がある。
7	直列リアクトルはどれか。	イ.　　　　　ロ. ハ.　　　　　ニ.
8	直列リアクトルの標準的な容量は，高圧進相コンデンサの定格容量の何パーセントか。	イ．2〔％〕 ロ．6〔％〕 ハ．10〔％〕 ニ．16〔％〕

電気機器（電力用コンデンサ関係）

第8回テスト　解答と解説

問題1　【正解】（ニ）

写真に示す品物の名称は，**高圧進相コンデンサ**（**電力用コンデンサ**ともいいます）です。一般に高圧進相コンデンサの故障予兆は本体の膨張でわかるので写真であるような**保護接点**（圧力接点）が設置されている場合が多いです。高圧進相コンデンサの端子は図1でよくわかるように3個なので他の高圧機器と区別しやすいです。

図1　高圧進相コンデンサとコンデンサの図記号

問題2　【正解】（イ）

写真は高圧進相コンデンサなので，この機器を設置する目的は**高圧側の力率を改善**するのに用います。そのほかの目的として，次のようなものがあります。
① 変圧器に並列に接続することにより変圧器の設備容量に余裕が生じる。
② 電力用コンデンサより電源側の電圧降下が低減される。
③ 線路の電力損失を軽減する。

問題3　【正解】（ニ）

高圧進相コンデンサを設置する目的は，高圧電路の**遅れ力率**を**改善**することにより，高圧電路の**遅れ無効電流**を**少なく**します。その結果，線路の電力損失が軽減されます。

問題4　【正解】（ハ）

写真の矢印で示す破線で囲った部分は**電力用ヒューズ**です。電力用ヒューズにより内部で生じた短絡電流からコンデンサを保護します。

問題5 【正解】(ニ)

　三相コンデンサと組み合わされて設置されるのが**直列リアクトル**です。直列リアクトルを設置するとコンデンサ回路投入時の**突入電流**の抑制や**高調波障害**を防止することができます。コンデンサの開放時に残留電荷を放電するのは図に示すように**放電抵抗**や**放電コイル**で行います。

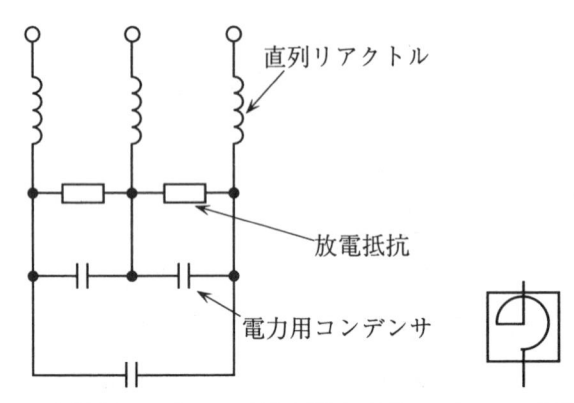

図2　進相用コンデンサの等価回路と直列リアクトルの図記号

問題6 【正解】(ハ)

　図2の進相用コンデンサの等価回路より，相間を測定すると放電抵抗の絶縁を測定することになります。

問題7 【正解】(ニ)

　(イ)は進相用コンデンサ，(ロ)及び(ハ)は変圧器，(ニ)が直列リアクトルです。**進相用コンデンサ**は端子が**3個**，**三相変圧器**は**6個**，**単相変圧器**は**5個**，**直列リアクトル**は**6個**あります。変圧器は高圧側と低圧側の端子の形状が異なるので判別できます。直列リアクトルの端子は進相用コンデンサの等価回路でわかるようにすべて**高圧端子**で同じ形状となっています。

電気機器（電力用コンデンサ関係）

図3　三相変圧器と図記号

図4　単相変圧器と図記号

図記号は重要で鑑別や配線問題で出題される**電圧変成器，変流器及び零相変流器**の図記号を示します。重要な記号なので，確実に覚えましょう。

図5　電圧変成器と図記号

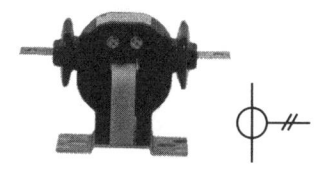

図6　変流器と図記号

図7　零相変流器と図記号

問題8　【正解】（ロ）

直列リアクトルの標準的な容量は，高圧進相コンデンサの定格容量の**6％**程度に設定されます。覚えておきましょう。

第9回テスト　電気機器（その他の高圧機器等）

	問い	答え
1	写真の矢印で示す機器の用途は。	イ．雷などの異常電圧を低減させ，配電線を保護する。 ロ．配電線の電圧を測定するために低圧に変成する。 ハ．配電線の絶縁を常時監視するためのセンサの役目をする。 ニ．配電線の力率を測定する。
2	写真の材料の矢印で示す遮へい銅テープの役割として，誤っているものは。 高圧ケーブル	イ．ケーブルの外装に触れた場合の感電を防止する。 ロ．充電電流の通路となる。 ハ．絶縁体にかかる電界を均一にして耐電圧性能を強化する。 ニ．絶縁体と外装との間に発生するコロナ放電を防止する。
3	高圧架橋ポリエチレン絶縁ビニルシースケーブルにおいて，水トリーと呼ばれる樹枝状の劣化が生ずる箇所は。	イ．銅導体内部 ロ．遮へい銅テープ表面 ハ．架橋ポリエチレン絶縁体内部 ニ．ビニルシース内部
4	写真の矢印で示す部分の主な役割は。	イ．水の浸入を防止する。 ロ．機械的強度を補強する。 ハ．電流の不平衡を防止する。 ニ．遮へい端分の電位傾度を緩和する。

5	写真の材料の矢印で示す赤色の帯に関する記述として，正しいものは。  赤色	イ．表面のきずの有無確認のために用いられる。 ロ．製品の品質等級を表示している。 ハ．表面の汚染度のチェックに用いられる。 ニ．高圧用であることを表示している。
6	写真に示す機器の名称は。 	イ．高圧ピンがいし ロ．ステーションポストがいし ハ．高圧耐張がいし ニ．高圧中実がいし
7	写真に示すモールド変圧器の矢印で示す破線で囲った部分の用途は。 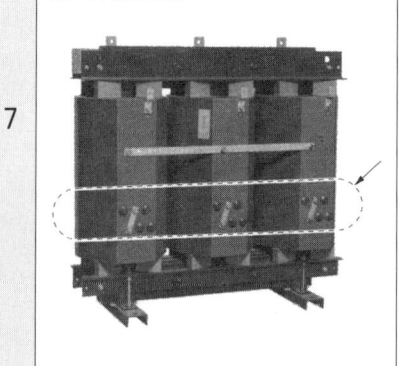	イ．高圧側のタップを切り替え，低圧側の電圧を調整する。 ロ．低圧側のタップを切り替え，低圧側の電圧を調整する。 ハ．三相又は単相3線用とするために内部接続を切り替える。 ニ．使用条件に合わせて切り替え，温度上昇限度を設定する。

第9回テスト　解答と解説

問題1　【正解】（イ）

写真の矢印で示す機器は避雷器なので，雷などの異常電圧を低減させ，配電線を保護します。避雷器の隣にあるのが**耐塩用高圧カットアウト**です。

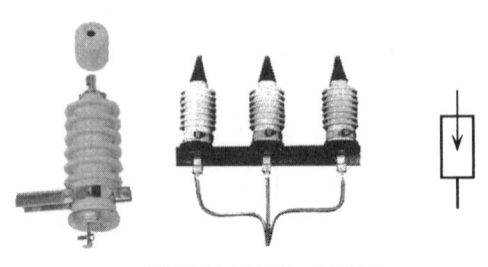

避雷器と避雷器の図記号

問題2　【正解】（ニ）

高圧ケーブルの**遮へい銅テープ**の役割は，
① ケーブルの外装に触れた場合の感電を防止する。
② 充電電流の通路となる。
③ 絶縁体にかかる電界を均一にして耐電圧性能を強化する。
などです。絶縁体と外装との間に発生する**コロナ放電**を防止するのは**半導電層**がその役割を果たします。

高圧ケーブルとして一般に使用されているものは，CVケーブルです。これは単心ケーブル3本を内部に納めたものです。単心ケーブル3本を単により合わせたものを**トリプレックス形ケーブル（CVT）**といいます。

問題3　【正解】（ハ）

高圧架橋ポリエチレン絶縁ビニルシースケーブルにおいて，**水トリー**と呼ばれる樹枝状の劣化が生ずる箇所は，架橋ポリエチレン絶縁体内部です。水トリーは絶縁体内部が水の影響により木の枝のように**絶縁劣化**が進む現象です。そのまま放置しておくと絶縁破壊となります。

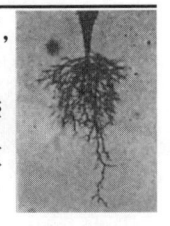

水トリー

電気機器（その他の高圧機器等）

問題4 【正解】（ニ）

　写真の矢印で示す部分の名称は**ストレスコーン**と呼ばれます。用途は遮へい端分の電位傾度を緩和してケーブルの先端部分の**絶縁破壊**を防止します。写真の全体はケーブルヘッドと呼ばれケーブルから接続端子を取り付けるときに加工されるものです。

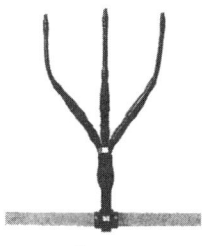

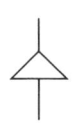

差込型ストレスコーン　　　ケーブルヘッドとケーブルヘッドの図記号

問題5 【正解】（ニ）

　写真の材料は**高圧耐張がいし**です。**赤色の帯**は**高圧用**であることを示しています。

問題6 【正解】（ニ）

　これも赤いラインらしきものがあり高圧用であることを示しています。写真のがいしは**高圧中実がいし**です。

問題7 【正解】（イ）

　高圧側のタップを切り替え，**低圧側の電圧**を調整します。油入変圧器のタップは図の矢印のようになっています。

油入変圧器のタップ

第10回テスト　電気機器（半導体応用機器）

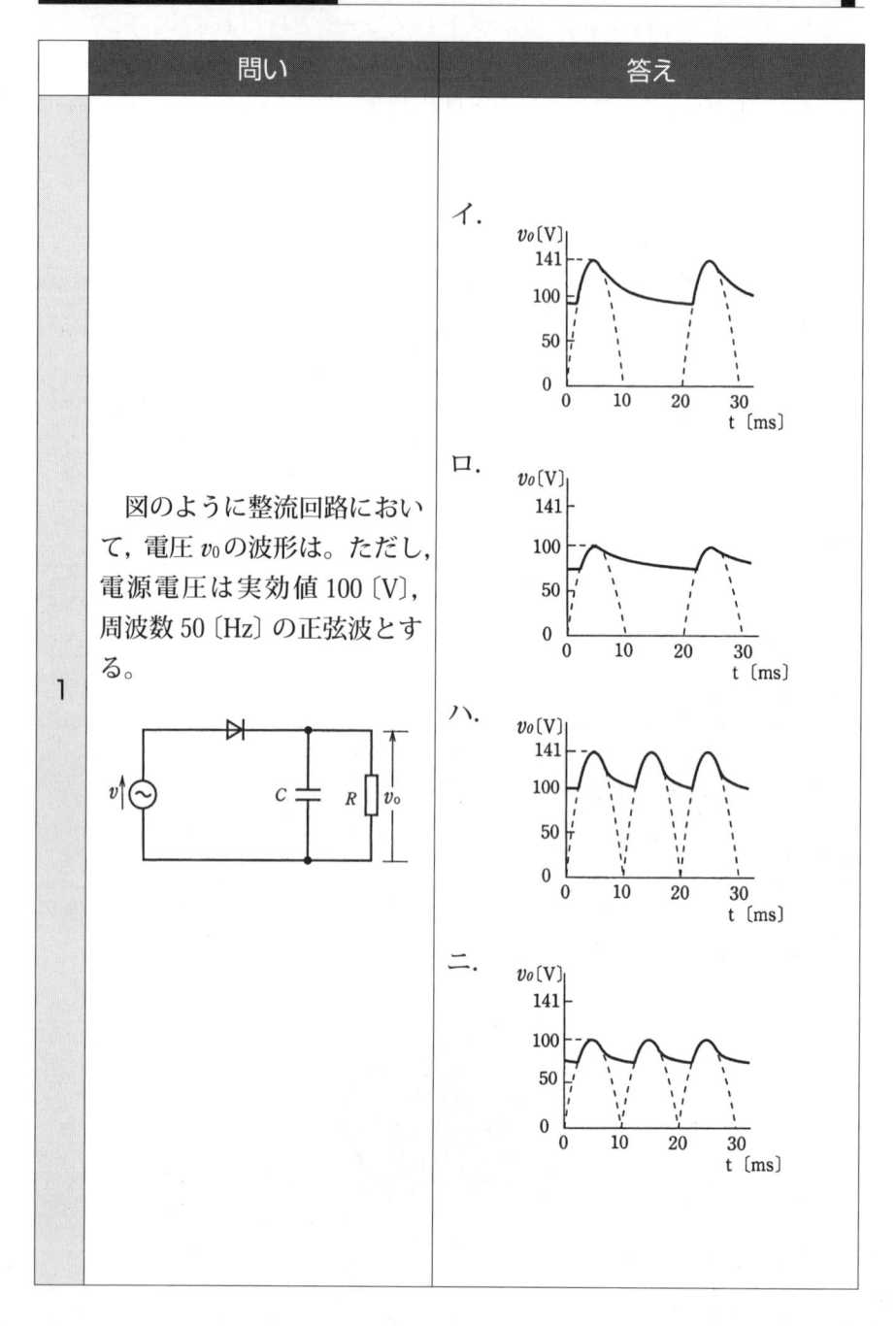

	問い	答え
1	図のように整流回路において，電圧 v_o の波形は。ただし，電源電圧は実効値 $100\,[\mathrm{V}]$，周波数 $50\,[\mathrm{Hz}]$ の正弦波とする。	イ． ロ． ハ． ニ．

電気機器（半導体応用機器）

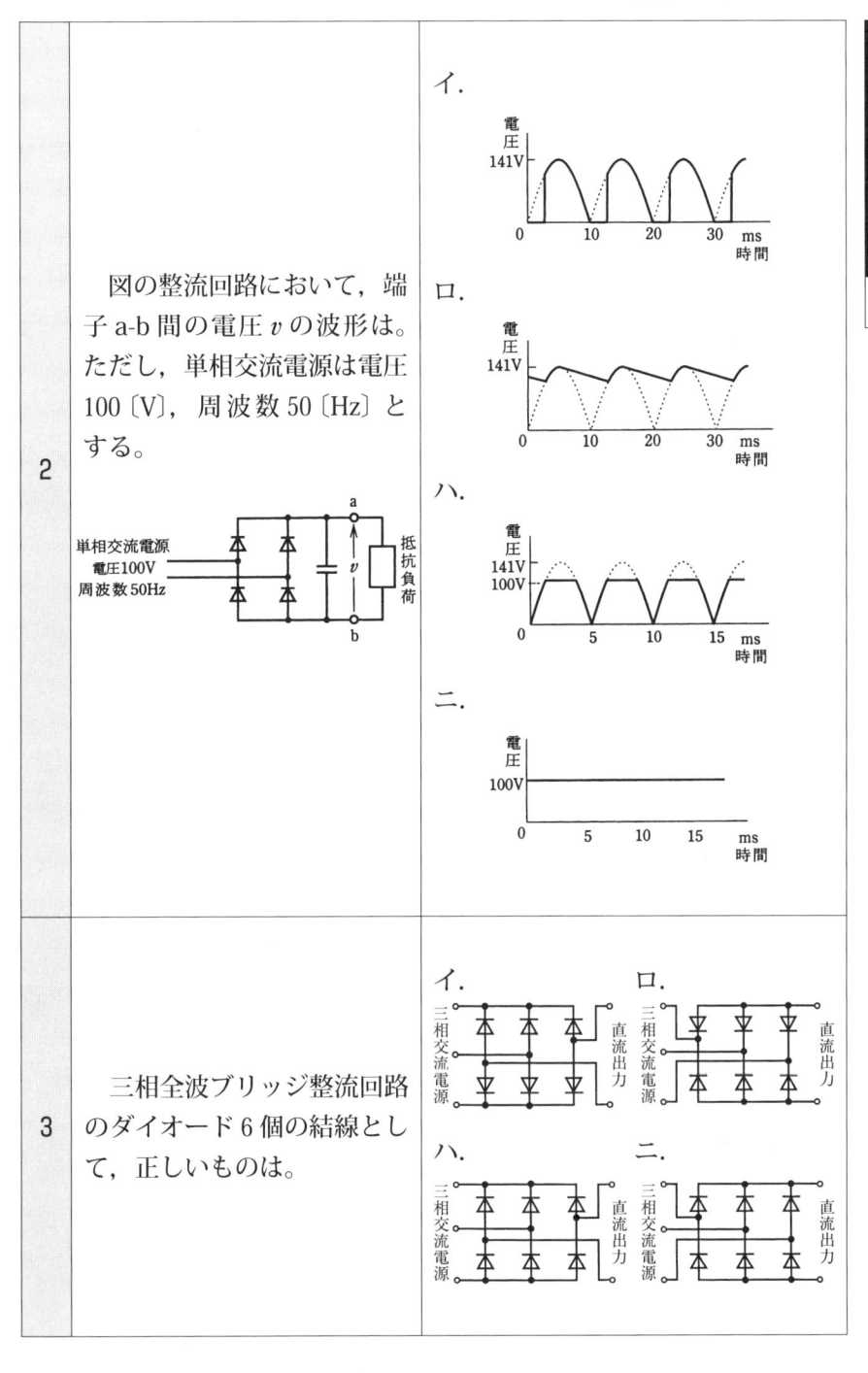

第10回テスト 問題

2　図の整流回路において，端子 a-b 間の電圧 v の波形は。ただし，単相交流電源は電圧 100〔V〕，周波数 50〔Hz〕とする。

イ．（電圧 141V，0〜30ms の全波整流波形）

ロ．（電圧 141V，コンデンサ平滑後のリプル波形）

ハ．（電圧 141V/100V，0〜15ms の台形状波形）

ニ．（電圧 100V の直流波形）

3　三相全波ブリッジ整流回路のダイオード 6 個の結線として，正しいものは。

イ．ロ．ハ．ニ．（三相交流電源と直流出力間のダイオード結線図）

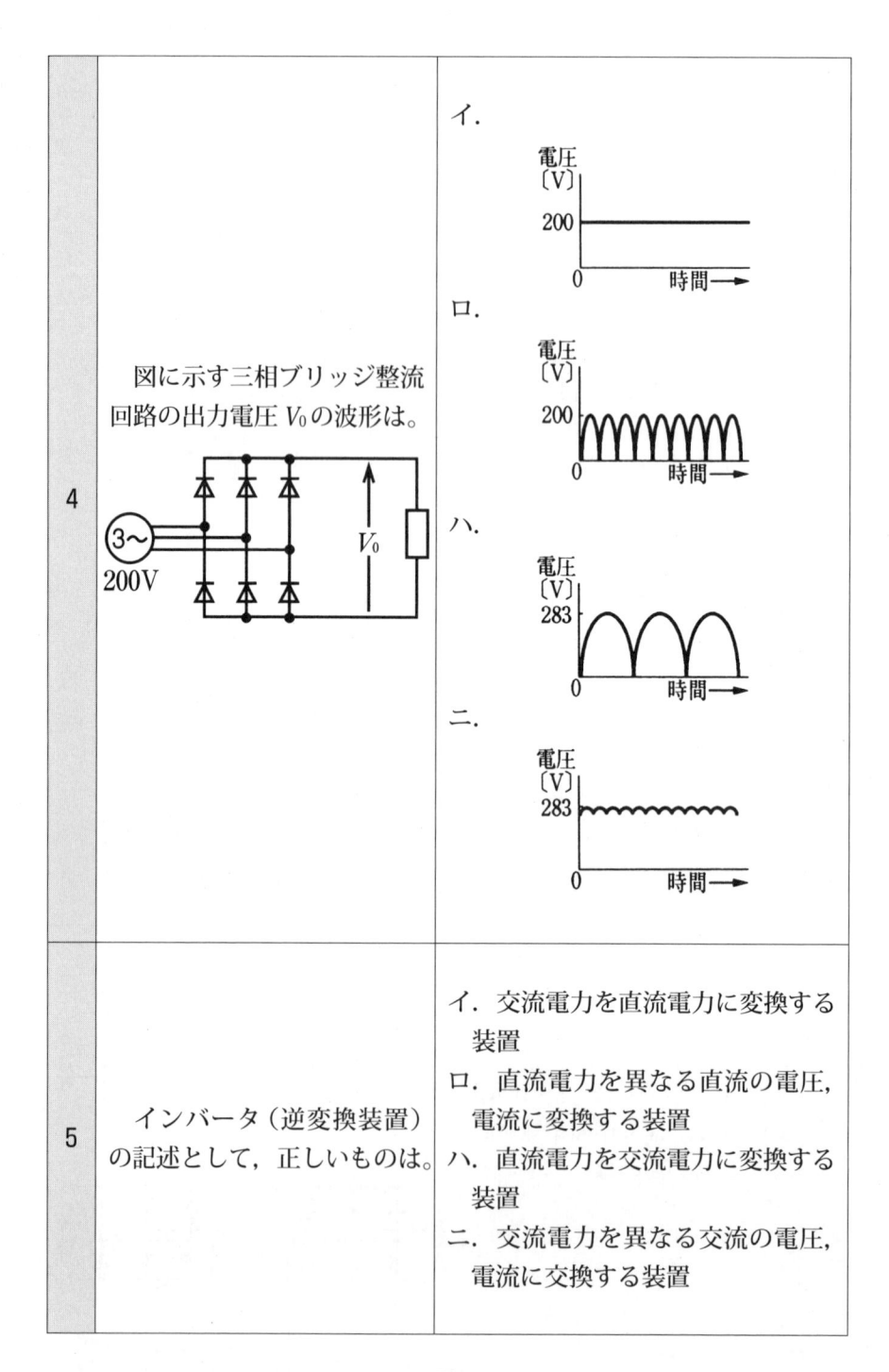

4	図に示す三相ブリッジ整流回路の出力電圧 V_0 の波形は。	イ. 電圧〔V〕200 一定（時間） ロ. 電圧〔V〕200 脈流（全波整流波形、多数の山） ハ. 電圧〔V〕283 脈流（山が少ない） ニ. 電圧〔V〕283 ほぼ平滑（細かいリプル）
5	インバータ（逆変換装置）の記述として，正しいものは。	イ．交流電力を直流電力に変換する装置 ロ．直流電力を異なる直流の電圧，電流に変換する装置 ハ．直流電力を交流電力に変換する装置 ニ．交流電力を異なる交流の電圧，電流に変換する装置

6	コンピュータ等で電源側の停電や瞬時電圧降下に対する対策のために使用される無停電電源装置は，一般に何と呼ばれているか。	イ．UPS ロ．VVVF ハ．デマンドコントローラ ニ．DCチョッパ
7	高調波に関する記述として，誤っているものは。	イ．整流器やアーク炉は高調波の発生源にならないので，高調波抑制対策は不要である。 ロ．高調波は進相コンデンサや発電機に過熱などの影響を与えることがある。 ハ．進相コンデンサには高調波対策として，直列リアクトルを設置することが望ましい。 ニ．電力系統の電圧，電流に含まれる高調波は，第5次，第7次などの比較周波数の低い成分が大半である。
8	高調波抑制対策に使用する機器は。	イ．アーク炉 ロ．調光器 ハ．交流フィルタ ニ．整流器
9	高調波の発生源とならない機器は。	イ．交流アーク炉 ロ．半波整流器 ハ．動力制御用インバータ ニ．進相コンデンサ

第10回テスト 解答と解説

問題1 【正解】（イ）

図1の整流回路は**単相半波整流回路**です。単相半波整流回路の出力電圧v_0の波形は半周期が0なので（イ）か（ロ）となります。（ハ）と（ニ）は出力波形が欠けているところはないので，**単相全波整流回路**の波形です。実効値が100〔V〕なので，波形の最大値は$100 \times 1.41 (\sqrt{2}) = 141$〔V〕となるはずです。そのようになっているのは（イ）となります。問題の回路は図3のようにコンデンサが並列に接続されていますが，これは**平滑コンデンサ**と呼ばれ，図4でわかるように波形が滑らかになって直流に近づけるような作用があります。

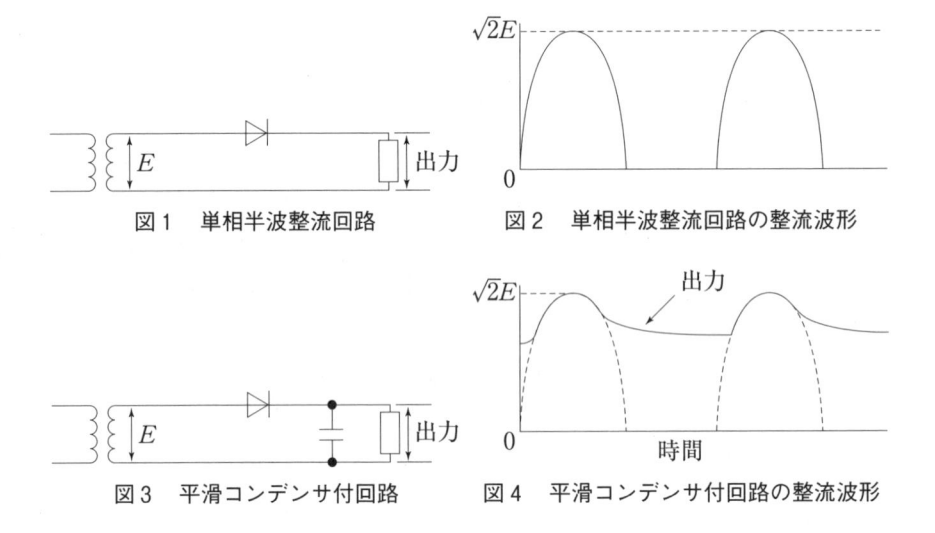

図1　単相半波整流回路

図2　単相半波整流回路の整流波形

図3　平滑コンデンサ付回路

図4　平滑コンデンサ付回路の整流波形

問題2 【正解】（ロ）

図の整流回路は**単相全波整流回路**です。問題1と同様に波形の最大値は141〔V〕で平滑コンデンサが接続されているので，（ロ）のような波形となります。単相半波整流回路よりもさらに**滑らか**になって直流に近づいています。

電気機器（半導体応用機器）

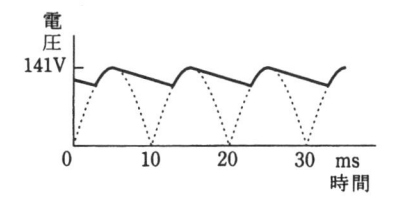

図5　単相全波整流回路の整流波形

第10回テスト　解答

問題3　【正解】（ニ）

　三相全波ブリッジ整流回路は単相全波整流回路の回路に整流器2個を同じように接続した回路となります。負荷の取り出し端子も同じです。

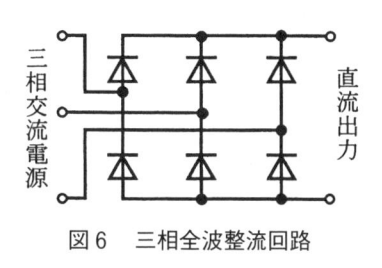

図6　三相全波整流回路

問題4　【正解】（ニ）

　波形の最大値は，$200 \times \sqrt{2} = 283$〔V〕で，平滑コンデンサが無くとも**1周期で波形が6個**重なるようになるので，（ニ）のような波形となります。

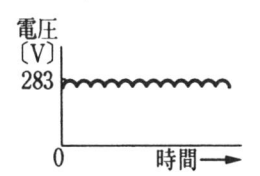

図7　三相全波整流回路の整流波形

- 79 -

問題5 【正解】（ハ）

　インバータの本来の機能は直流から任意の周波数と電圧の交流に変換する装置です。しかし，一般的にインバータというと，交流を入力として整流回路（コンバータ）により直流を作り，インバータ（逆変換装置）により異なる交流の電圧，電流に変換する装置として広く認識されています。間違えないようにしましょう。交流電力を異なる周波数の交流の電圧，電流に変換する装置とあればインバータと解答してもいいかも知れません。
（イ）の交流電力を直流電力に変換する装置は，**整流回路（コンバータ）**です。
（ロ）の直流電力を異なる直流の電圧，電流に変換する装置は**直流チョッパ**です。
（ニ）の交流電力を異なる交流の電圧，電流に変換する装置は**変圧器**です。

問題6 【正解】（イ）

　半導体交流無停電電源装置（UPS）は，コンピュータなどが停電や大幅な電圧降下による障害を回避するために用いられるようになってきました。図5に示すように，**UPSは交流電源を整流して蓄電池に蓄えておきます**。もし，UPSに接続されている電源が停電してもインバータにより蓄電池の直流を交流にして負荷には無停電で電力を供給できます。ここで，負荷が数サイクル程度の瞬断を受け入れられるときは，常時は交流電源から供給し瞬断が生じたときのみUPSに切り替えてUPSから切り替える回路構成とする場合もあります。また，インバータにより供給されるので，**UPS常時供給式では電圧・周波数を一定に保つことができ，また，負荷に適した電圧・周波数とすることもできます**。

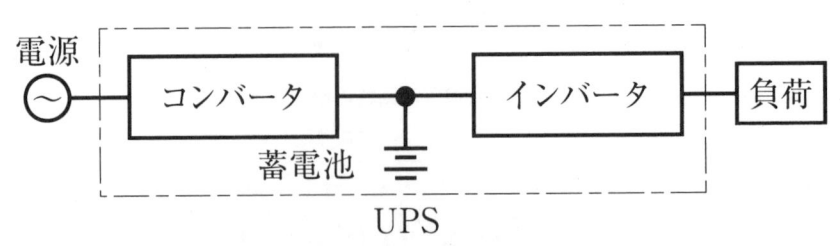

図8　半導体交流無停電電源装置（UPS）

（ロ）のVVVFは可変電圧可変周波数制御といって，三相かご形誘導電動

機の**速度制御**に用います。
(ハ) の**デマンドコントローラ**は**最大電力**が電力会社との契約電力を超えないようにコントロールします。
(ニ) の **DC チョッパ**は**直流チョッパ**のことです。

問題7　【正解】(イ)

　高調波とは，電源の 50〔Hz〕や 60〔Hz〕の**整数倍の周波数成分**が電圧・電流に含まれることをいいます。高調波が含まれると，**進相コンデンサ**や発電機に**過熱**などの影響を与えることがあります。高調波の**発生源**は**整流器**や**アーク炉**などが挙げられます。電源周波数の 5 倍の高調波を第 5 次の高調波といいます。

問題8　【正解】(ハ)

　高調波抑制対策に使用する機器は，**交流フィルタ**（アクティブフィルタ）の使用が有効です。

問題9　【正解】(ニ)

　高調波の発生源は，交流アーク炉，半波整流器，動力制御用インバータなどです。**進相コンデンサ**は高調波の**影響**を受ける機器です。

第11回テスト 材料1

	問い	答え
1	写真に示す低圧用ケーブルの名称は。	イ．VVRケーブル ロ．キャブタイヤケーブル ハ．MIケーブル ニ．CVケーブル
2	写真に示す材料の名称又は略称は。	イ．OC電線 ロ．KIP電線 ハ．CVケーブル ニ．高圧用キャブタイヤケーブル
3	高圧CVケーブルの絶縁体aとシースbの材料の組合せは。	イ．a 架橋ポリエチレン 　　b 塩化ビニル樹脂 ロ．a 架橋ポリエチレン 　　b ポリエチレン ハ．a エチレンプロピレンゴム 　　b 塩化ビニル樹脂 ニ．a エチレンプロピレンゴム 　　b ポリクロロプレン
4	KIP電線の構造は。	イ．（銅導体／セパレータ／EPゴム（エチレンプロピレンゴム）） ロ．（銅導体／半導電層／架橋ポリエチレン／半導電層テープ／銅遮へいテープ／押さえテープ／ビニルシース）

材料 1

4		ハ. 銅導体／セパレータ／架橋ポリエチレン／ビニルシース ニ. 塩化ビニル樹脂混合物／銅導体
5	600Vビニル絶縁電線の許容電流（連続使用時），に関する記述として，適切なものは。	イ．電流による発熱により，電線の絶縁物が著しい劣化をきたさないようにするための限界の電流値をいう。 ロ．電流による発熱により，電線の絶縁物の温度が80〔A〕となる時の電流値をいう。 ハ．電流による発熱により，電線が溶断する時の電流値をいう。 ニ．電圧降下を許容範囲に収めるための最大の電流値をいう。
6	エコ電線として使用されている600Vポリエチレン絶縁耐燃性ポリエチレンシースケーブル平形（EM 600 V EEF/F）に関する記述として，誤っているものは。	イ．燃焼時に有毒なハロゲン系ガスを発生しない。 ロ．導体の材質及び直径が等しい600Vビニル絶縁ビニルシースケーブルに比べて許容電流が大きい。 ハ．絶縁体，シース材料に使用しているポリエチレン系材料はビニル材料に比べてやや軟質である。 ニ．材料がポリエチレン系に統一されているので，電線及び

第11回テスト 問題

		その他プラスチック製品へのリサイクルに対応しやすい。
7	600〔V〕以下で使用される電線又はケーブルの記号に関する記述として，誤っているものは。	イ．IV とは，主に屋内配線に使用する塩化ビニル樹脂を主体としたコンパウンドで絶縁された単心（単線，より線）の絶縁電線である。 ロ．DV とは，主に架空引込みに使用する塩化ビニル樹脂を主体としたコンパウンドで絶縁された多心の絶縁電線である。 ハ．VVF とは，移動用電気機器の電源回路などに使用する塩化ビニル樹脂を主体としたコンパウンドを絶縁体およびシースとするビニル絶縁ビニルキャブタイヤケーブルである。 ニ．CV とは，架橋ポリエチレンで絶縁し，塩化ビニル樹脂を主体としたコンパウンドでシースを施した架橋ポリエチレン絶縁ビニルシースケーブルである。

第11回テスト 解答と解説

問題1 【正解】(ロ)

　写真に示す低圧用ケーブルの名称は，**キャブタイヤケーブル**です。**VVRケーブル**は，ビニル絶縁ビニル外装ケーブル丸型，**MIケーブル**は無機物絶縁銅外装ケーブル，**CVケーブル**は架橋ポリエチレン絶縁ビニル外装ケーブルの略です。MIケーブルは無機絶縁物を使用した電線で，高温に強いので耐火電線として使用されます。**VVFケーブル**は外装が平坦になっています。**コンクリート直埋用ケーブル**はコンクリートに直に埋めて使用できるケーブルです。記号はCBです。

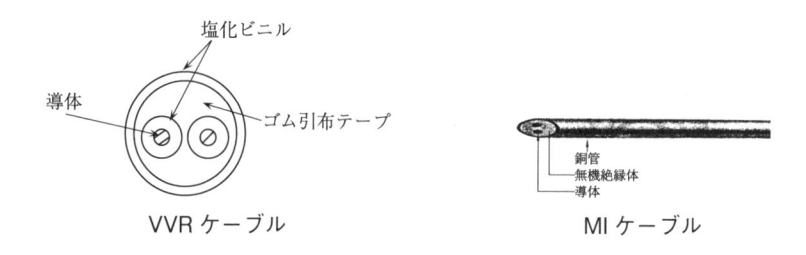

VVRケーブル

MIケーブル

問題2 【正解】(ハ)

　写真に示す材料の名称は，低圧用架橋ポリエチレン絶縁ビニル外装ケーブルで略称 **600V CVケーブル**です。**OC電線**は屋外用架橋ポリエチレン絶縁電線のことです。**KIP電線**は高圧機器内配線用電線のことです。

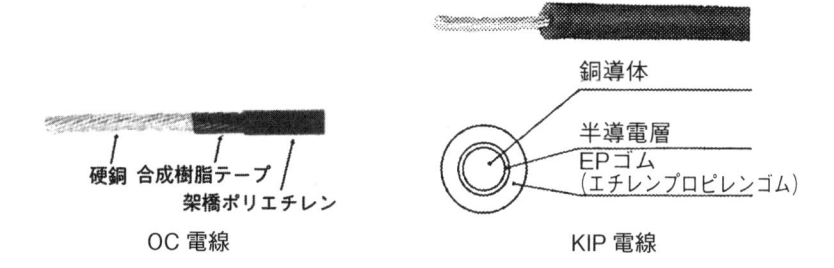

OC電線

KIP電線

-85-

問題 3 【正解】（イ）

　写真でわかるように**高圧 CV ケーブル**（高圧架橋ポリエチレンビニルシースケーブル）の絶縁物は架橋ポリエチレンで，シースは塩化ビニル樹脂です。CVT は 3 本の CV をまとめたものです。

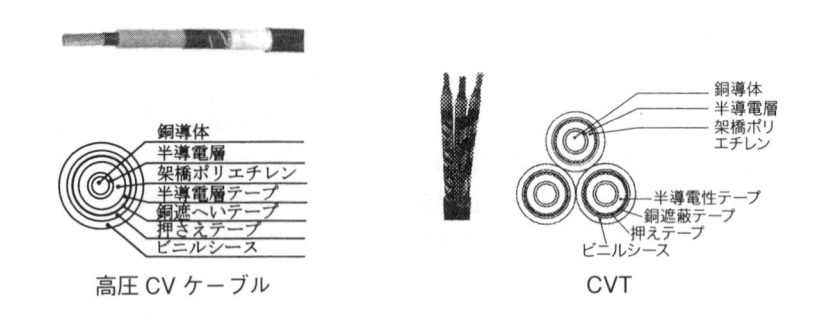

高圧 CV ケーブル　　　　　　　　CVT

問題 4 【正解】（イ）

　KIP 電線は（イ）ですね。（ロ）は高圧 CV ケーブル，（ハ）600 VCV ケーブル，（ニ）は 600 V の IV 線です。

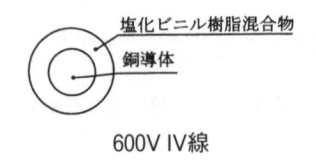

600V IV線

問題 5 【正解】（イ）

　600 V ビニル絶縁電線の**許容電流**（連続使用時）は，電流による発熱により，電線の絶縁物が著しい劣化をきたさないようにするための**限界の電流値**をいいます。

問題 6 【正解】（ハ）

　600 V ポリエチレン絶縁耐燃性ポリエチレンシースケーブル平形（EM 600 V EEF/F）は，導体の材質及び直径が等しい 600 V ビニル絶縁ビニルシースケーブルに比べて許容電流が大きいのが特徴です。**ハロゲン**などの物

質を含まないのでリサイクルがし易い性質があります。ビニル絶縁よりも**若干硬質**です。

問題7　【正解】（ハ）

移動用電気機器の電源回路などに使用する塩化ビニル樹脂を主体としたコンパウンドを絶縁体およびシースとするビニル絶縁ビニルキャブタイヤケーブルは VCT です。VVF（ビニル絶縁ビニル外装ケーブル平型）は写真のような形状です。

VVF ビニル絶縁ビニル外装ケーブル平型

第12回テスト 材料2

	問い	答え
1	単相200〔V〕の回路に使用できないコンセントは。	イ. ロ. ハ. ニ.
2	定格電圧250〔V〕，定格電流20〔A〕の単相接地極付きコンセントの標準的な極配置は。	イ. ロ. ハ. ニ.
3	写真に示す器具の名称は。 （表）　　（裏）	イ．抜止形コンセント ロ．防雨形コンセント ハ．引掛形コンセント ニ．医用コンセント

4	200 V 回路，20 A の回路で使用するコンセントで図記号に E，ET と記されているものは写真のどれか。	イ． ロ． ハ． ニ．
5	図記号が ●_R で示される品物の写真はどれか。	イ． ロ． ハ． ニ．
6	(DL) の図記号で示される照明器具の写真はどれか。	イ． ロ． ハ． ニ．

7	写真に示す照明器具に関する記述として適当なものは。 日本照明器具工業会 SB形適合品	イ．白熱電球は使用できない。 ロ．水中に使用できる。 ハ．自動点滅回路に使用できる。 ニ．断熱材の下に使用できる。

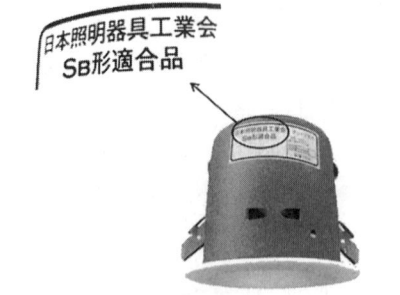

第12回テスト 解答と解説

問題1 【正解】（ニ）

単相 120 V/15 A，250 V/15 A 及び三相用の接地極無し（図記号⊖）と有（図記号⊖E）の極配置は次のようになります。

	単相 100 V	単相 200 V	三相 200 V
一般用			
接地極付			

この表からわかるように単相 100 V 用のコンセントの極配置は縦並びで，単相 200 V 用の極配置は横並びとなっています。（イ）は **250 V/20 A**，（ロ）は **250 V/20 A 接地極付**，（ハ）は **250 V/15 A 接地極付**，（ニ）**125 V/15 A 接地極付**となっています。

問題2 【正解】（イ）

左側の極の形状が 250 V で「⊏」となっているのは 20 A 用です。左側の極の形状が 125 V で「⊢」となっているのは 15 A/20 A 兼用で，125 V/20 A は「⌐」です。（イ）は **250 V/20 A 接地極付**，（ロ）は **125 V/15 A 接地極付**，（ハ）は **125 V/15 A/20 A 兼用接地極付**，（ニ）**250 V/15 A 接地極付**となっています。

問題3 【正解】（ニ）

医療用電気機械器具を使用するコンセントの特徴は，**接地極とアース用のリード線付**のものになっています。表面には H のマークが記されているので区別できます。図記号も（⊖H）です。防雨形コンセントの図記号は（⊖WP），引掛形コンセントの図記号は⊖Tで，形状は写真のようになります。抜止形コンセント（⊖LK）はプラグを回転させることにより容易に抜けないようにした構造のものです。

引掛形コンセントの形状

問題4 【正解】(ハ)

200 V回路用のコンセントは(ロ)と(ハ)です。接地極が付いているのは(ハ)となります。記号 ET は接地端子付を表します。(イ)は125 V/15 A 接地極接地端子付となります。

問題5 【正解】(イ)

●Rで示される図記号は**リモコンスイッチ**です。主なスイッチの図記号は次のようになります。

記号	名称	概要
●	点滅器	15 A 以外は●$_{20A}$ のように定格電流を傍記する
●$_R$	リモコンスイッチ	
●$_3$	3路スイッチ	
●$_4$	4路スイッチ	
●$_P$	プルスイッチ	
●$_L$	パイロットランプ内蔵型	別置形は●○
●$_A$	自動点滅器	

問題6 【正解】（ハ）

(DL)の図記号は埋込器具（**ダウンライト**）なので（ハ）となります。主な照明器具の図記号は次のようになります。

記号	名称	概要
○	白熱灯	水銀灯　H メタルハライドランプ　M ナトリウムランプ　N
⊖	ペンダント	
(CH)	シャンデリア	
(○)	引掛シーリング（丸形）	
⊏○⊐	蛍光灯	

問題7 【正解】（ニ）

写真の器具は**埋込器具**です。天井に**断熱材**が施工されている場合，断熱材が除去されないまま施工すると照明器具が発熱して火災の危険性が生じます。写真の器具は，天井に施工されている断熱材を除去しなくても施工できる仕様となっています。それを判別するのは，照明器具に書かれている，「日本照明器具工業会 S_B 形規格」という表示です。問題6の写真（ハ）も埋込器具ですが，S_B の表示がないので断熱材を除去して施工しなければなりません。

第13回テスト 材料3

	問い	答え
1	写真に示す品物の名称は。	イ．耐張がいし ロ．引留がいし ハ．玉がいし ニ．分割がいし
2	写真に示す色彩表示を施した品物の架空配電線路における用途は。ただし，ケーブル以外の電線を使用するものとする。 青(緑)色又は，青(緑)色の帯	イ．架空地線を支持する。 ロ．低圧配電線の接地側電線を支持する。 ハ．低圧配電線の非接地側電線を支持する。 ニ．高圧配電線の電線を支持する。
3	写真に示す品物の名称は。	イ．高圧ピンがいし ロ．高圧中実がいし ハ．高圧屋内支持がいし ニ．高圧耐張がいし

材料3

第13回テスト問題

4	写真に示す矢印の部分の用途は。 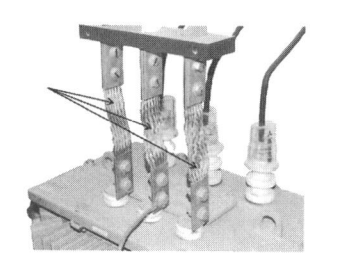	イ．地震時などにブッシングに加わる荷重を軽減する。 ロ．過負荷電流が流れたとき溶断して変圧器を保護する。 ハ．短絡電流を抑制する。 ニ．異常な温度上昇を検知する。
5	写真に示す品物（ケーブルは除く）の用途は。 	イ．垂直に敷設するケーブルをコンクリート床貫通部分で支持するのに用いる。 ロ．ケーブルが建築物の防火区面壁を貫通する部分で延焼防止のために用いる。 ハ．地中ケーブルが建築物の外壁を貫通する部分で浸水防止のために用いる。 ニ．ケーブルが爆発性雰囲気場所と一般場所との隔壁を貫通する部分で爆発性ガスの移行を防止するために用いる。
6	引込柱の支線工事に使用する材料の組合せとして，正しいものは。 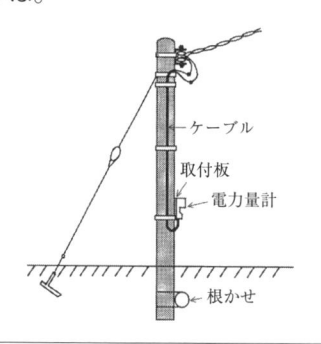	イ．亜鉛めっき鋼より線，玉がいし，アンカ ロ．耐張クランプ，玉がいし，亜鉛めっき鋼より線 ハ．耐張クランプ，巻付グリップ，スリーブ ニ．巻付グリップ，スリーブ，アンカ

7	写真に示す品物の用途は。	イ．電柱上の機器等に施す接地工事の接地極として用いる。 ロ．架空配電線路において雷電流を大地に流す接地極として用いる。 ハ．地中電線用の埋設溝を掘削するのに用いる。 ニ．電柱に設ける支線を地中で引き留めるのに用いる。
8	屋内に設置するCTVケーブルの終端処理部に一般に使用する材料は。	イ．　　　　　ロ． ハ．　　　　　ニ．

第13回テスト　解答と解説

問題1　【正解】（ハ）

　写真のがいしは**玉がいし**です。電柱に設ける支線の途中に設けて支線の上部と下部を**絶縁**することにより感電を防止しています。

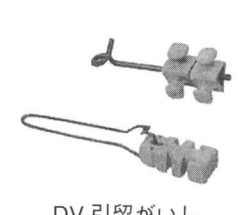

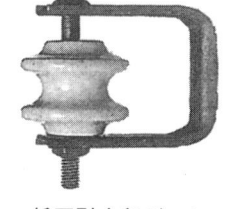

　　　DV引留がいし　　　低圧引止留がいし　　　高圧耐張がいし

問題2　【正解】（ロ）

　青（緑）色又は青（緑）色の帯となっているのは**低圧用**を表しています。向かって左側は**引留がいし**，右側が**ピンがいし**です。用途は，低圧配電線の接地側電線を支持するために用いられます。図に示すように高圧ピンがいしは赤いラインが入っています。

高圧ピンがいし

問題3 【正解】(ハ)

　写真に示す品物の名称は**高圧屋内支持がいし**です。屋内に施設される受電設備の高圧電線などを支持するために用いられます。

屋内用エポキシ樹脂ポストがいし

問題4 【正解】(イ)

　写真に示す品物の名称は**可とう接続帯**といって，変圧器二次側と負荷側の銅帯などを接続する場合に用います。用途としては，地震時などに変圧器ブッシングに加わる荷重を**可とう性**を持たせて軽減させます。

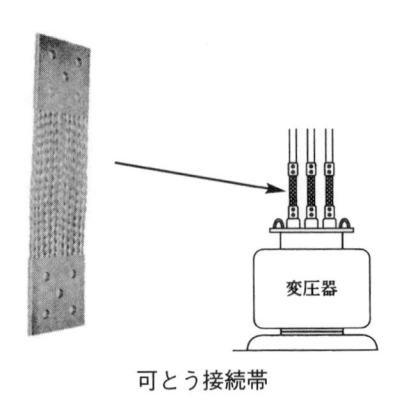

可とう接続帯

問題5 【正解】(ハ)

　写真に示す品物の名称は**水切りツバ付防水鉄管**といって，地中ケーブルが建築物の外壁を貫通する部分で浸水防止のために用います。

材料3

問題6　【正解】（イ）

引込柱の支線工事に使用する材料の組合せは図に示すようになります。

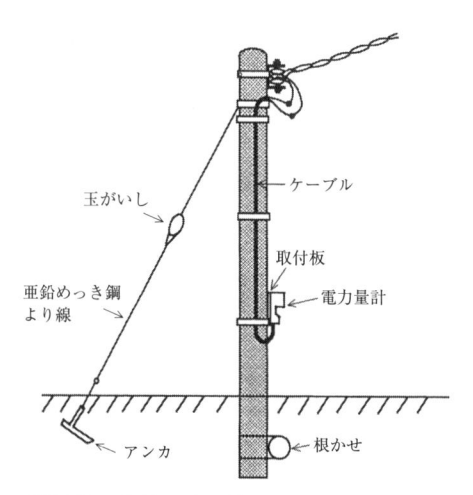

引込柱の支線工事に使用する材料の組合せ

問題7　【正解】（ニ）

電柱に設ける支線を地中で引き留めるのに用いる**支線用アンカ**ですね。

問題8　【正解】（イ）

屋内に設置するCTVケーブルの終端処理部に一般に使用する材料は，（イ）の**モールドストレスコーン差込形**です。（ロ）は，**屋外用のモールド端末本体**，（ハ）はCVケーブルの**三さ分岐管**，（ニ）**管路用防水装置**です。

第14回テスト 材料4

	問い	答え
1	写真に示す品物の名称は。	イ．フィックスチュアスタッド ロ．ボルト形コネクタ ハ．インサートマーカ ニ．インサート
2	コンクリート打設前に設置して吊りボルト支持する材料は。	イ． ロ． ハ． ニ．
3	写真に示す品物の用途は。	イ．機器の端子に電線を取り付ける時に用いる。 ロ．張力のかかる電線相互の接続に用いる。 ハ．張力のかからない分岐部分の電線の接続に用いる。 ニ．張力のかかる電線の補強に用いる。

材料4

4	写真に示す品物の名称は。	イ．フィックスチュアヒッキー ロ．インサートスタッド ハ．銅帯接続クランプ ニ．バーベンダー
5	矢印のパイプフレームの箇所に使用するものは。	イ．　ロ． ハ．　ニ．
6	パイプフレームの組み立てに使用しない材料は。	イ．　ロ． ハ．　ニ．
7	電気機器の絶縁材料の耐熱クラスごとの許容最高温度の低いものから高いものの順に左から右に並べたものは。	イ．Y, E, H ロ．E, H, Y ハ．H, E, Y ニ．E, Y, H

第14回テスト問題

第14回テスト 解答と解説

問題1 【正解】(ニ)

写真に示す品物の名称は**インサート**です。コンクリート打設前に所定の位置に設置しておき，吊りボルトを支持するために用いられます。(イ)は**フィックスチュアスタッド**で，天井に埋め込んだアウトレットの底面に取り付けて，パイプペンダントなど重い照明器具の取り付に用います。(ロ)の**ボルト形コネクタ**は，力が加わらない部分での絶縁電線相互の接続に用いられます。(ハ)は**インサートマーカ**で，天井に埋め込んで照明器具などを取り付ける場合に用います。

フィックスチュアスタッド　　　ボルト形コネクタ　　　インサートマーカ

問題2 【正解】(ハ)

コンクリート打設前に設置して吊りボルト支持する材料は(ハ)インサートですね。(イ)及び(ニ)は**アンカー**で**コンクリート打設後**に設置して吊りボルトなどの支持に用いられます。(ロ)は石膏ボード等の中空壁用のアンカーで**ボードファスナー**といいます。

問題3 【正解】(ハ)

写真に示す品物の名称は**T型コネクタ**で，用途は張力のかからない分岐部分の電線の接続に用います。

材料4

第14回テスト 解答

問題4 【正解】(ハ)

写真に示す品物の名称は，**銅帯接続クランプ**です。可とう導体を銅帯に接続するときに用います。バーベンダーは胴体の曲げに使用します。

可とう導体

問題5 【正解】(ニ)

矢印の部分は四方向に組み合わされているので，この部分に使用される材料は，(ニ)の**四方出クランプ**が必要になります。(イ)は**床フランジ**，(ロ)は**銅棒クランプ**，(ハ)は**直角クランプ**です。

問題6 【正解】(ハ)

パイプフレームの組み立てに使用する材料は，(イ)**エクスパンションボルト**，(ロ)**Uボルト**，(ニ)**床フランジ**を使用します。(ハ)は**ユニバーサルエルボ**といって，金属管工事に使用します。

問題7 【正解】(イ)

絶縁材料の種類によって使用時の**許容温度**が定まっています。**耐熱クラスと最高使用温度**を示します。

耐熱クラス	Y	A	E	B	F	H	200	220	250
最高使用温度〔℃〕	90	105	120	130	155	180	200	220	250

第15回テスト 工具

	問い	答え
1	写真に示す品物の用途は。	イ．ケーブルをねずみの被害から防ぐのに用いる。 ロ．ケーブルを延線するとき，引っ張るのに用いる。 ハ．ケーブルをシールド（遮へい）するのに用いる。 ニ．ケーブルを切断するとき，電線がはねるのを防ぐのに用いる。
2	写真に示す工具の用途とは。	イ．小型電動機の回転数を計測する。 ロ．小型電動機のトルクを計測する。 ハ．ねじを一定のトルクでしめ付ける。 ニ．ねじ等の締め付け部分の温度を測定する。
3	写真に示す品物の用途とは。	イ．停電作業を行う時，電路を接地するために用いる。 ロ．高圧線電流を測定するために用いる。 ハ．高圧カットアウトの開閉操作に用いる。 ニ．高圧電路の相確認に用いる。
4	写真に示す品物の名称は。	イ．高圧検相器 ロ．短絡接地用具 ハ．架空配電線用仮設ジャンパ ニ．残留電荷放電用具

5	写真に示す工具の名称は。	イ．張線器 ロ．ケーブルカッタ ハ．ケーブルジャッキ ニ．ワイヤーストリッパ
6	写真に示す品物の用途とは。	イ．銅帯の曲げに用いる。 ロ．パイプの曲げに用いる。 ハ．H鋼の曲げに用いる。 ニ．鉄筋の切断に用いる。
7	写真に示す品物の用途とは。	イ．電線やケーブルの延線に使用する。 ロ．太いケーブルの曲げ加工や，くせをとるのに使用する。 ハ．ケーブルドラムを支持するのに使用する。 ニ．太い電線管の曲げ加工に使用する。
8	写真に示す品物の名称は。	イ．万力台 ロ．延線ローラー ハ．ローラー台 ニ．ケーブルジャッキ

第15回テスト 解答と解説

問題1 【正解】（ロ）

　写真に示す品物の名称は，**延線用グリップ**といいます。用途は太い電線やケーブルを管路に引き入れるときにケーブルなどを引っ張るのに用います。細い電線を管路に引き入れるとき用いるのが写真に示す**予備線挿入器**です。

予備線挿入器

問題2 【正解】（ハ）

　写真に示す品物の名称は，**トルクドライバー**といいます。ねじを一定のトルクで締め付けるときに使用します。ねじをトルクと関係なしに締め付けるときに使用するのが写真で示す**充電式電動ドライバー**です。電動機の回転数を計測するのは，**回転計**です。

充電式電動ドライバー 　　　　　回転計

問題3 【正解】（ニ）

　写真に示す品物の名称は，**高圧検相器**です。高圧電路の相確認に用います。高圧電路の作業には高圧ゴム手袋（黒い部分）と保護手袋を必ず使用します。高圧カットアウトを開閉するときは**高圧カットアウト用操作棒**を使用しますが，このときも**高圧ゴム手袋**を使用します。

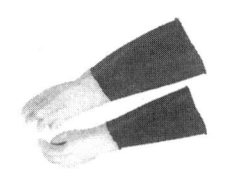

工具

第15回テスト 解答

高圧ゴム手袋 　　　　高圧カットアウト用操作棒

問題4　【正解】（ロ）

　写真に示す品物の名称は，**短絡接地用具**といいます。高圧電路の停電作業時に高圧電路を短絡接地して誤って送電された場合作業員を感電から保護する場合に使用します。**残留電荷放電用具**は高圧検相器と形状が似ています。

問題5　【正解】（ロ）

　写真に示す品物の名称は，**ケーブルカッタ**です。太い電線やケーブルを切断する場合に使用します。**張線器**は架空電線を張力をかけて引っ張るときに使用します。**ワイヤーストリッパ**は絶縁電線の被覆の剥ぎ取り用に使用します。

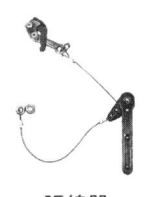

張線器 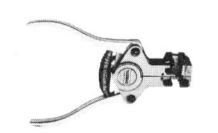　　　　ワイヤーストリッパ

問題6　【正解】（イ）

　写真に示す品物の名称は，**バーベンダー**で**銅帯の曲げ**に用います。細いパイプを曲げるときは**パイプベンダ**を使用し，太いパイプを曲げるときは**油圧式パイプベンダ**を用います。

- 107 -

パイプベンダ　　　　　　油圧式パイプベンダ

鉄筋の切断に用するのは，**高速切断機**です。

高速遮断機

問題7　【正解】（イ）
　写真に示す品物の名称は，**延線ローラー**といいます。電線やケーブルがスムーズに延線できるようにするために使用する。

問題8　【正解】（ニ）
　写真に示す品物の名称は，**ケーブルジャッキ**といいます。電線やケーブルを巻いてあるドラムを支持して延線が円滑にできるようにします。高さが調節できるようになっています。万力は写真のような形状をしています。

万力

第4章
発電・変電・送電施設

1. 発電関係1～3（第16回テスト～第18回テスト）
2. 変電所　　　　（第19回テスト）
3. 変電配電　　　（第20回テスト）
4. 送電　　　　　（第21回テスト）

（正解・解説は各回の終わりにあります。）

※本試験では，各問題の初めに以下のような記述がございますが，本書では，省略しております。

次の各問には4通りの答え（イ，ロ，ハ，ニ）が書いてある。それぞれの問いに対して答えを1つ選びなさい。

第16回テスト 発電関係1

	問い	答え
1	水力発電所の発電用水の経路の順序として，正しいものは。	イ．取水口→水圧管路→水車→放水口 ロ．取水口→水車→水圧管路→放水口 ハ．水圧管路→取水口→水車→放水口 ニ．取水口→水圧管路→放水口→水車
2	水力発電所の水車の種類を，適用落差の最大値の高いものから低いものの順に上から下に並べたものは。	イ．プロペラ水車 　　フランシス水車 　　ペルトン水車 ロ．フランシス水車 　　ペルトン水車 　　プロペラ水車 ハ．フランシス水車 　　プロペラ水車 　　ペルトン水車 ニ．ペルトン水車 　　フランシス水車 　　プロペラ水車
3	水力発電において，水車の回転速度 N，有効落差 H，流量 Q とするとき，出力 P に関する記述として，正しいものは。	イ．P は QH^2 に比例する。 ロ．P は NQ に比例する。 ハ．P は NQH に比例する。 ニ．P は QH に比例する。

4	汽力発電所のエネルギー変換順序で正しいものは。	イ．燃料のエネルギー 　　→　機械的エネルギー 　　→　蒸気エネルギー 　　→　電気エネルギー ロ．蒸気エネルギー 　　→　機械的エネルギー 　　→　燃料のエネルギー 　　→　電気エネルギー ハ．燃料のエネルギー 　　→　蒸気エネルギー 　　→　機械的エネルギー 　　→　電気エネルギー ニ．蒸気エネルギー 　　→　燃料のエネルギー 　　→　電気エネルギー 　　→　機械的エネルギー
5	図は火力発電所の熱サイクルを示した装置縮図である。この熱サイクルの種類は。 （蒸気／過熱器／ボイラ／タービン／発電機／復水器／水／給水ポンプ）	イ．再生サイクル ロ．再熱サイクル ハ．再生再熱サイクル ニ．ランキンサイクル

6	図は汽力発電所の再熱サイクルを表したものである。図中のA, B, C, Dの組合せとして，正しいものは。		Ⓐ	Ⓑ	Ⓒ	Ⓓ
		イ	復水器	ボイラ	過熱器	再熱器
		ロ	ボイラ	過熱器	再熱器	復水器
		ハ	過熱器	復水器	再熱器	ボイラ
		ニ	再熱器	復水器	過熱器	ボイラ

7	汽力発電における水及び蒸気の流れとして，正しいものは。	イ．ボイラ→過熱器→タービン→復水器 ロ．過熱器→ボイラ→復水器→タービン ハ．過熱器→ボイラ→タービン→復水器 ニ．ボイラ→過熱器→復水器→タービン

第16回テスト 解答と解説

問題1 【正解】（イ）

　水力発電所の種類はダム式発電所，水路式発電所及びダム水路式発電所などいろいろありますが，大まかな水の流れは，図に示すように**取水口→水圧管路→水車→放水口**となります。

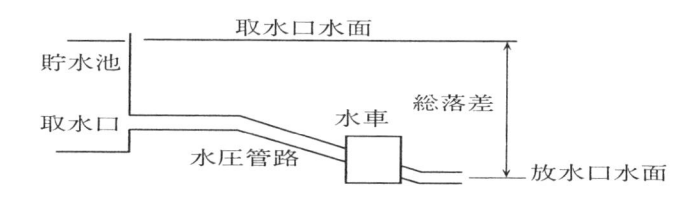

問題2 【正解】（ニ）

　水力発電所の水車の適用落差の最大値の高いものから低いものの順は，**ペルトン水車→フランシス水車→プロペラ水車**の順となります。ペルトン水車とフランシス水車の形状は写真のようになります。プロペラ水車の形状は想像ができますね。

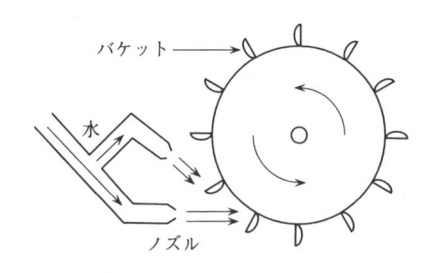

ペルトン水車

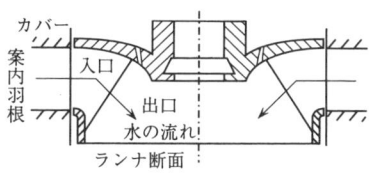

フランシス水車

問題3 【正解】(ニ)

出力 P は，流量 Q と有効落差 H の積に比例します。

問題4 【正解】(ハ)

火力発電は広義には，熱エネルギーを電気エネルギーに変換する発電システムの総称で，石油や石炭を使用する発電所はいうまでもなく原子力発電所も広義には火力発電所に含まれます。

汽力発電は主に石油や石炭を燃焼して**水**を**蒸気**にして発電する方式をいいます。汽力（火力）発電の基本的な熱サイクルは**ランキンサイクル**といい，図に示すようになります。エネルギーは，燃料のエネルギー（重油，石炭等），蒸気のエネルギー（ボイラ），機械エネルギー（タービン），電気エネルギー（発電機）の順で取り出されます。

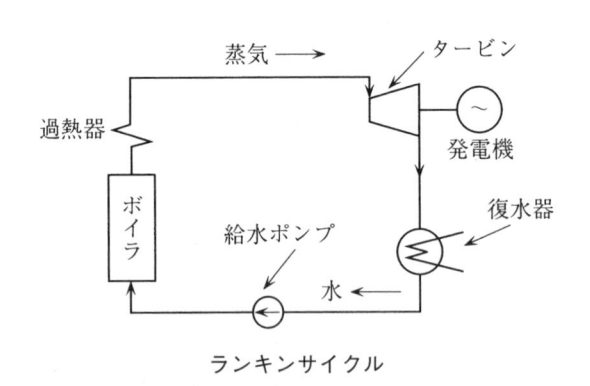

ランキンサイクル

問題5 【正解】(ニ)

図の火力発電所の熱サイクルの種類は，**ランキンサイクル**となります。熱サイクルの**基本**となります。

問題6 【正解】(ロ)

汽力発電所の**再熱サイクル**の各機器の配置は次の図ようになります。

ランキンサイクルで熱効率向上のため蒸気圧力を上げると，タービン内の膨脹過程の終わりで，蒸気の湿り度が増し，タービン効率の低下，タービン翼の浸食等を起こします。また，最初から蒸気温度を高くとるのも材料強度上好ましくありません。このため，ある圧力まで膨脹した蒸気をボ

イラに戻し，再熱器で加熱し，再びタービンに送る方式がとられますが，これを再熱サイクルといいます。

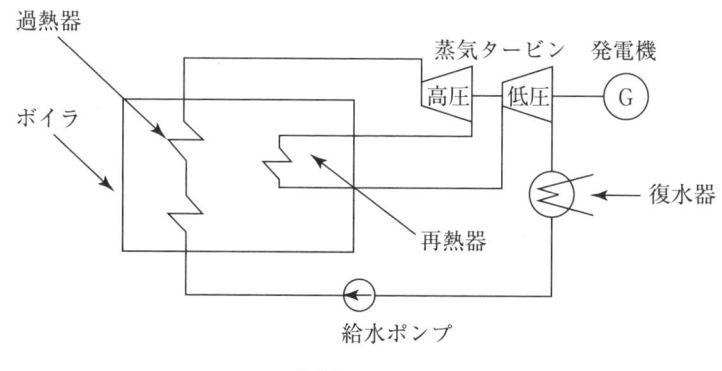

再熱サイクル

問題7 【正解】（イ）

　汽力発電における水及び蒸気の流れはランキンサイクルの図より，**ボイラ→過熱器→タービン→復水器**となります。

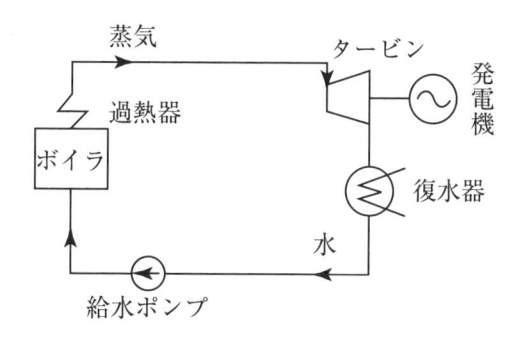

ランキンサイクル

第17回テスト 発電関係2

	問い	答え
1	ディーゼル発電装置に関する記述として誤っているものは。	イ．ディーゼル機関の動作工程は，吸気→爆発（燃焼）→圧縮→排気である。 ロ．回転むらを滑らかにするために，はずみ車が用いられる。 ハ．ビルなどの非常用予備発電装置として一般に使用される。 ニ．ディーゼル機関は点火プラグが不要である。
2	ディーゼル機関の熱損失を，大きいものから順に並べたものは。	イ．排気ガス損失 　機械的損失 　冷却水損失 ロ．排気ガス損失 　冷却水損失 　機械的損失 ハ．冷却水損失 　機械的損失 　排気ガス損失 ニ．機械的損失 　排気ガス損失 　冷却水損失
3	ディーゼル機関のはずみ車（フライホイール）の目的として，正しいものは。	イ．回転のむらを滑らかにする。 ロ．冷却効果を良くする。 ハ．始動を容易にする。 ニ．停止を容易にする。

4	自家用電気工作物に用いられる非常用のガスタービン発電設備をディーゼル発電設備と比較した場合の記述として，誤っているものは。	イ．熱エネルギーをタービンで回転運動に変換するので，振動が少ない。 ロ．大規模な吸排気装置を必要とする。 ハ．発電効率が低い。 ニ．大量の冷却水を必要とする。
5	燃料電池の発電原理に関する記述として，誤っているものは。	イ．りん酸形燃料電池は発電により水を発生する。 ロ．燃料の化学反応により発電するため，騒音はほとんどない。 ハ．負荷変動に対する応答性にすぐれ，制御性が良い。 ニ．燃料電池本体から発生する出力は交流である。

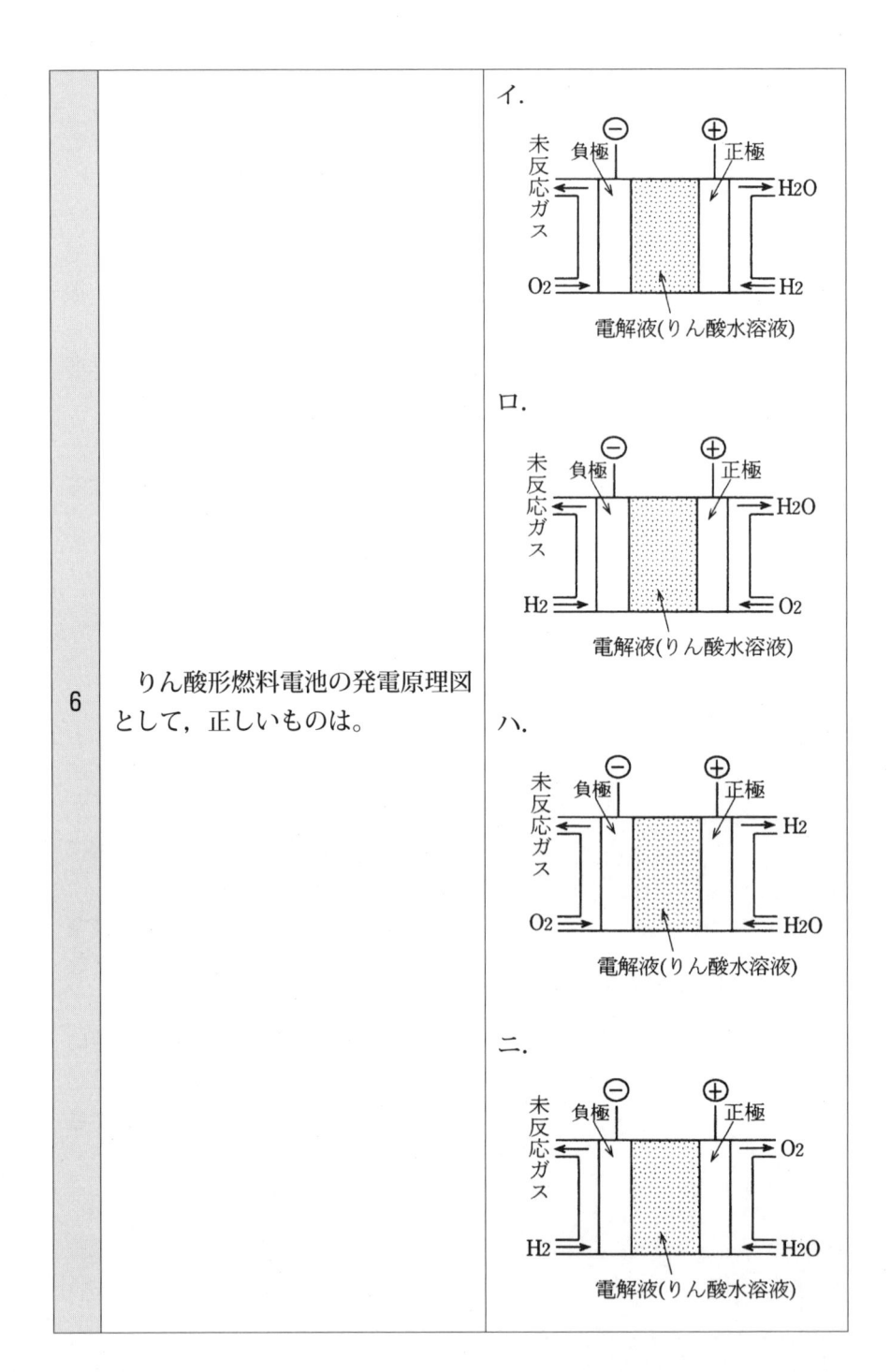

6　りん酸形燃料電池の発電原理図として，正しいものは。

イ．

未反応ガス ← ／ ⊖負極 ／ ⊕正極 ＼ → H_2O
O_2 → ＼ ＼ ← H_2
電解液(りん酸水溶液)

ロ．

未反応ガス ← ／ ⊖負極 ／ ⊕正極 ＼ → H_2O
H_2 → ＼ ＼ ← O_2
電解液(りん酸水溶液)

ハ．

未反応ガス ← ／ ⊖負極 ／ ⊕正極 ＼ → H_2
O_2 → ＼ ＼ ← H_2O
電解液(りん酸水溶液)

ニ．

未反応ガス ← ／ ⊖負極 ／ ⊕正極 ＼ → O_2
H_2 → ＼ ＼ ← H_2O
電解液(りん酸水溶液)

7	風力発電に関する記述として，誤っているものは。	イ．風力発電設備は，風の運動エネルギーを電気エネルギーに変換する設備である。 ロ．風力発電設備は，風速等の自然条件の変化による出力変動が大きい。 ハ．一般に使用されているプロペラ形風車は垂直軸形風車である。 ニ．プロペラ形風車は，一般に風速によって翼の角度を変えるなど風の強弱に合わせて出力を調整することができる。
8	風力発電に関する記述として，誤っているものは。	イ．風力発電装置は，風の運動エネルギーを電気エネルギーに変換する装置である。 ロ．風力発電装置は，風速等の自然条件の変化により発電出力の変動が大きい。 ハ．発電できる風速の下限と上限が定まっている。 ニ．風力発電設備は，温室効果ガスを排出する。

第17回テスト　解答と解説

問題1　【正解】（イ）

　ディーゼル機関の動作工程は，吸気→圧縮→爆発（燃焼）→排気の4サイクルです。ディーゼル機関は空気と燃料を高圧縮させて自然発火させるので，ガソリン機関のように点火プラグが不要な点も特徴となります。燃料としては重油が多く使用されています。ディーゼル発電の特徴は次のようになります。

①　構造が簡単であり，始動停止が容易である。
②　熱効率が比較的高く低負荷でもあまり変化しない。
③　冷却水を大量に必要としない。
④　燃料の輸送や貯蔵が容易である。
⑤　回転がむらになり易いので，フライホール（はずみ車）を回転軸に取り付ける。

　以上の特徴により，ビルなどの非常用予備発電装置として一般に使用されています。

問題2　【正解】（ロ）

　ディーゼル機関の熱損失の大きい順は，**排気ガス損失，冷却水損失，機械的損失**となります。

問題3　【正解】（イ）

　ディーゼル機関の**はずみ車（フライホイール）**を取り付ける目的は，回転のむらを滑らかにするためです。
　はずみ車（フライホイール）は，図のように取り付けられています。

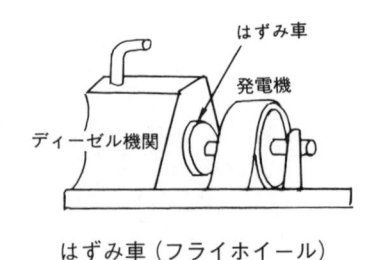

はずみ車（フライホイール）

発電関係2

問題4 【正解】（ニ）

　ガスタービン発電設備は基本的に**冷却水を使用しない**のが特徴です。ガスタービン発電方式は図のように，圧縮機Cによって燃料燃焼用の空気を吸入圧縮して，燃焼室において燃料を燃焼し，高温高圧となった燃焼ガスをガスタービンGTに送って，蒸気タービンと同じ原理でタービンを回転させます。ガスタービン発電設備を汽力発電設備と比較すると，次のようになります。
　① 構造が簡単であり，始動停止が容易である。
　② 始動性がよく，負荷の急変に応じることができる。
　③ 運操作が容易で，自動化がしやすい。
　④ 冷却水をほとんど必要としない。
　⑤ 熱効率が低い。

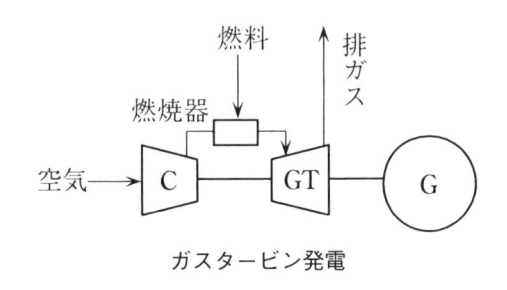

ガスタービン発電

問題5 【正解】（ニ）

　燃料電池は，問題にあるように，
　① りん酸形燃料電池は発電により水を発生し環境への影響は少ない。
　② 燃料の化学反応により発電するため，騒音はほとんどない。
　③ 負荷変動に対する応答性にすぐれ，制御性が良い。
などの特徴がありますが，燃料電池の出力は**直流**でこれが欠点となっています。このため発生した出力を**インバータ**により**交流**に変換して一般の電気機器等を使用できるようにしています。直流を交流に変換する装置が必要であるということです。

リン酸形燃料電池

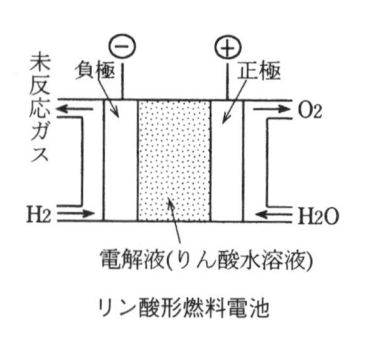

問題6 【正解】（ロ）

　リン酸形燃料電池は**天然ガス**などの燃料を電気分解して**化学エネルギー**として蓄え，必要な時に**電気エネルギー**として取り出すものです。リン酸形燃料電池における負極（燃料極）の反応物質は水素（H_2）で，正極（空気極）の反応物質は酸素（O_2）になります。反応時で出てくる水（H_2O）は温度が高いので，電気と反応熱のエネルギーを有効に回収すると 60 〜 80〔％〕程度の高い総合熱効率が得られます。

問題7 【正解】（ハ）

　一般に使用されているプロペラ形風車は，図に示すように水平軸形風車です。**垂直軸形風車**は**ダリウス形風車**です。

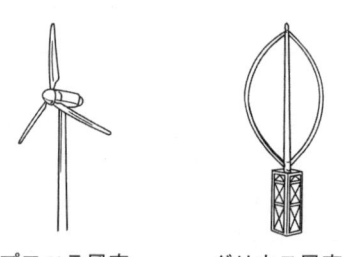

プロペラ風車　　　ダリウス風車

問題8 【正解】（ニ）

　風力発電設備は，**温室効果ガス**を排出しないのが特徴です。
　風力発電設備の特徴は次のようになります。
　①　風力発電設備は，風の運動エネルギーを電気エネルギーに変換する

設備である。
② 風力発電設備は，風速等の自然条件の変化による出力変動が大きい。
③ プロペラ形風車は，一般に風速によって翼の角度を変えるなど風の強弱に合わせて出力を調整することができる。
④ 発電できる風速の下限と上限が定まっている。
⑤ 風力発電設備は，温室効果ガスを排出しない。

第18回テスト 発電関係3

	問い	答え
1	太陽電池を使用した太陽光発電に関する記述として，誤っているものは。	イ．太陽電池は，一般に半導体のpn接合部に光が当たると電圧を生じる性質を利用し，太陽光エネルギーを電気エネルギーとして取り出している。 ロ．太陽電池の出力は直流であり，交流機器の電源として用いる場合は，インバータを必要とする。 ハ．太陽電池発電設備を電気事業者の系統と連系させる場合は，系統連系保護装置を必要とする。 ニ．太陽電池を使用して1〔kW〕の出力を得るには，一般的に1〔m^2〕程度の表面積の太陽電池を必要とする。
2	太陽光発電設備を電気事業者の低圧配電系統と連系する場合の要件として，不適切なものは。	イ．連系点における力率が適正となるようにすること。 ロ．発電設備の異常及び故障に対しては，発電設備を即時に系統と切り離すこと。 ハ．連系された系統において事故が発生した場合でも，発電設備と系統の連系が継続すること。 ニ．電圧，周波数の面で他の需要家に悪影響を及ぼさないこと。

3	発電方式に関する記述として，誤っているものは。	イ．太陽光発電は，太陽エネルギーを電気エネルギーに変換して取り出す方式である。 ロ．燃料電池発電は，天然ガス等から取り出した水素と空気中の酸素を化学反応させて電気を取り出す方式である。 ハ．風力発電は，風の運動エネルギーを電気エネルギーに変換して取り出す方式である。 ニ．揚水発電方式は，上下二つの貯水池を利用して，重負荷時に揚水し，軽負荷時に発電する方式である。
4	有効落差が H [m]，使用水量 Q [m³/s]，出力 P [kW] の水力発電所がある。この発電所の総合効率 η を示す式は。	イ．$\dfrac{P}{HQ}$ ロ．$\dfrac{HQ}{9.8P}$ ハ．$\dfrac{P}{9.8HQ}$ ニ．$\dfrac{9.8P}{HQ}$
5	有効落差100 [m]，使用水量20 [m³/s] の水力発電所の出力 [MW] は。水車と発電機の総合効率は85 [%] とする。	イ．1.9 ロ．12.7 ハ．16.7 ニ．18.7
6	有効落差20 [m]，使用水量6 [m³/s] の水力発電所を5時間連続定格出力運転し，4900 [kW・h] 発電したとき，水車と発電機の総合効率 [%] は。	イ．80 ロ．83 ハ．85 ニ．87

7	ディーゼル発電機で発熱量 42000〔kJ/ℓ〕の燃料を200〔ℓ〕使用したときの，発電電力量〔kW・h〕は。ただし，発電端の熱効率は35〔％〕とする。	イ．664 ロ．700 ハ．817 ニ．1512
8	内燃力発電装置の廃熱を給湯等に利用することによって，総合的な熱効率を向上させるシステムの名称は。	イ．再熱再生システム ロ．ネットワークシステム ハ．コンバインドサイクル発電システム ニ．コージェネレーションシステム
9	同期発電機を並行運転する条件として，必要でないものは。	イ．周波数が等しいこと。 ロ．電圧の大きさが等しいこと。 ハ．発電容量が等しいこと。 ニ．電圧の位相が一致していること。

第18回テスト 解答と解説

問題1 【正解】(ニ)

　太陽電池を使用して **1 [kW]** の出力を得るには，一般的に **10 [m²]** 程度の表面積の太陽電池を必要とします。太陽電池の発電原理は，一般に半導体のpn接合部に光が当たると電圧を生じる性質を利用し，太陽光エネルギーを電気エネルギーとして取り出しています。

問題2 【正解】(ハ)

　太陽光発電設備を電気事業者の低圧配電系統と連系する場合の要件として必要なことは，連系された系統において事故が発生した場合，発電設備と系統の**連系**を速やかに**解除**することです。もし解除が行われないと，太陽光発電設備からの電力が系統の事故点供給されることとなり，事故を拡大したり作業員が感電したりする危険があります。

問題3 【正解】(ニ)

　揚水発電方式は，上下二つの貯水池を利用して，**軽負荷時に揚水**し，**重負荷時に発電**する方式です。夏場のピーク負荷など急な電力需要に対応できるような運用が行われます。風力発電は，風の**運動エネルギー**を**電気エネルギー**に変換して取り出す方式です。

問題4 【正解】(ハ)

　水力発電所の有効落差 H [m]，使用水量 Q [m³/s]，出力 P [kW]，総合効率 η（小数）とすると，

$$P = 9.8\,HQ\eta \text{ [kW]} \qquad (1)$$

の関係があります。この式を変形すると，

$$\eta = \frac{P}{9.8\,HQ}$$

となります。

問題5 【正解】（ハ）

有効落差 100〔m〕，使用水量 20〔m³/s〕，総合効率 0.85（85％）の水力発電所の出力 P〔kW〕は，（1）式より，

$$P = 9.8 HQ\eta = 9.8 \times 100 \times 20 \times 0.85 = 16660 〔kW〕$$

になります。

$$1〔MW〕 = 1000〔kW〕$$

の関係により，

$$16660〔kW〕 = 16.66 ≒ 16.7〔MW〕$$

となります。

問題6 【正解】（ロ）

有効落差 20〔m〕，使用水量 6〔m³/s〕の水力発電所の理論出力 P は，

$$P = 9.8 HQ = 9.8 \times 20 \times 6 = 1176 〔kW〕$$

となります。

この出力 P で5時間運転した場合の理論発電電力量 W〔kW・h〕は，

$$W = 5P = 5 \times 1176 = 5880 〔kW・h〕$$

となります。実際の発電量は 4900〔kW・h〕なので，水車と発電機の総合効率 η〔％〕は次のようになります。

$$\eta = \frac{4900}{5880} \times 100 = 83.3 ≒ 83〔％〕$$

問題7 【正解】（ハ）

発電端の熱効率 35〔％〕のディーゼル発電機で，発熱量 42000〔kJ/ℓ〕の燃料を 200〔ℓ〕使用したときの総発熱量 E〔kJ/ℓ〕は，

$$E = 42000 \times 200 \times 0.35 = 2940000 〔kJ〕$$

となります。電熱のときに使用した，

$$1〔kW・h〕 = 3600〔kJ〕$$

の関係により発電電力量 W〔kW・h〕は，

$$W = \frac{2940000}{3600} = 817 〔kW・h〕$$

となります。

問題8 【正解】(ニ)

　コージェネレーションシステムは，内燃機関等の**排熱**を利用して**動力・温熱・冷熱**を取り出し，総合エネルギー効率を高める，新しいエネルギー供給システムのひとつです。

問題9 【正解】(ハ)

　同期発電機を並行運転する条件として，必要でないものは，発電容量が等しいことです。複数台の同期発電機を並列運転する場合には次のような条件が必要です。
　① 起電力の大きさが等しいこと。
　② 起電力の位相が同位相であること。
　③ 起電力の周波数が等しいこと。
　④ 起電力の波形が等しいこと。

第19回テスト 変電所

	問い	答え
1	変電設備における機器に関する記述として，誤っているものは。	イ．断路器は，過負荷保護に使用される。 ロ．負荷開閉器は，負荷電流の開閉に使用される。 ハ．避雷器は，雷などによる異常電圧から機器を保護するのに使用される。 ニ．遮断器は，負荷電流の開閉のみならず，短絡時における電路の保護にも使用される。
2	配電用変電所に設置されている機器に関する一般的な記述として，誤っているものは。	イ．主変圧器には，負荷の変動に応じて二次側の電圧を調整するための装置が取り付けられたものが広く使われている。 ロ．断路器は，遮断器とインターロックされており，遮断器が開放状態でなければ操作できない。 ハ．電力用コンデンサは，負荷の誘導性リアクタンスは補償できるが，容量性リアクタンスは補償できない。 ニ．ガス遮断器は，動作時に高圧ガスを大気中に放出するので，屋内形の変電所には使用されない。

3	配電用変電所に関する記述として, 誤っているものは。	イ. 送電線路によって送られてきた電気を降圧し, 配電線路に送り出す変電所である。 ロ. 配電線路の引出口に, 線路保護用の遮断器と継電器が設置されている。 ハ. 配電電圧の調整をするために負荷時タップ切換変圧器などが設置されている。 ニ. 高圧配電線路は一般に中性点接地方式であり, 変電所内で大地に直接接地されている。
4	変電設備に関する記述として, 誤っているものは。	イ. 開閉設備類を SF_6 ガスで充たした密閉容器に収めた GIS 式変電所は, 変電所用地が大幅に縮小される。 ロ. 空気遮断器は, 発生したアークに圧縮空気を吹き付けて消弧するものである。 ハ. 断路器は送配電線や変電所の母線, 機器などの故障時に電路を自動遮断するものである。 ニ. 変圧器の負荷時タップ切替装置は電力系統の電圧調整などを行うことを目的に組み込まれたものである。

5	雷その他による異常な過大電圧が加わった場合の避雷器の機能として，適切なものは。	イ．過大電圧に伴う電流を大地へ分流することによって過大電圧を制限し，過大電圧が過ぎ去った後に，電路を速やかに健全な状態に回復させる。 ロ．過大電圧が侵入した相を強制的に切り離し回路を正常に保つ。 ハ．内部の限流ヒューズが溶断して，保護すべき電気機器を電源から切り離す。 ニ．電源から保護すべき電気機器を一時的に切り離し，過大電圧が過ぎ去った後に再び接続する。
6	無効電力を制御しない方法で，電力系統の電圧を適正な範囲に維持するために用いられる機器は。	イ．電力用コンデンサ ロ．分路リアクトル ハ．負荷時タップ切替変圧器 ニ．同期調相機
7	電気事業用の変電所に設置される機器で，電圧調整の機能をもたないものは。	イ．電力用コンデンサ ロ．分路リアクトル ハ．避雷器 ニ．負荷時タップ切換器付変圧器

第19回テスト 解答と解説

問題1 【正解】(イ)

断路器は，**負荷電流の遮断**はできません。過負荷保護に使用されるのは電力ヒューズや遮断器です。負荷開閉器は，負荷電流の開閉に使用されますが，負荷開閉器 (LBS) に電力ヒューズを組み合わせると短絡電流の保護も行えるので小容量の変圧器などに使用されています。

問題2 【正解】(ニ)

ガス遮断器は，密閉されているので動作時に高圧ガスを放出することはありません。**空気遮断器**は動作時に高圧空気を**大気中に放出**するので，屋内形の変電所には使用されません。

主変圧器には，負荷時タップ切替え装置が取り付けられていると負荷の変動に応じて二次側の電圧を調整することができます。通常変圧器のタップは無電圧時に切り替えを行いますが，**負荷時タップ切替装置**は負荷が接続されている場合でも切り替えを行うことができます。

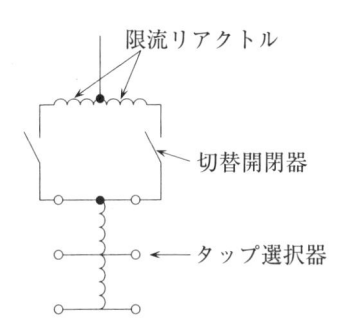

負荷時タップ切替え装置の例（限流リアクトル，切替開閉器，タップ選択器）

断路器は，負荷電流の開閉を行うことができないので遮断器で電路を開路した後でないと操作できないように**インターロック**が施されています。インターロックとは，操作条件がそろっていないと操作が行えない仕組みをいいます。

電力用コンデンサ自身は**容量性リアクタンス**なので負荷の**誘導性リアクタンスを補償**できます。容量性リアクタンスの補償は誘導性リアクタンス

を持つ**分路リアクトル**で行います。

問題3　【正解】（二）

　高圧配電線路は一般に**中性点非接地方式**です。中性点非接地方式にすると地絡が生じた場合，地絡電流を小さくすることができるので通信線への電磁誘導障害などが小さい利点があります。

　発電所から需要場所までいろいろな変電所が設置されていますが，それぞれ役割があり配電用変電所は送電線路によって送られてきた電気を降圧し，配電線路に送り出す変電所です。

　配電線路の引出口には，線路で**短絡**や**地絡**が生じた場合，配電変電所全体が停電しないように各フィーダーごとに遮断器と継電器が設置されていて，事故を最小化できるようになっています。

問題4　【正解】（ハ）

　断路器には電路を自動遮断する機能は有りません。送配電線や変電所の母線，機器などの故障時に電路を自動遮断するものは遮断器です。

　開閉設備類をSF_6ガスで充たした密閉容器に収めた**GIS式変電所**は，変電所用地が大幅に縮小されます。

　空気遮断器は，発生したアークに圧縮空気を吹き付けて消弧するものです。

問題5　【正解】（イ）

　雷その他による異常な過大電圧が加わった場合の**避雷器の機能**は，過大電圧に伴う電流を大地へ分流することによって**過大電圧を制限**し，過大電圧が過ぎ去った後に，電路を速やかに健全な状態に回復させます。

問題6　【正解】（ハ）

　無効電力を制御しない方法で，電力系統の電圧を適正な範囲に維持するために用いられる機器は，**負荷時タップ切替変圧器**です。同期調相機は基本的に**同期電動機**と同じ構造をしています。界磁に流す電流の大小により**電力コンデンサ**や**分路リアクトル**と同じ特性を持たせることができます。電力コンデンサや分路リアクトルによる無効電力の調整は段階的にしか行えませんが，同期調相機による**無効電力**（電機子電流の力率の変化）の調

整は図のように調整することができます。

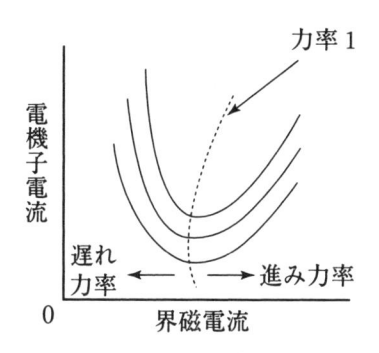

```
           力率1
電                ╲
機               ╲
子      ╲  ╲  ╲ ╱
電       ╲  ╲ ╱
流        ╲ ╱ ╲
      遅れ ← │ → 進み力率
      力率   │
     0     界磁電流
```

同期調相機による無効電力調整

問題7 【正解】(ハ)

　電気事業用の変電所に設置される機器で，電圧調整の機能をもたないものは，避雷器ですね。

第20回テスト 変電配電

	問い	答え
1	平均力率を求めるのに必要な計器の組合せは。	イ．電力計　電力量計 ロ．電力計　最大需要電力計 ハ．最大需要電力計　無効電力量計 ニ．電力量計　無効電力量計
2	図のような日負荷曲線をもつA, Bの需要家がある。需要家A, B合計の日負荷率〔％〕は。 日負荷曲線	イ．25 ロ．50 ハ．75 ニ．90
3	最大需要電力400〔kW〕, 1カ月（30日）の使用電力量72,000〔kW・h〕の需要家がある。この需要家の月負荷率〔％〕は。	イ．20 ロ．25 ハ．30 ニ．35
4	負荷設備の合計が500〔kW〕の工場がある。ある月の平均需要電力が100〔kW〕, 負荷率が50〔％〕であった。この工場のその月の需要率〔％〕は。	イ．10 ロ．20 ハ．40 ニ．50

変電配電

5	変圧器の絶縁油の劣化診断に直接関係のないものは。	イ．外観試験（にごり・ごみ） ロ．真空度測定 ハ．絶縁破壊電圧試験 ニ．金属酸化試験（酸価度測定）
6	変電所の大形変圧器の内部故障を電気的に検出する一般的な保護継電器は。	イ．距離継電器 ロ．比率差動継電器 ハ．不足電圧継電器 ニ．過電圧継電器
7	変電所用がいしの塩害対策として，誤っているものは。	イ．がいし数を直列に増加する。 ロ．アークホーンを取り付ける。 ハ．表面漏れ距離の長いがいしに取り替える。 ニ．がいしの洗浄装置を施設する。
8	配電及び変電設備に使用するがいしの塩害対策に関する記述として誤っているものは。	イ．シリコンコンパウンドなどのはっ水性絶縁物質をがいし表面に塗布する。 ロ．定期的にがいしの清掃を行う。 ハ．沿面距離の大きいがいしを使用する。 ニ．耐張がいしの連結個数を減らす。
9	わが国の高圧配電系統には主として非接地方式が採用されている。この理由として，誤っているものは。	イ．1線地絡時の故障電流が小さい。 ロ．1線地絡故障時の電磁誘導障害が小さい。 ハ．短絡事故時の故障電流が小さい。 ニ．非接地系でも信頼度の高い保護方式が確立されている。

第20回テスト 問題

10	高調波に関する記述として，誤っているものは。	イ．整流器やアーク炉は高調波の発生源にならないので，高調波抑制対策は不要である。 ロ．高調波は進相コンデンサや発電機に過熱などの影響を与えることがある。 ハ．進相コンデンサには高調波対策として，直列リアクトルを設置することが望ましい。 ニ．電力系統の電圧，電流に含まれる高調波は，第5次，第7次などの比較的周波数の低い成分が大半である。

第20回テスト 解答と解説

問題1 【正解】（ニ）

ある期間の**平均力率**は次の式で求められます。

$$\text{平均力率} = \frac{\text{総有効電力量}}{\sqrt{(\text{総有効電力量})^2 + (\text{総無効電力量})^2}}$$

問題2 【正解】（ニ）

需要家Aの1日の電力量の合計 W_A は，

$W_A = 6 \times 6 + 2 \times 18 = 72 \text{ [KW・h]}$

で，需要家Aの1日の電力量の合計 W_B は，

$W_B = 4 \times 12 + 8 \times 12 = 144 \text{ [KW・h]}$

となります。総合計で 216 [KW・h] となるので，平均電力 P は，

$$P = \frac{216}{24} = 9 \text{ [KW]}$$

になります。**負荷率の定義**は，

$$\text{負荷率} = \frac{\text{平均需要電力}}{\text{最大需要電力}} \times 100 \text{ [\%]}$$

となるので，需要家A，Bの合成最大電力は，0～6時及び12～24時の 10 [KW] なので，

$$\text{負荷率} = \frac{9}{10} \times 100 = 90 \text{ [\%]}$$

になります。

問題3 【正解】（ロ）

1カ月（30日）の使用電力量 72,000 [kW・h] の需要家の平均電力 [KW] P は，

$$P = \frac{72000}{30 \times 24} = 100 \text{ [KW]}$$

となります。最大需要電力が 400 [kW] なので，この需要家の月負荷率 [%] は次のようになります。

$$月負荷率 = \frac{100}{400} \times 100 = 25 \, [\%]$$

問題4 【正解】（ハ）

最大需用電力〔kW〕は,

$$最大需用電力 = \frac{平均需要電力}{負荷率} = \frac{100}{0.5} = 200 \, [KW]$$

となります。需要率〔%〕は,

$$需要率 = \frac{最大需要電力}{総負荷設備容量} \times 100 = \frac{200}{500} \times 100 = 40 \, [\%]$$

となります。

問題5 【正解】（ロ）

変圧器の絶縁油の劣化診断に直接関係のないものは，真空度測定です。

問題6 【正解】（ロ）

大形変圧器の内部故障を電気的に検出する一般的な保護継電器は，**比率差動継電器**です。**機械的保護**は，ブッフホルツ継電器が用いられます。（イ）の距離継電器は，電力系統の保護に用いられる継電器で，故障点までのインピーダンスが一定の値（整定値）以下で動作します。（ハ）の不足電圧継電器は，電圧が規定値以下になったとき動作する継電器で，一般には停電の検出に用いられます。（ニ）の過電圧継電器は，電圧が規定値よりも上昇した場合に動作して機器を過電圧から保護します。

問題7 【正解】（ロ）

アークホーンは雷対策用です。アークホーン間で異常電圧を放電させて，がいしの破損を防止します。

変電配電

第20回テスト 解答

(図：がいし、電線、アークホーン、アーマロッド)

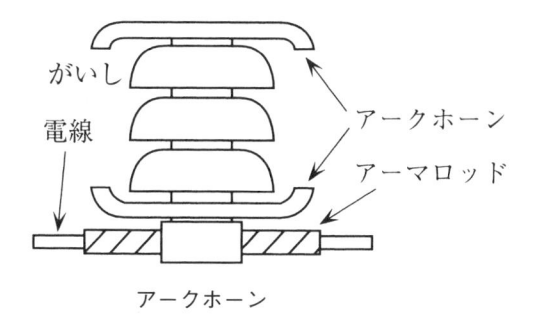

問題8 【正解】(ニ)

連結個数を減らすと**漏れ距離**が減少して，放電しやすくなります。

問題9 【正解】(ハ)

接地方式と短絡電流は関係ありません。**短絡電流**は線路及び線路に接続されている**インピーダンス**に関係します。

非接地方式の特徴は次のようになります。
① 非接地のため，1線地絡時の故障電流が小さい。
② 故障電流が小さいので，1線地絡故障時の電磁誘導障害が小さい。
③ 故障電流が小さく故障の検出が困難であるが，信頼度の高い保護方式が確立されている。

問題10 【正解】(イ)

整流器や**アーク炉**は**高調波**の代表的な**発生源**です。第5次高調波は基本周波数の5倍，第7次高調波は基本周波数の7倍の周波数となります。50〔Hz〕に対する第5次高調波は，$50 \times 5 = 250$〔Hz〕となります。

第21回テスト 送電

問い	答え
1　架空送電線路に使用されるアークホーンの記述として，正しいものは。	イ．がいしの両端に設け，がいしや電線を雷の異常電圧から保護する。 ロ．電線と同種の金属を電線に巻き付けて補強し，電線の振動による素線切れなどを防止する。 ハ．電線に重りとして取り付け，微風により生ずる電線の振動を吸収し，電線の損傷などを防止する。 ニ．多導体に使用する間隔材で，強風による電線相互の接近・接触や負荷電流，事故電流による電磁吸引力から素線の損傷を防止する。
2　水平径間100〔m〕の架空送電線がある。電線1〔m〕当たりの重量が20〔N/m〕，水平引張強さが20〔kN〕のとき，電線のたるみD〔m〕は。	イ．1.25 ロ．2.5 ハ．4.25 ニ．5.5
3　架空送電線の雷害対策として，適切なものは。	イ．電線にダンパを取り付ける。 ロ．がいしにアークホーンを取り付ける。 ハ．がいし表面にシリコンコンパウンドを塗布する。 ニ．がいしに洗浄装置を施設する。

4	送配電線路の雷害対策の記述として，誤っているものは。	イ．がいしにアークホーンを取り付ける。 ロ．避雷器を設置する。 ハ．架空地線を設置する。 ニ．がいしの連結個数を減らす。
5	送電線に関する記述として，誤っているものは。	イ．275 kV の送電線は，一般に中性点非接地方式である。 ロ．送電線は，発電所，変電所，特別高圧需要家等の間を連係している。 ハ．経済性などの観点から，架空送電線が広く採用されている。 ニ．架空送電線には，一般に鋼心アルミより線が使用されている。
6	送電線に関する記述として，誤っているものは。	イ．同じ容量の電力を送電する場合，送電電圧が低いほど送電損失が小さくなる。 ロ．長距離送電の場合，無負荷や軽負荷の場合には受電電圧が送電端電圧よりも高くなる場合がある。 ハ．直流送電は，長距離・大電力送電に適しているが，送電端，受電端にそれぞれ変換装置が必要となる。 ニ．交流電流を流したとき，電線の中心部より外側の方が単位断面積当たりの電流は大きい。

7	架空送電線路に使用されるアーマロッドの記述として，正しいものは。	イ．がいしの両端に設け，がいしや電線を雷の異常電圧から保護する。 ロ．電線と同種の金属を電線に巻きつけ補強し，電線の振動による素線切れなどを防止する。 ハ．電線におもりとして取付け，微風により生ずる電線の振動を吸収し，電線の損傷などを防止する。 ニ．多導体に使用する間隔材で強風による電線相互の接近・接触や負荷電流，事故電流による電磁吸引力のための素線の損傷を防止する。
8	送電線路に関する記述として，誤っているものは。	イ．送電線に交流電流を流したとき，導体の表皮部分より中心部分の方が単位断面積当たりの電流は大きい。 ロ．送電線路は，発電所，変電所の相互間等を連系している。 ハ．経済性などの観点から，架空電線路が広く採用されている。 ニ．架空送電線には，一般に鋼心アルミより線が使用されている。
9	架空電線路の支持物の強度計算を行う場合，一般的に考慮しなくてよいものは。	イ．風圧 ロ．径間 ハ．年間降雨量 ニ．支持物及び電線への氷雪の付着

第21回テスト 解答と解説

問題1 【正解】(イ)

アークホーンは次の図のようになっています。

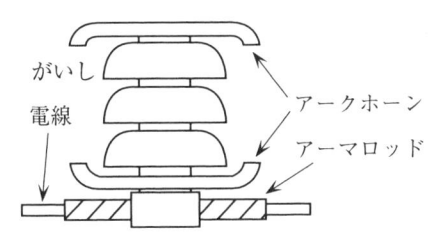

電線と同種の金属を電線に巻き付けて補強し，電線の振動による素線切れなどを防止するのは**アーマロッド**です。

電線におもりとして取り付け，微風により生ずる電線の振動を吸収し，電線の損傷などを防止するのは**ダンパ**です。

多導体に使用する間隔材で，強風による電線相互の接近・接触や負荷電流，事故電流による電磁吸引力から素線の損傷を防止するのは**スペーサー**です。

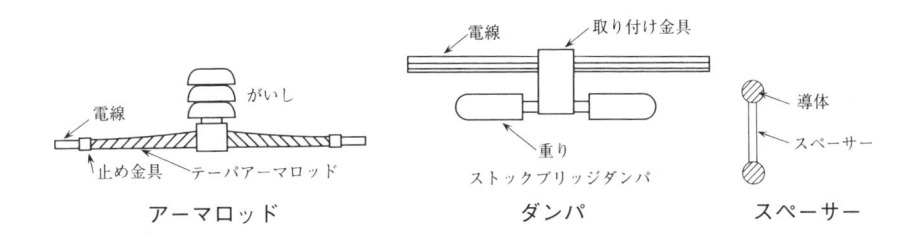

問題2 【正解】(イ)

水平径間 $S = 100$ [m]，電線1[m]当たりの重量が $w = 20$ [N/m]，水平引張強さが $T = 20000$ [N] のとき，電線のたるみ D [m] は，

$$D = \frac{wS^2}{8T} = \frac{20 \times 100^2}{8 \times 20000} = \frac{200000}{8 \times 20000} = 1.25 \text{ [m]}$$

で求めることができます。

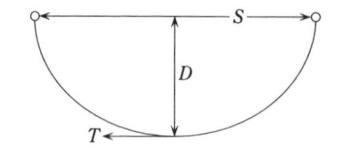

問題3 【正解】(ロ)

　架空送電線の**雷害対策**はがいしに**アークホーン**を取り付けます。がいし表面に**シリコンコンパウンド**を**塗布**したり，がいしの洗浄装置を施設するのは**塩害対策**です。塩害対策のがいしは，長幹がいしおよびスモッグがいしなどがあります。

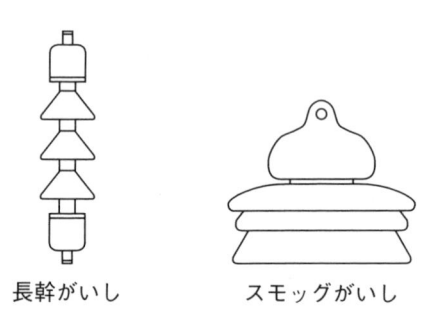

長幹がいし　　　スモッグがいし

問題4 【正解】(ニ)

　がいしの連結個数を減らすのは逆効果です。**架空地線**は図のように送電線の上部に電線を配置してその**電線に雷を誘導**します。架空地線と電線とで作る角度 α が小さいほど保護する効果が大きくなります。

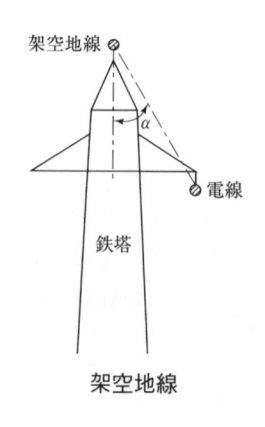

問題5 【正解】（イ）

275 kVの超高圧送電線は，一般に中性点直接接地方式です。ケーブル方式は建設コストが高いので，経済性などの観点から，架空送電線が広く採用されています。架空送電線には，一般に**鋼心アルミより線**が使用されています。

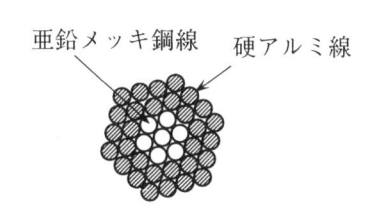

亜鉛メッキ鋼線　硬アルミ線

鋼心アルミより線

問題6 【正解】（イ）

同じ容量の電力を送電する場合，送電電圧が低いほど送電損失が大きくなります。長距離送電の場合，無負荷や軽負荷の場合には受電電圧が送電端電圧よりも高くなる場合があり**フェランチ効果**といわれています。

直流送電は，長距離・大電力送電に適しているが，送電端，受電端にそれぞれ直流・交流変換装置が必要です。

交流電流を流したとき，電線の中心部より外側の方が単位断面積当たりの電流が大きくなる現象を**表皮効果**といいます。この効果を利用して**鋼心アルミより線**が開発されました。鉄はアルミよりも導電率は低いですが，中心には流れにくくなるので電線の強度を鉄の部分が負担します。

問題7 【正解】（ロ）

アーマロッドは電線と同種の金属を電線に巻きつけ補強し，電線の振動による素線切れなどを防止します。

問題8 【正解】（イ）

送電線に交流電流を流したとき，**表皮効果**のため導体の表皮部分のほうが中心部分よりも単位断面積当たりの電流は大きくなります。

問題9 【正解】（ハ）

　架空電線路の支持物の強度計算を行う場合，一般的に考慮しなくてよいものは，**年間降雨量**です。年間降雨量は水力発電の**出力**の算定に用いられます。架空電線路の支持物の**強度計算**を行う場合に考慮するのは，**風圧，径間，支持物及び電線への氷雪**の付着などです。

第5章
受電設備

1. 受電設備1〜3（第22回テスト〜第24回テスト）
   （正解・解説は各回の終わりにあります。）

※本試験では，各問題の初めに以下のような記述がございますが，本書では，省略しております。

次の各問には4通りの答え（イ，ロ，ハ，ニ）が書いてある。それぞれの問いに対して答えを1つ選びなさい。

第22回テスト 受電設備1

	問い	答え
1	キュービクル式（閉鎖形）高圧受電設備を開放形高圧受電設備と比較した場合の利点として，誤っているものは。	イ．現地工事の施工期間の短縮化が図れる。 ロ．据付面積が小さく電気室の縮小化が図れる。 ハ．機器類が金属性の箱に収容されているので，安全性が高い。 ニ．機器や配線が直接目視できるので，日常点検が容易である。
2	架空引き込みの自家用高圧受電設備に地絡継電装置付高圧交流負荷開閉器（G付PAS）を設置する場合の記述として，誤っているものは。	イ．電気事業用の配電線への波及事故が発生したとき，自動遮断する。 ロ．自家用側の高圧電路に地絡事故が発生したとき，自動遮断する。 ハ．自家用の引込みケーブルに短絡事故が発生したとき，自動遮断する。 ニ．電気事業者との保安上の責任分解点又はこれに近い箇所に設置する。

3	写真に示す品物を組み合わせて使用するものの用途は。	イ．高圧需要家構内における高圧電路の開閉と，短絡事故が発生した場合の高圧電路の遮断。 ロ．高圧需要家の使用電力量を計量するため高圧の電圧，電流を低電圧，小電流に変成。 ハ．高圧需要家構内における高圧電路の開閉と，地絡事故が発生した場合の高圧電路の遮断。 ニ．高圧需要家構内における遠方制御による高圧電路の開閉。
4	次の記述の空欄箇所①，②及び③に当てはまる語句の組合せとして，正しいものは。 高圧受電設備の引込口付近に設置される ① は，雷等による衝撃性の過電圧に対して動作し，過電圧を電路の絶縁強度より ② レベルにすることによって，受電設備の ③ を防止する。	イ．　　　　　　ロ． ① 避雷器　　　① 地絡継電器 ② 低い　　　　② 低い ③ 絶縁破壊　　③ 過負荷 ハ．　　　　　　ニ． ① 避雷器　　　① 地絡継電器 ② 高い　　　　② 高い ③ 過負荷　　　③ 絶縁破壊
5	高圧受電設備の主遮断装置として用いることが不適当なものは。	イ．高圧限流ヒューズと高圧交流負荷開閉器とを組合せたもの。 ロ．高圧限流ヒューズと高圧交流遮断器とを組合せたもの ハ．高圧交流負荷開閉器 ニ．高圧交流遮断器

6	高圧受電設備の受電用遮断器の遮断容量を決定する場合に，必要なものは。	イ．電気事業者との契約電力 ロ．受電用変圧器の容量 ハ．受電点の三相短絡電流 ニ．最大負荷電流
7	公称電圧 6.6〔kV〕，周波数 50〔Hz〕の高圧受電設備に使用する高圧交流遮断器（定格電圧 7.2〔kV〕，定格遮断電流 12.5〔kA〕，定格電流 600〔A〕）の遮断容量〔MV・A〕は。	イ．80 ロ．100 ハ．130 ニ．160
8	受電電圧 6600〔V〕の高圧受電設備の受電点における三相短絡容量が 66〔MV・A〕であるとき，同地点での三相短絡電流〔kA〕は。	イ．5.8 ロ．10.0 ハ．14.1 ニ．20.0
9	B 種接地工事の接地抵抗値を決めるのに関係のあるものは。	イ．変圧器の低圧側電路の長さ〔m〕 ロ．変圧器の高圧側電路の 1 線地絡電流〔A〕 ハ．変圧器の容量〔kV・A〕 ニ．変圧器の高圧側ヒューズの定格電流〔A〕
10	高圧配電線路の 1 線地絡電流が 2〔A〕のとき，6 kV 変圧器の二次側に施す B 種接地工事の接地抵抗の最大値〔Ω〕は。ただし，高圧配電線路には，高低圧電路の混触時に 1 秒以内に自動的に電路を遮断する装置が取り付けられているものとする。	イ．75 ロ．100 ハ．150 ニ．300

第22回テスト　解答と解説

問題1　【正解】（ニ）

　キュービクル式は扉を開けて点検するので，扉から見える範囲しか点検することができません。開放形高圧受電設備は機器や配線が直接目視できるので，日常点検が容易です。**キュービクル式はユニット化されているので**現地工事の施工期間の短縮化が図れ，据付面積が小さく電気室の縮小化になり，機器類が金属性の箱に収容されているので，安全性が高いのが特徴です。

問題2　【正解】（ハ）

　地絡継電装置付高圧交流負荷開閉器（G付PAS）を設置する目的は，自家用の引込みケーブルに**地絡事故**が発生したとき，自動遮断させて**波及事故**の発生を防止することです。

G付PASと図記号

問題3　【正解】（ハ）

　写真に示す品物は，地絡継電器装置付高圧交流負荷開閉器なので，高圧需要家構内における高圧電路の**開閉**と，**地絡事故**が発生した場合の高圧電路の遮断を行います。似た感じの組み合わせに，**電力需給用計器用変成器**（VCT）と電力量計があります。VCTは高圧需要家の使用電力量を計量するため高圧の電圧，電流を低電圧，小電流に変成して電力量の計測に用います。電力会社が設置するものです。

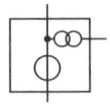

VCT と図記号　　　電力量計（Wh）と図記号

問題4 【正解】（イ）

高圧受電設備の引込口付近に設置される**避雷器**は，雷等による衝撃性の過電圧に対して動作し，過電圧を回路の絶縁強度より**低いレベル**にすることによって，受電設備の**絶縁破壊**を防止します。

問題5 【正解】（ハ）

高圧受電設備の**主遮断装置**は**短絡電流**の遮断ができなくてはなりません。**高圧交流負荷開閉器**は短絡電流の遮断ができないので不適です。

問題6 【正解】（ハ）

高圧受電設備の受電用遮断器の遮断容量を決定する場合に，必要なものは**受電点の三相短絡電流**です。

問題7 【正解】（ニ）

高圧交流遮断器の遮断容量〔MV・A〕は，

遮断容量 = $\sqrt{3}$ ×定格電圧 7.2〔kV〕×定格遮断電流 12.5〔kA〕
　　　　 = 159.9 ≒ 160〔MV・A〕

になります。〔**kV**〕×〔**kA**〕=〔**MV・A**〕を覚えましょう。

問題8 【正解】（イ）

問題7より，

三相短絡電流 = $\dfrac{三相短絡容量 66〔MV・A〕}{\sqrt{3} ×定格電圧 6.6〔kV〕}$ = 5.77 ≒ 5.8〔kA〕

となります。単位に注意しましょう。

問題9 【正解】(ロ)

B種接地工事の接地抵抗値を決めるのに関係のあるものは，変圧器の高圧側電路の1線地絡電流〔A〕の値です。接地抵抗値は次の3式で求めることができます。

$$B種接地工事の接地抵抗値 = \frac{150}{1線地絡電流〔A〕}〔\Omega〕$$

$$B種接地工事の接地抵抗値 = \frac{300}{1線地絡電流〔A〕}〔\Omega〕$$

（1秒を超え2秒以内に自動的に高圧電路を遮断する装置を設けるとき）

$$B種接地工事の接地抵抗値 = \frac{600}{1線地絡電流〔A〕}〔\Omega〕$$

（1秒以内に自動的に高圧電路を遮断する装置を設けるとき）

問題10 【正解】(ニ)

高低圧電路の混触時に1秒以内に自動的に電路を遮断する装置が取り付けられているB種接地工事の接地抵抗の最大値 R_B〔Ω〕は，

$$R_B = \frac{600}{2} = 300 〔\Omega〕$$

で計算できます。

第23回テスト 受電設備2

	問い	答え
1	高圧ケーブルの絶縁抵抗の測定を行うとき，絶縁抵抗計の保護端子（ガード端子）を使用する目的として，正しいものは。	イ．絶縁物の表面の漏れ電流も含めて測定するため。 ロ．絶縁物の表面の漏れ電流による誤差を防ぐため。 ハ．高圧ケーブルの残留電荷を放電するため。 ニ．指針の振切れによる焼損を防止するため。
2	最大使用電圧 6900〔V〕の高圧交流受電設備の電路を一括して，交流で絶縁耐力試験を行う場合の試験電圧と試験時間の組合せとして，適切なものは。	イ．試験電圧：8625〔V〕 　　試験時間：連続1分間 ロ．試験電圧：8625〔V〕 　　試験時間：連続10分間 ハ．試験電圧：10350〔V〕 　　試験時間：連続1分間 ニ．試験電圧：10350〔V〕 　　試験時間：連続10分間
3	高圧交流電路の絶縁耐力試験の実施方法に関する記述として，不適切なものは。	イ．最大使用電圧が 6.9〔kV〕の CV ケーブルを直流 10.35〔kV〕の試験電圧で実施する。 ロ．試験電圧を印加後，連続して10分間に満たない時点で試験電圧が停電した場合は，試験電源が復電後，試験電圧を再度連続して10分間印加する。 ハ．一次側 6〔kV〕，二次側 3〔kV〕の変圧器の一次巻線に試験電圧を印加する場合，二次巻線を一括して接地する。

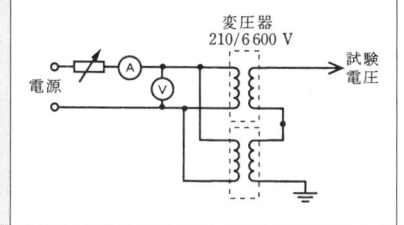

		ニ．定格電圧 1000〔V〕の絶縁抵抗計で，試験前と試験後に絶縁抵抗を測定する。
4	高圧交流電路の絶縁耐力試験の実施方法に関する記述として，不適切なものは。	イ．最大使用電圧 6.9〔kV〕の CV ケーブルを直流 20.7〔kV〕の試験電圧で実施した。 ロ．試験電圧を9分間印加した時点で試験電源が停電，試験電源が復電後，試験電圧を1分間印加して終了した。 ハ．一次側 6〔kV〕，二次側 3〔kV〕の変圧器の一次側巻線に試験電圧を印加する場合，二次側巻線を一括して接地した。 ニ．定格測定電圧 1000〔V〕の絶縁抵抗計で，試験前と試験後に絶縁抵測定を実施した。
5	図のように変圧比 6600〔V〕/210〔V〕の単相変圧器2台を使用し，結線は低圧側を並列，高圧側を直列に接続して絶縁耐力試験を行う場合，試験電圧 10350〔V〕を発生させるために低圧側に加える電圧〔V〕は。	イ．41.2 ロ．82.3 ハ．164.7 ニ．247.0

| 6 | 600 V CVT ケーブルの直流漏れ電流測定の結果として、ケーブルが正常であることを示す測定チャートは。 |

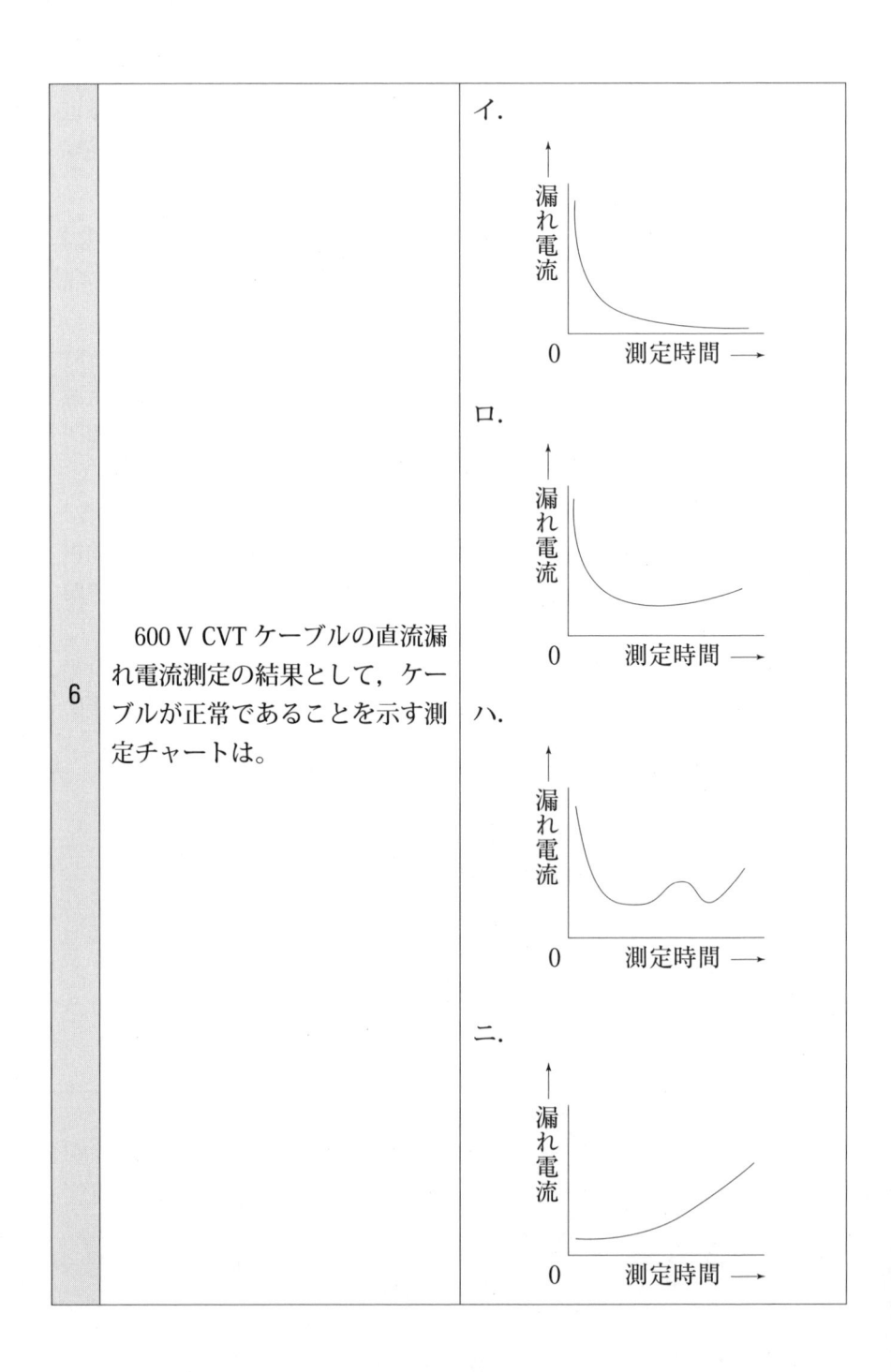

イ.

(漏れ電流 vs 測定時間: 単調減少して収束)

ロ.

(漏れ電流 vs 測定時間: 減少後やや上昇)

ハ.

(漏れ電流 vs 測定時間: 減少後に山がある)

ニ.

(漏れ電流 vs 測定時間: 時間とともに増加)

第23回テスト 解答と解説

問題1 【正解】(ロ)

高圧ケーブルなどの絶縁抵抗の測定を行うときは，**定格測定電圧 1000 V の高圧用の絶縁抵抗計**を用います。

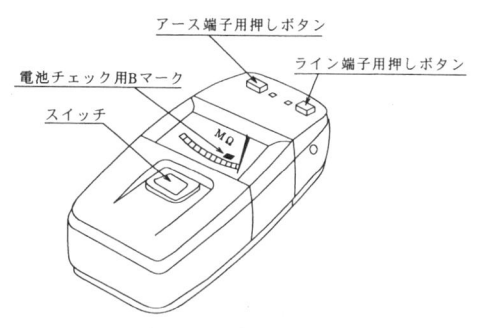

高圧用の絶縁抵抗計 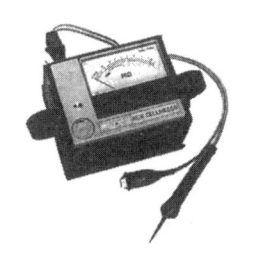　　　低圧用の絶縁抵抗計

ガード端子はケーブルなどの絶縁抵抗の測定を行うとき，絶縁物表面での漏れ電流の通路に接続して，表面漏れ抵抗分を除いて誤差を少なくするために使用します。接続の仕方は絶縁抵抗計のラインとケーブルの a，アースと c，ガードと b を接続します。

絶縁抵抗計の内部結線　　　高圧ケーブル

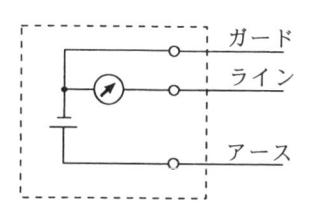

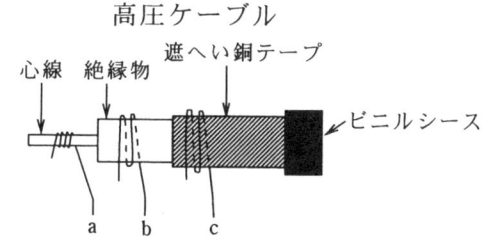

絶縁抵抗計の接続の仕方

問題2 【正解】(ニ)

高圧電路とは規定により **7000 [V] 以下**の電圧をいいます。7000 [V] 以下の交流電路の絶縁耐力試験の実施方法は，試験電圧が交流の場合，

　交流試験電圧 ＝ 最大使用電圧 × 1.5 [V] の電圧を連続して 10 分間印加

します。この場合の交流試験電圧は，

　　交流試験電圧＝最大使用電圧×1.5 ＝ 6.9 × 1.5 ＝ 10.35〔kV〕
となります。絶縁耐力試験回路の基本は次のような回路となります。

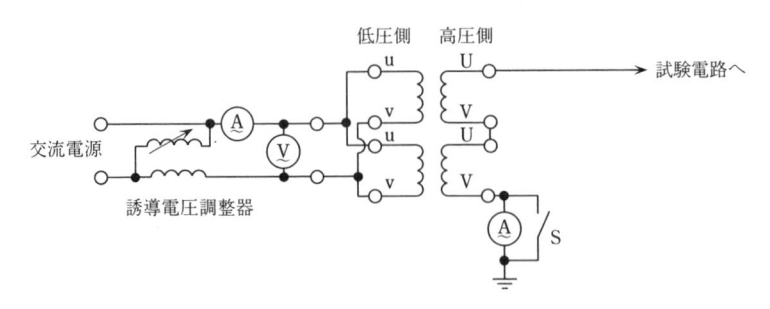

絶縁耐力試験回路の例

試験変圧器と誘導電圧調整装置は次の写真のようになります。

試験用変圧器 　　　　　　　誘導電圧調整装置

　電圧計と電流計は交流なので次のようなものを使用します。ＶとＡの下に（〜）のマークがあるのが交流用です。

交流電圧計 　　　　　　　交流電流計

　直流の電圧計と電流計は次のようになります。ＶとＡの下に（−）のマークがあるので交流用と区別ができます。

- 160 -

直流電圧計　　　　　直流電流計

　絶縁耐力試験回路の例では回路を個々の機器で構成してありますが，実際の点検のときは次の図で示すように変圧器以外はひとつの装置にまとめたものを使用します。

継電器試験装置

　継電器試験装置を使用したケーブルの絶縁耐力試験回路は次のようになります。図の①の部分に接続する機器は，**漏れ電流を測定**する交流電流計を接続します。

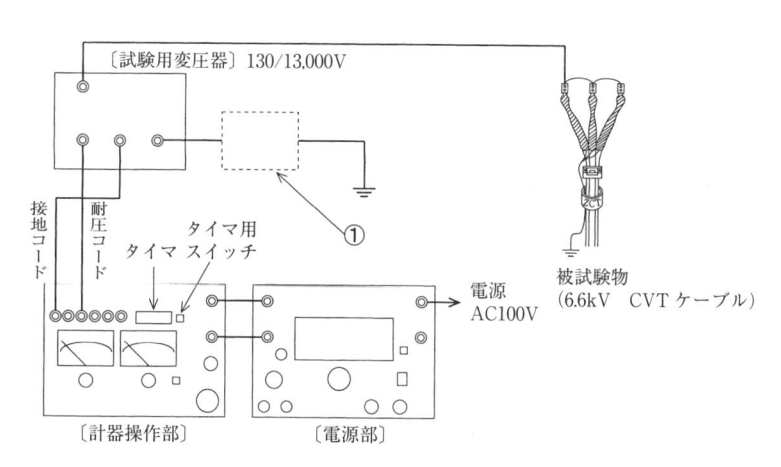

絶縁測定方法の例

問題3 【正解】（イ）

　交流電路の試験が直流で行われる場合には，
　　　直流試験電圧＝交流試験電圧×2〔V〕
の電圧を連続して10分間印加します。試験電圧を印加後，**連続して10分間**に満たない時点で試験電圧が停電した場合は，試験電源が復電後，試験電圧を再度連続して10分間印加します。3分間印加して中断し，その後7分間印加して合計10分間という試験の仕方は認められません。あくまでも連続して10分間印加しなければなりません。最大使用電圧が6.9〔kV〕の交流試験電圧は，
　　　交流試験電圧＝最大使用電圧×1.5＝6.9×1.5＝10.35〔kV〕
になるので，直流試験電圧は，
　　　直流試験電圧＝交流試験電圧×2.0＝10.35×2＝20.7〔kV〕
となります。

問題4 【正解】（ロ）

　試験時間は**連続して10分間**必要です。二次側巻線に高圧が発生すると危険なので**二次側を一括**（全部の線をまとめることをいいます）して接地します。また，定格測定電圧1000〔V〕の絶縁抵抗計で，試験前と試験後に絶縁抵測定を実施して**絶縁抵抗値**に**大きな変化**が無いことを確認します。

問題5 【正解】（ハ）

　高圧側の変圧器は直列に接続されているので，1台の変圧器に発生する電圧は，10350÷2＝5175〔V〕になります。低圧側に加える電圧は高圧側が5175〔V〕になるような電圧を加えればよいことになります。変圧比が6600〔V〕/210〔V〕なので，低圧側に加える電圧V〔V〕は変圧比に比例するので，次のようになります。

$$\frac{V}{5175} = \frac{210}{6600}$$

$$\therefore V = \frac{5175}{6600} \times 210 = 164.7 \text{〔V〕}$$

問題6 【正解】（イ）

　ケーブルの導体・シース間に直流高電圧を印加し，**吸収電流**を測定して

ケーブルが正常であることを診断します。図のようにケーブルに電圧を印加すると初めは充電電流と漏れ電流により電流値は大きくなりますが，ケーブルが正常であれば，時間が経過するに従って充電電流が減少して小さな漏れ電流だけになります。

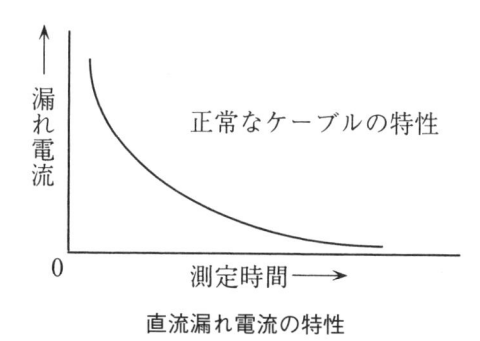

直流漏れ電流の特性

第24回テスト 受電設備3

	問い	答え
1	受電電圧6600〔V〕の受電設備が完成した時の自主検査で，一般に行われないものは。	イ．高圧機器の接地抵抗測定 ロ．地絡継電器の動作試験 ハ．変圧器の温度上昇試験 ニ．高圧電路の絶縁耐力試験
2	過電流継電器の最小動作電流の測定と限時特性試験を行う場合，必要でないものは。	イ．電力計 ロ．電流計 ハ．サイクルカウンタ ニ．電圧調整器
3	高圧受電設備の定期点検で通常必要のないものは。	イ．高圧検電器 ロ．短絡接地器具 ハ．絶縁抵抗計 ニ．検相器
4	高圧受電設備に使用されている誘導形過電流継電器（OCR）の試験項目として，誤っているものは。	イ．遮断器を含めた動作時間を測定する連動試験 ロ．整定した瞬時要素どおりにOCRが動作することを確認する瞬時要素動作電流特性試験 ハ．過電流が流れた場合にOCRが動作するまでの時間を測定する動作時間特性試験 ニ．OCRの円盤が回転し始める始動電圧を測定する最小動作電圧試験
5	零相変流器と組み合わせて使用する継電器の種類は。	イ．過電圧継電器 ロ．地絡継電器 ハ．過電流継電器 ニ．差動継電器

6	高圧受電設備におけるシーケンス試験（制御回路試験）として，行わないものは。	イ．保護継電器が動作したときに遮断器が確実に動作することを試験する。 ロ．警報及び表示装置が正常に動作することを試験する。 ハ．インタロックや遠隔操作の回路がある場合は，回路の構成及び動作状況を試験する。 ニ．制御回路各部の温度上昇を試験する。
7	高圧受電設備の非方向性高圧地絡継電装置が，電源側の地絡事故によって不必要な動作をするおそれがあるものは。ただし，答えの欄の需要家構内とは受電点に取り付けたZCTの負荷側をいう。	イ．事故点の地絡抵抗が高い場合。 ロ．需要家構内のB種接地工事の接地抵抗が低い場合。 ハ．需要家構内の電路の対地静電容量が小さい場合。 ニ．需要家構内の電路の対地静電容量が大きい場合。
8	高圧受電用地絡方向継電装置に関する次の記述の空欄箇所A及びBにあてはまる用語の組合せとして正しいものは。 　地絡事故が発生すると，零相変流器により検出した　A　と接地用コンデンサ（零相基準入力装置）により検出した零相電圧との　B　により地絡方向継電器を動作させる。	イ．A　対地充電電流 　　B　位相関係 ロ．A　対地充電電流 　　B　積 ハ．A　零相電流 　　B　積 ニ．A　零相電流 　　B　位相関係

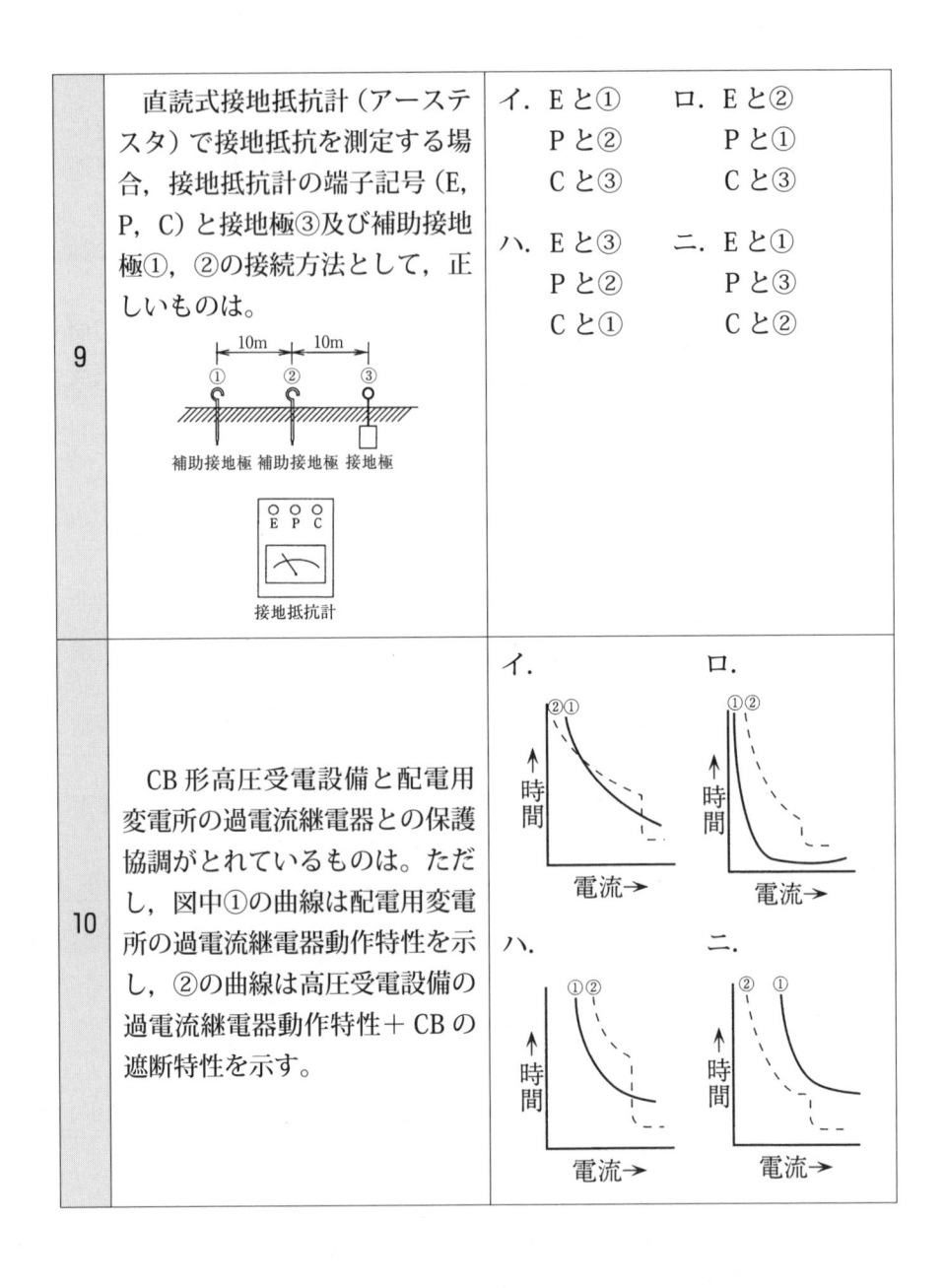

9	直読式接地抵抗計（アーステスタ）で接地抵抗を測定する場合，接地抵抗計の端子記号（E，P，C）と接地極③及び補助接地極①，②の接続方法として，正しいものは。 （図：①②③の接地極が10m間隔で配置、接地抵抗計 E P C）	イ．Eと① 　　Pと② 　　Cと③ ハ．Eと③ 　　Pと② 　　Cと① ロ．Eと② 　　Pと① 　　Cと③ ニ．Eと① 　　Pと③ 　　Cと②
10	CB形高圧受電設備と配電用変電所の過電流継電器との保護協調がとれているものは。ただし，図中①の曲線は配電用変電所の過電流継電器動作特性を示し，②の曲線は高圧受電設備の過電流継電器動作特性＋CBの遮断特性を示す。	イ．（②が上、①が下の時間-電流曲線） ロ．（①②の時間-電流曲線） ハ．（①②の時間-電流曲線） ニ．（②①の時間-電流曲線）

第24回テスト　解答と解説

問題1　【正解】（ハ）

　受電電圧 6600〔V〕の受電設備が完成した時の自主検査で，一般に行われるのは，高圧機器の**接地抵抗測定**，**地絡継電器**の動作試験及び高圧電路の**絶縁耐力試験**などです。変圧器の温度上昇試験は製作する工場で行います。

問題2　【正解】（イ）

　過電流継電器の試験回路の例は次のようになります。**電力計**は必要ありません。

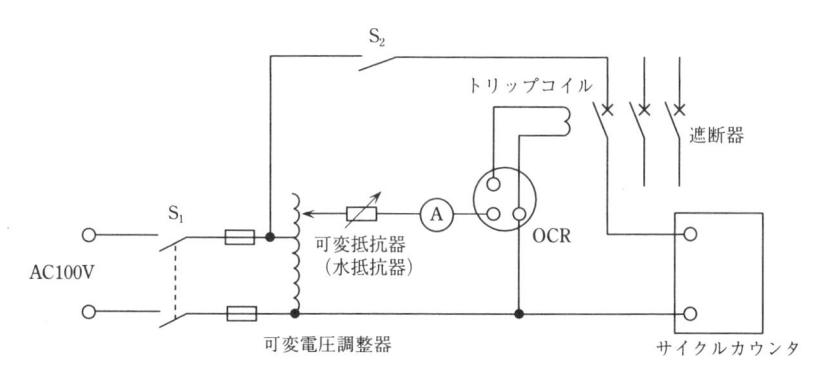

過電流継電器の試験回路

サイクルカウンタと**水抵抗器**は次のようなものです。

サイクルカウンタ 　　　　水抵抗器

過去に出題された過電流継電器の試験回路の例を下記に示します。①で示す機器は変圧器になります。②に示す機器はサイクルカウンタが接続されます。過電流継電器が作動して遮断器が開放されるとサイクルカウンタに流れる電流が遮断されるので，遮断までの時間を計測することができます。③の機器は電圧調整器となります。④には交流電流計が接続されます。⑤には過電流継電器が接続されます。電流計に大きな電流が流れないようにOFFとしておきます。

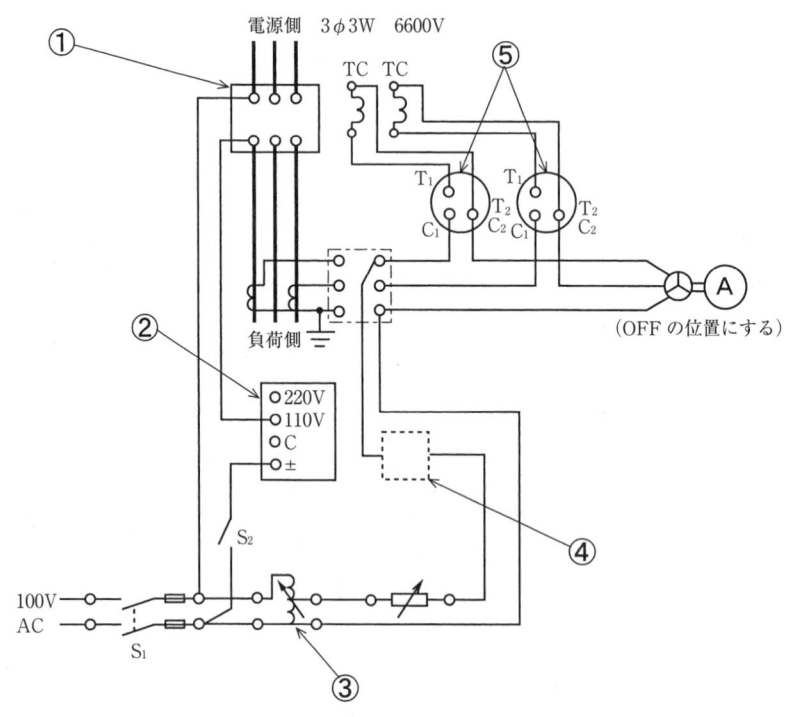

過電流継電器の試験回路

誘導形過電流継電器（OCR）と図記号

-168-

問題3 【正解】(ニ)

　高圧受電設備の定期点検で通常必要のないものは，**検相器**です。完成した時の自主検査や改修工事を行った場合などに必要となります。

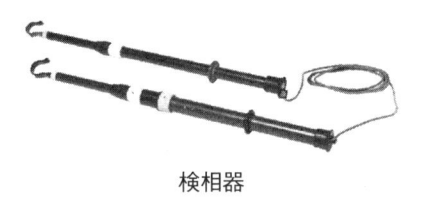

検相器

問題4 【正解】(ニ)

　誘導形過電流継電器（OCR）の試験項目として，誤っているものは，**最小動作電圧試験**です。OCRの円盤が回転し始める始動電流を測定する**最小動作電流試験**が正解です。

問題5 【正解】(ロ)

　零相変流器と組み合わせて使用する継電器の種類は，**地絡継電器**です。

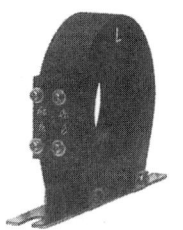

零相変流器（ZCT）と図記号　　　地絡継電器（GR）と図記号

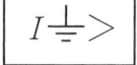

問題6 【正解】(ニ)

　高圧受電設備における**シーケンス試験**（制御回路試験）として，行わないものは，制御回路各部の温度上昇を試験することです。

問題7 【正解】(ニ)

　高圧受電設備の非方向性高圧地絡継電装置が，**電源側の地絡事故**によって不必要な動作をするおそれがあるものは，需要家構内の**電路の対地静電**

容量が大きい場合です。

問題8 【正解】（ニ）

　地絡事故が発生すると，**零相変流器**により検出した零相電流と**接地用コンデンサ**（零相基準入力装置）により検出した**零相電圧**との**位相関係**により**地絡方向継電器**を動作させます。これにより，自分のところの地絡故障でない，いわゆる**もらい事故**を防止することができます。

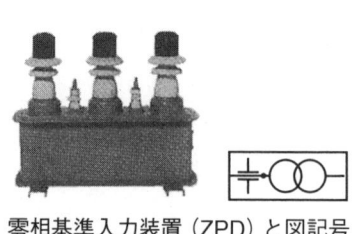

零相基準入力装置（ZPD）と図記号 　　地絡方向継電器（DGR）と図記号

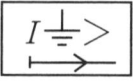

問題9 【正解】（ハ）

　図のように接続します。各電極の間隔は **10〔m〕以上**となるように配置します。

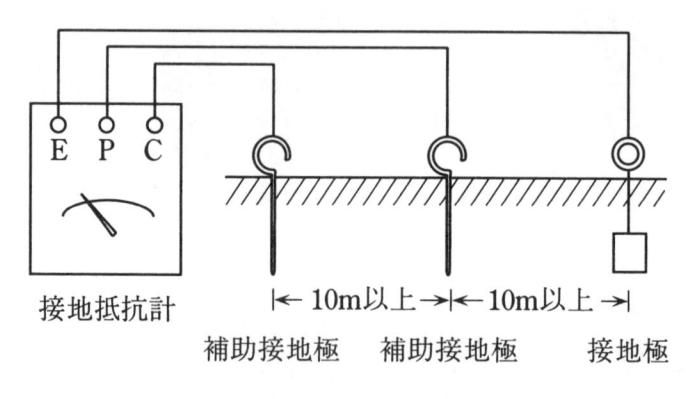

直読式接地抵抗計の電極配置

直読式接地抵抗計（アーステスタ）は次のような形状をしています。

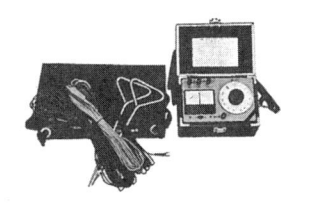

直読式接地抵抗計（アーステスタ）

問題10 【正解】（ニ）

　保護協調とは，需要側の事故が電源側に波及しないことをいいます。そのためには，需要側の遮断器の動作が電源側の遮断器の動作よりも速いことが必要になります。これより，保護協調を取るならばすべての電流範囲で，高圧受電設備の過電流継電器動作特性＋CBの遮断特性の曲線②は配電用変電所の過電流継電器動作特性の曲線①より下になければなりません。モータブレーカーでは逆の考えとなり，電動機の始動電流と始動時間が，図中の破線で示されているような特性であるとき，この電動機の保護に使用されるモータブレーカーの遮断特性として，適当なものは図のcとなります。a又はbであると始動中にモータブレーカーが動作してしまうので適当ではありません。dは容量が大きすぎるので過負荷のときに電動機を保護できなくなるのでこれも適当ではありません。

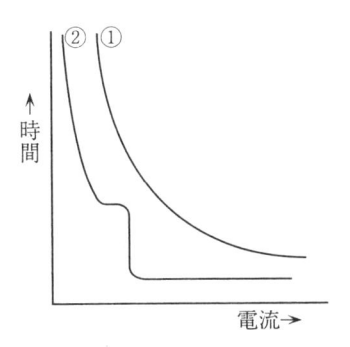

保護強調のとれた特性

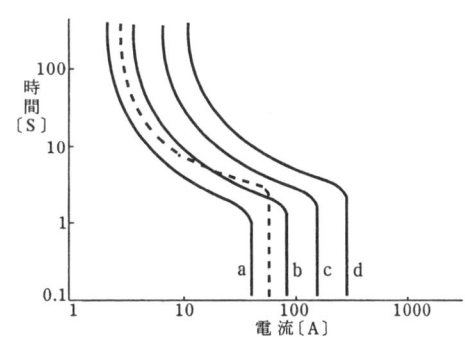

保護強調のとれていない特性

第6章
電気工事の施工方法

1. 電気工事の施工方法1～4（第25回テスト～第28回テスト）
   （正解・解説は各回の終わりにあります。）

※本試験では，各問題の初めに以下のような記述がございますが，本書では，省略しております。

次の各問には4通りの答え（イ，ロ，ハ，ニ）が書いてある。それぞれの問いに対して答えを1つ選びなさい。

第25回テスト　電気工事の施工方法1

	問い	答え
1	絶縁電線相互の接続に関する記述として，不適切なものは。	イ．電線の電気抵抗を増加させないように接続した。 ロ．接続部分を絶縁電線の絶縁と同等以上の絶縁効力のあるもので十分被覆した。 ハ．接続部分において，電線の引張り強さが30〔％〕減少した。 ニ．接続部分に接続管を使用した。
2	電線の接続に関する記述として，不適切なものは。	イ．絶縁電線相互の接続において，電線の引張り強さを20〔％〕以上減少させないように接続した。 ロ．電線を分岐する部分では電線に張力が加わらないように接続した。 ハ．絶縁電線相互の接続部分で電線の電気抵抗を20〔％〕以上増加させないように接続した。 ニ．絶縁電線相互の接続には絶縁電線と同等以上の絶縁効力のある接続器を使用した。

3	600 V ビニル絶縁電線の許容電流（連続使用時），に関する記述として，適切なものは。	イ．電流による発熱により，電線の絶縁物が著しい劣化をきたさないようにするための限界の電流値をいう。 ロ．電流による発熱により，電線の絶縁物の温度が 80〔℃〕となる時の電流値をいう。 ハ．電流による発熱により，電線が溶断するときの電流値をいう。 ニ．電圧降下を許容範囲に収めるための最大の電流値をいう。
4	点検できない隠ぺい場所において，使用電圧 400〔V〕の低圧屋内配線工事を行う場合，不適切なものは。	イ．合成樹脂管工事 ロ．金属ダクト工事 ハ．金属管工事 ニ．ケーブル工事
5	可燃性ガスが存在する場所に低圧屋内電気設備を施設する施工方法として，不適切なものは。	イ．配線は金属管工事により行い，付属品には耐圧防爆構造のものを使用した。 ロ．可搬形機器の移動電線には，接続点のない3種クロロプレンキャブタイヤケーブルを使用した。 ハ．スイッチ，コンセントは耐圧防爆構造のものを使用した。 ニ．金属管工事において，電動機の端子箱との可とう性を必要とする接続部に金属製可とう電線管を使用した。

6	住宅に施設する配線器具の取り付け工事において，誤っているものは。	イ．雨が吹き込むおそれがあるベランダに，防雨形コンセントを床面から 50〔cm〕に取り付けた。 ロ．洗濯機用コンセントに接地極及び接地端子付のコンセントを施設し，D種接地工事を施した。 ハ．単相 200 V 回路のエアコン用のコンセントに下図のような極数，極配置のコンセントを使用した。  ニ．ケーブル工事において，コンセントと電話端子を合成樹脂製の共有ボックスに収納し配線する場合，電線相互が接触しないように隔壁（セパレータ）を取り付けた。
7	トイレの換気扇などのスイッチに用いられ，操作部を「切り操作」した後，一定時間後に動作するスイッチの名称は。	イ．遅延スイッチ ロ．熱線式自動スイッチ ハ．リモコンセレクタスイッチ ニ．3路スイッチ

8	配線器具に関する記述として，誤っているものは。	イ．遅延スイッチは，操作部を「切り操作」した後，遅れて動作するスイッチで，トイレの換気扇用などに使用される。 ロ．熱線式自動スイッチは，人体の体温等を検知し自動的に開閉するスイッチで，玄関灯などに使用される。 ハ．抜止形コンセントはプラグを回転させることによって容易に抜けない構造としたもので，専用のプラグを使用する。 ニ．引掛形コンセントは，刃受が円弧状で，専用のプラグを回転させることによって抜けない構造としたものである。

第25回テスト 解答と解説

問題1 【正解】（ハ）

「電気設備の技術基準とその解釈（以降解釈）」により電線を接続した場合，**電気抵抗を増加させること無く**次のように施工しなければなりません。

① 絶縁電線相互又は絶縁電線とコード，キャブタイヤケーブルもしくはケーブルとを接続する場合。
イ 引張荷重で表わした**電線の強さを20〔%〕**以上減少させないこと。
ロ 接続部分には，**接続管**その他の器具を使用し，又はろう付けすること。
ハ 接続部分の絶縁電線の絶縁物と同等以上の絶縁効力のある**接続器**を使用する場合を除き，接続部分をその部分の絶縁電線の絶縁物と同等以上の絶縁効力のあるもので十分被覆すること。
② コード相互，断面積8〔mm^2〕未満のキャブタイヤケーブル相互，ケーブル相互又はこれらのもの相互を接続する場合はコード接続器，接続箱その他の器具を使用すること。

問題2 【正解】（ハ）

絶縁電線相互の接続部分で電線の電気抵抗を増加させて接続したことは不適切となります。

問題3 【正解】（イ）

絶縁電線の**許容電流**は，電流による発熱による温度上昇によって，電線の絶縁物が著しい劣化をきたさないようにするための**限界の電流値**をいいます。電線の種類，電線の記号，使用温度をまとめると表のようになります。

電気工事の施工方法 1

電線の名称	記号	許容周囲温度	用途
600 V ビニル絶縁電線	IV	60℃	主に低圧屋内配線
屋外用ビニル絶縁電線	OW	60℃	主に低圧架空配線
引込用ビニル絶縁電線	DV	60℃	引込用
600 V 二種ビニル絶縁電線	HIV	75℃	主に消防設備配線

　低圧屋内工事で使用されているのは，VVF ケーブルと呼ばれる「600 V ビニル絶縁ビニルシースケーブル平形」（通称 F ケーブル）と VVR ケーブルと呼ばれる「600 V ビニル絶縁ビニルシースケーブル丸形」があります。移動用電線として使用されるのがキャブタイヤケーブルで，その記号は CT となります。耐熱性，耐燃性及び機械的強度に優れている電線は MI ケーブルと呼ばれます。

問題4　【正解】（ロ）

　粉塵の多い場所，可燃性のガスの存在する場所，危険物の存在する場所，火薬庫及びショーウィンドウ等以外の場所に施設する 600〔V〕以下の低圧屋内配線は，表に掲げる施設場所及び使用電圧の区分に応ずる工事のいずれかにより施設することになっています。

　600〔V〕以下の低圧屋内配線を行う場合，特殊な場所以外では，**合成樹脂管工事，金属管工事，金属可とう電線管工事若しくはケーブル工事**はどこでも施工できる**オールマイティな4工事**と覚えておきましょう。

　表を完全に暗記するのは大変なので，これら 4 工事がすべて可能であると分かっていればできる工事と，できない工事を探すのが簡単になります。（300 V 以下）と書いてあるのは，300 V 以下の回路のみ施工できることを示しています。

屋内配線工事

施工場所	乾燥した場所			湿気や水気のある場所		
工事の種類	展開した場所	隠ぺい場所		展開した場所	隠ぺい場所	
		点検できる	点検できない		点検できる	点検できない
合成樹脂管工事	○	○	○	○	○	○
金属管工事	○	○	○	○	○	○
金属可とう電線管工事	○	○	○	○	○	○
ケーブル工事	○	○	○	○	○	○
がいし引き工事	○	○	×	○	○	×
金属線ぴ工事（300V以下）	○	○	×	×	×	×
ライティングダクト工事（300V以下）	○	○	×	×	×	×
金属ダクト工事	○	○	×	×	×	×
バスダクト工事	○	○	×	△	×	×
フロアダクト工事（300V以下）	×	×	○	×	×	×
セルラダクト工事（300V以下）	×	○	○	×	×	×
平形保護層工事（300V以下）	×	○	×	×	×	×

○：施設できる　×：施設できない　△：300V以下ならば可

表でわかるように金属ダクト工事は点検できない隠ぺい場所には施工できません。(イ) 合成樹脂管工事, (ハ) 金属管工事及び (ニ) ケーブル工事は**オールマイティな工事**ですね。

「解釈」による金属管，合成樹脂管，金属可とう電線管などの管工事，電線を使用する金属ダクト，フロアダクト及びセルラダクト工事などのダクト工事並びに金属線ぴ工事の工事共通の規定（内線規定も含む）は次のようなものが挙げられます。

① 電線は，屋外用ビニル絶縁電線を除く**絶縁電線**であること。
② 電線は，金属ダクト工事及び線ぴ工事を除いて原則として**直径3.2〔mm〕**（アルミ線では4〔mm〕）**以下**である場合以外は，より線であること。
③ 管，ダクト及び線ぴ内では，原則として電線に接続点を設けないこと。
④ 管の屈曲は，原則として管の曲げ半径を管の内径の6倍以上としなければならない。
⑤ 金属管，可とう電線管，金属ダクト及びバスダクト工事では原則として，使用電圧が**300 V以下**の場合には管又はダクトには**D種接地工事**を，使用電圧が**300 Vを超える**場合は管又はダクトには**C種接地工事**を施すこと。フロアダクト，セルラダクト，ライティングダクト及び金属線ぴ工事では原則としてダクト又は線ぴには**D種接地工事**を施すこと。
⑥ ケーブル管，ダクト及び線ぴと弱電流電線，水道管及びガス管等は**接触しない**ように施設すること。ただし，低圧屋内配線をバスダクト工事以外の工事により施設する場合において，弱電流電線に**C種接地工事**を施した金属製の電気的遮へい層を有する通信用ケーブルを使用するときは管，ダクト及び線ぴ内に弱電流電線を施設することができる。

問題5 【正解】(ニ)

危険な場所に施設する屋内配線工事の種類は次のようなものがあります。
① 爆燃性粉塵がある場所
爆燃性粉塵がある場所にできる屋内配線工事は，**金属管工事及びケーブル工事**（キャブタイヤケーブルを除く）だけとなります。

② 可燃性粉塵がある場所
可燃性粉塵がある場所にできる屋内配線工事は，**金属管工事，ケーブル工事及び合成樹脂管工事**（CD 管を除く）だけとなります。
③ 可燃性のガス等が存在する場所
可燃性のガスが存在する場所にできる屋内配線工事の種類は**金属管工事，ケーブル工事及び 3 種及び 4 種の接続点のないキャブタイヤケーブル**だけとなります。
④ 石油等の燃えやすい危険物が存在する場所
石油等の燃えやすい危険物が存在する場所にできる屋内配線工事の種類は**金属管工事，ケーブル工事，**1 種以外の接続点のない**キャブタイヤケーブル及び合成樹脂管工事**（CD 管を除く）だけとなります。
⑤ 粉じんの多い場所
粉じんの多い場所に施設できる屋内配線工事の種類は，**金属管工事，ケーブル工事，合成樹脂管工事，金属可とう電線管工事，がいし引き工事，金属ダクト工事及びバスダクト工事**だけとなります。
可とう性を必要とする接続部に金属製可とう電線管は使用できません。可とう性を必要とする接続部には，耐圧防爆型又は安全増防爆型のフレキシブルフィッチングを使用しなければなりません。

問題 6 【正解】（ハ）

単相 200V 回路のコンセントの形状は，次のようになります。

単相 200 V，15 A，接地極付きコンセント

問題のコンセントは，単相 100 V，15 A，接地極付きコンセントです。

問題 7 【正解】（イ）

トイレの換気扇などのスイッチに用いられ，操作部を「切り操作」した後，一定時間後に動作するスイッチの名称は，**遅延スイッチ**です。**3 路スイッチ**は 2 箇所で入切できるようにしたスイッチです。**4 路スイッチ**は複数の箇所で入切できるようにしたスイッチです。

電気工事の施工方法 1

第25回テスト 解答

図のように電灯を①〜③の3箇所のいずれの場所からも点滅できるようにするためには，3路スイッチ2個と4路スイッチ1個を使用します。4路スイッチの動作は図2のように回線を入れ換えます。これにより①〜③の3箇所のいずれの場所からも点滅が可能になります。

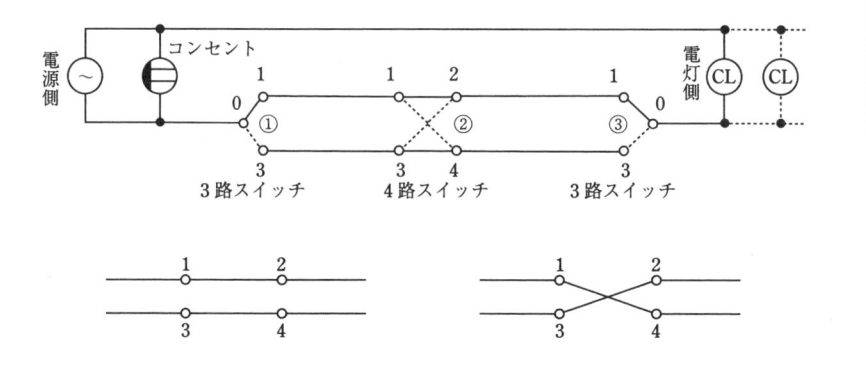

問題8 【正解】（ハ）

抜止形コンセントはプラグを回転させることによって容易に抜けない構造としたもので，**通常のプラグ**を使用することができます。

引掛形コンセントの形状

- 183 -

第26回テスト　電気工事の施工法2

	問い	答え
1	接地工事において，誤っているものは。	イ．A種接地工事において，接地極を地下1.5〔m〕の深さに施設した。 ロ．地中に埋設する接地極の大きさが900×900×1.6（単位mm）の銅板を使用した。 ハ．B種接地工事の接地線を人が触れるおそれのある場所の地下75〔cm〕から地表上2〔m〕までの部分において，CD管を用いて保護した。 ニ．接地線に絶縁電線（屋外用ビニル絶縁電線を除く）を使用した。
2	地中に埋設又は打ち込みをする接地極として，不適切なものは。	イ．縦900〔mm〕×横900〔mm〕×厚さ2.6〔mm〕のアルミ板 ロ．縦900〔mm〕×横900〔mm〕×厚さ1.6〔mm〕の銅板 ハ．直径14〔mm〕長さ×1.5〔m〕の銅溶覆銅棒 ニ．内径36〔mm〕長さ×1.5〔m〕の厚銅電線管

3	接地工事に関する記述として，適切なものはどれか。	イ．A種接地工事の接地極（避雷器用を除く）とD種接地工事の接地極を共用して，接地抵抗を10〔Ω〕以下とした。 ロ．地中に埋設する接地極にアルミ板を使用した。 ハ．人が触れるおそれのある場所のB種接地工事の接地線を金属管で保護をした。 ニ．接触防護措置を施していない場所の400〔V〕低圧屋内配線において，電線を収めるための金属管にD種接地工事を施した。
4	自家用電気工作物として施設する電路又は機器について，C種接地工事を施さなければならないものは。	イ．定格電圧400〔V〕の電動機の鉄台 ロ．高圧器用変成器の二次側電路 ハ．6.6〔kV〕/210〔V〕の変圧器の低圧側 ニ．高圧電路に施設する避雷器
5	金属製外箱を有する使用電圧が300〔V〕以下の機械器具であって，簡易接触防護措置を施していない場所に施設するものに，電気を供給する低圧電路がある。この電路に漏電遮断器の施設を省略できない場合は。	イ．対地電圧が150〔V〕以下の機械器具を水気のある場所以外の場所に施設する場合。 ロ．機械器具に施されたD種接地工事の接地抵抗値が10〔Ω〕の場合。 ハ．機械器具を乾燥した場所に施設する場合。 ニ．機械器具を変電所に準ずる場所に施設する場合。

6	低圧の機械器具を簡易接触防護措置を施していない場所に施設するとき，漏電遮断器を省略できる場合に関する記述として誤っているものは。	イ．機械器具に施したC種接地工事又はD種接地工事の接地抵抗値が10〔Ω〕以下の場合。 ロ．電気用品安全法の適用を受ける二重絶縁構造の機械器具を施設する場合。 ハ．電路の電源側に二次側電圧300〔V〕以下の絶縁変圧器を施設し，その負荷側電路を接地しない場合。 ニ．対地電圧150〔V〕以下の機械器具を水気のある場所以外の場所に施設する場合。
7	低圧の配線器具等の施設方法に関する記述として，不適切なものは。	イ．壁の内部の充てん材が無い空どう部分に，ボックスを省略して，差込接続形コンセントを取り付けた。 ロ．定格電流が20〔A〕の過電流遮断器で保護されている電路に，定格電流が30〔A〕のコンセントを施設した。 ハ．ユニットバスの洗面台に設けられているコンセントの電源回路には，高感度高速形漏電遮断器（定格感度電流15〔mA〕以下）を設けた。 ニ．電気洗濯機用のコンセントには，接地端子付きのものを設け，接地端子にはD種接地工事を施した。

第26回テスト　解答と解説

問題1　【正解】（ハ）

　電路は，大地から絶縁しなければなりませんが，電気設備の必要な箇所には，異常時の電位上昇，高電圧の侵入等による感電，火災その他人体に危害を及ぼし，又は物件への損傷を与えるおそれがないよう，接地その他の適切な措置を講じなければなりません。接地工事の種類と接地抵抗値の上限は表のようになります。

接地工事の種類	接地抵抗値
A 種接地工事	10 Ω
B 種接地工事	変圧器の高圧側又は特別高圧側の電路の1線地絡電流のアンペア数で150（変圧器の高圧側の電路又は使用電圧が35000 V 以下の特別高圧側の電路と低圧側の電路との混触により低圧電路の対地電圧が150 V を超えた場合に，1秒を超え2秒以内に自動的に高圧電路又は使用電圧が35000 V 以下の特別高圧電路を遮断する装置を設けるときは300，1秒以内に自動的に高圧電路又は使用電圧が35000 V 以下の特別高圧電路を遮断する装置を設けるときは600）を除した値に等しいオーム数
C 種接地工事	10 Ω（低圧電路において，当該電路に地絡を生じた場合に0.5秒以内に自動的に電路を遮断する装置を施設するときは，500 Ω）
D 種接地工事	100 Ω（低圧電路において，当該電路に地絡を生じた場合に0.5秒以内に自動的に電路を遮断する装置を施設するときは，500 Ω）

　A接地工事の主な施設場所は次のようになっています。
（a）　変圧器によって特別高圧電路に結合される高圧電路に放電する装置

を施設する場合の接地工事。
(b) 特別高圧計器用変成器の 2 次側電路に施設する。
(c) 電路に施設する高圧用又は特別高圧用のもの，機械器具の鉄台及び金属製外箱（外箱のない変圧器又は計器用変成器にあっては，鉄心）に施設する。
(d) 特別高圧用の機械器具は工場等の構内において，機械器具を絶縁された箱又は A 種接地工事を施した金属製の箱に収め，かつ，充電部分が露出しないように施設する場合に認められる。
(e) 基本的に高圧及び特別高圧の電路に施設する避雷器に施設する。

各種接地工事で使用する接地線の種類が次の表のように規定されています。

接地工事の種類	接地線の種類
A 種接地工事	原則として引張強さ 1.04 kN 以上の金属線又は直径 2.6 mm 以上の軟銅線
B 種接地工事	可とう性を必要とする部分を除き，引張強さ 2.46 kN 以上の金属線又は直径 4 mm 以上の軟銅線（高圧電路又は解釈第 108 条に規定する特別高圧架空電線路の電路と低圧電路とを変圧器により結合する場合は，引張強さ 1.04 kN 以上の金属線又は直径 2.6 mm 以上の軟銅線）
C 種接地工事及び D 種接地工事	可とう性を必要とする部分を除き，引張強さ 0.39 kN 以上の金属線又は直径 1.6 mm 以上の軟銅線

A 種接地工事又は B 種接地工事に使用する接地線を人が触れるおそれがある場所に施設する場合は，基本的に次のように施設するように定められています。

① 接地極は，地下 75〔cm〕以上の深さに埋設すること。
② 接地線を鉄柱その他の金属体に沿って施設する場合は，接地極を鉄柱の底面から 30〔cm〕以上の深さに埋設する場合を除き，接地極を地中

電気工事の施工法2

でその金属体から 1〔m〕以上離して埋設すること。
③　接地線には，絶縁電線（屋外用ビニル絶縁電線を除く），又は通信用ケーブル以外のケーブルを使用すること。ただし，接地線を鉄柱その他の金属体に沿って施設する場合以外の場合には，接地線の地表上60〔cm〕を超える部分については，この限りでない。
④　接地線の地下75〔cm〕から地表上2〔m〕までの部分は，電気用品安全法の適用を受ける合成樹脂管（厚さ2〔mm〕未満の合成樹脂製電線管及び**CD管**を除く）又はこれと同等以上の絶縁効力及び強さのあるもので覆うこと。

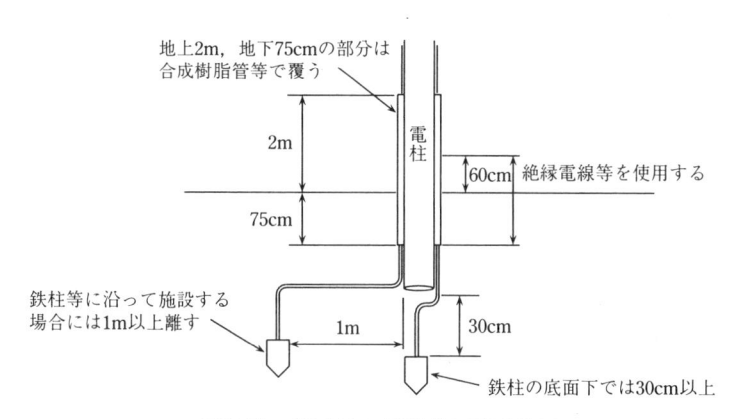

```
            地上2m，地下75cmの部分は
            合成樹脂管等で覆う

      2m                電
                        柱      60cm   絶縁電線等を使用する
      75cm

  鉄柱等に沿って施設する
  場合には1m以上離す        1m       30cm
                                        鉄柱の底面下では30cm以上
```

A種接地工事又はB種接地工事の施工

B種接地工事の接地線を人が触れるおそれのある場所の地下75〔cm〕から地表上2〔m〕までの部分において，CD管を用いて保護することは誤った工事になります。

問題2　【正解】（イ）
地中に埋設する**接地極**に**アルミ板**は使用できません。**腐食**のためです。

問題3　【正解】（ニ）
接触防護措置を施していない場所の400〔V〕低圧屋内配線において，電線を収めるための金属管にはC種接地工事が必要です。
機械器具の鉄台等に施設する接地工事の種類を表に示します。

-189-

機械器具の区分	接地工事
300 V 以下の低圧用のもの	D 種接地工事
300 V を超える低圧用のもの	C 種接地工事
高圧用又は特別高圧用のもの	A 種接地工事

問題 4 【正解】（イ）

定格電圧 400 [V] の電動機の鉄台には C 種接地や工事が必要です。

問題 5 【正解】（ロ）

次の条件に該当する場合 60 V を超える低圧の機械器具に施す漏電遮断器を省略することができます。

① 機械器具を発電所又は変電所，開閉所若しくはこれらに準ずる場所に施設する場合。
② 機械器具を乾燥した場所に施設する場合。
③ 対地電圧が 150 V 以下の機械器具を水気のある場所以外の場所に施設する場合。
④ 機械器具に施された C 種接地工事又は **D 種接地工事**の接地抵抗値が 3 [Ω] 以下の場合。
⑤ 電気用品安全法の適用を受ける 2 重絶縁の構造の機械器具を施設する場合。
⑥ 機械器具がゴム，合成樹脂その他の絶縁物で被覆したものである場合。
⑦ 機械器具に簡易接触防護措置を施す場合。
機械器具に施された **D 種接地工事**の接地抵抗値が 3 [Ω] **以下の場合**には省略できます。

問題 6 【正解】（イ）

C 種接地工事であっても 3 [Ω] 以下ですね。

問題7 【正解】(ロ)

　定格電流が20〔A〕の過電流遮断器で保護されている電路には，定格電流が20〔A〕のコンセントを施設しなければなりません。
　機械器具の鉄台等に施設する接地工事を省略できる場合を示します。

① 使用電圧が直流300V又は交流対地電圧**150V以下**の機械器具を**乾燥した場所**に施設する場合。
② 低圧用の機械器具を乾燥した木製の床その他これに類する絶縁性の物の上で取り扱うように施設する場合。
③ 低圧用若しくは高圧用の機械器具，特別高圧電線路に接続する配電用変圧器若しはこれに接続する電線に施設する機械器具又は15000V以下の特別高圧架空電線路の電路に施設する機械器具を人が触れるおそれがないように木柱その他これに類するものの上に施設する場合。
④ 鉄台又は外箱の周囲に適当な絶縁台を設ける場合。
⑤ 外箱のない計器用変成器がゴム，合成樹脂その他の絶縁物で被覆したものである場合。
⑥ 電気用品安全法の適用を受ける2重絶縁の構造の機械器具を施設する場合。
⑦ 低圧用の機械器具に電気を供給する電路の電源側に絶縁変圧器を施設し，かつ，当該絶縁変圧器の負荷側の電路を接地しない場合。
⑧ 水気のある場所以外の場所に施設する低圧用の機械器具に電気を供給する電路に電気用品安全法の適用を受ける漏電遮断器を施設する場合。

第27回テスト　電気工事の施工方法3

	問い	答え
1	金属管工事の記述として，誤っているものは。	イ．金属管に，直径2.6〔mm〕の絶縁電線（屋外用ビニル絶縁電線を除く）を収めて施設した。 ロ．電線の長さが短くなったので，金属内において電線に接続点を設けた。 ハ．金属管を湿気の多い場所に施設するため，防湿装置を施した。 ニ．使用電圧200〔V〕の電路に使用する金属管にD種接地工事を施した。
2	写真に示す品物の名称は。	イ．シーリングフィッチング ロ．カップリング ハ．ユニバーサル ニ．ターミナルキャップ
3	接触防護措置を施していない場所で使用電圧が300〔V〕を超える低圧屋内配線において，600〔V〕ビニル絶縁ビニルシースケーブルを金属管に収めて施設した。金属管に施す接地工事の種類は。	イ．A種接地工事 ロ．B種接地工事 ハ．C種接地工事 ニ．D種接地工事

4	金属管工事に使用できない絶縁電線の種類は。ただし，電線はより線とする。	イ．屋外用ビニル絶縁電線（OW） ロ．600 V ビニル絶縁電線（IV） ハ．引込用ビニル絶縁電線（DV） ニ．600 V 二種ビニル絶縁電線（HIV）
5	使用電圧 300 V 以下のケーブル工事による低圧屋内配線において，誤っているものは。	イ．点検できない隠ぺい場所にビニル絶縁ビニルキャブタイヤケーブルを使用して施設した。 ロ．ビニル絶縁ビニルシースケーブル（丸型）を造営材の側面に沿って，支持点間を 1.5〔m〕にして施設した。 ハ．乾燥した場所で長さ 2〔m〕の金属製の防護管に収めたので，D 種接地工事を省略した。 ニ．架橋ポリエチレン絶縁ビニルシースケーブルをガス管と接触しないように施設した。
6	使用電圧が 300〔V〕以下の低圧屋内配線のケーブル工事の記述として，誤っているものは。	イ．ケーブルに機械的衝撃を受けるおそれがあるので，適当な防護装置を施した。 ロ．ケーブルを造営材の下面に沿って水平に取り付け，その支持点間の距離を 3〔m〕にして施設した。 ハ．ケーブルの防護装置に使用する金属部分に D 種接地工事を施した。 ニ．ケーブルを接触防護措置を施した場所に垂直に取り付け，その支持点間の距離を 5〔m〕にして施設した。

7	低圧屋内配線においてケーブルを使用する工事の施工に関する記述として不適切なものは。	イ．MIケーブルをコンクリート内に直接埋設して施設した。 ロ．300〔V〕以下の電路に使用する移動電線にゴムキャブタイヤケーブルを用いた。 ハ．電気専用のパイプシャフト内にCTVケーブルを垂直に施設し，8〔m〕ごとに支持した。 ニ．低圧ケーブルと弱電流電線を同一のケーブルラックに施設する場合に，隔壁を設けて互いに接触しないように施設した。
8	アクセスフロア内の配線に関する記述として不適当なものは。	イ．低圧電路の配線には移動電線を除きビニル外装ケーブル以外の電線を使用することができない。 ロ．移動電線を引き出すフロアの貫通部は，移動電線を損傷しないよう適切な処置を施す。 ハ．フロア内では電源ケーブルと弱電流電線が接触しないようセパレータ等による接触防止措置を施す。 ニ．分電盤及びコンセントは原則としてフロア内に施設することができない。

電気工事の施工方法3

第27回テスト 解答と解説

問題1 【正解】(ロ)

　金属管内で**電線を接続**するのは，**禁止**されています。金属管工事の施工規程（内線規程も含む）は次のように定められています。
① 　管の支持点間の距離は2〔m〕以下としなければならない。
② 　管の厚さは，コンクリートに埋め込むものは，原則1.2〔mm〕以上。
③ 　低圧屋内配線の使用電圧が300 V以下の場合は，管には，D種接地工事を施すこと。ただし次の場合には省略できる。
・管の長さが4 m以下のものを乾燥した場所に施設する場合。
・屋内配線の使用電圧が交流対地電圧150 V以下の場合において，その電線を収める管の長さが8 m以下のものに簡易接触防護措置を施すとき又は乾燥した場所に施設するとき。

問題2 【正解】(イ)

　写真に示す品物の名称は，**シーリングフィッチング**です。シーリングフィッチングは，金属管工事をガスなどが存在する場所から他の場所へ金属管を施設する場合に，ガスが移行しないようにするためのものです。**カップリング**は，ネジがある金属管同士を接続する場合に使用します。**ユニバーサル**は，露出金属管工事で金属管が直角に曲がる部分に使用します。**ターミナルキャップ**は，金属管に取り付けて電動機などの機器に電線を接続する場合に使用します。

| カップリング | ユニバーサル | ターミナルキャップ |

　この他金属管工事で使用する主な材料を示します。**ネジなしカップリング**は，ネジなし金属管同士を接続する場合に使用します。**ユニオンカップリ**

ングは，両方の金属管を回すことができない場合の金属管相互の接続用に使用します。**ねじなしボックスコネクタ**は，ネジなし金属管をボックスに接続する場合に使用する。

ネジなしカップリング 　　　ユニオンカップリング 　　　ねじなしボックスコネクタ

ノーマルベンドは，金属管が直角方向に曲がる部分に使用します。**ブッシング**は，金属管などの端にとりつけて絶縁電線の被覆を保護します。**リングレジューサ**は，ボックスの穴が大きい場合に使用します。

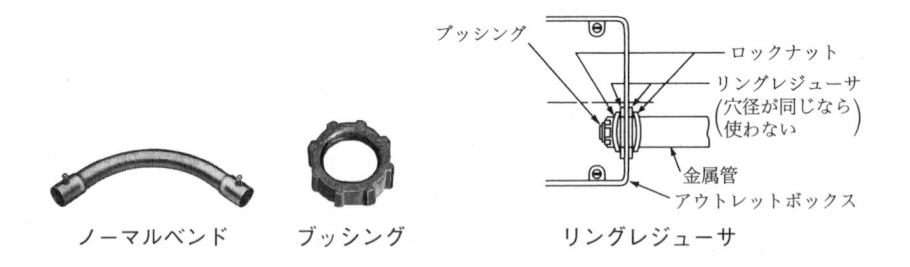

ノーマルベンド　　　ブッシング　　　リングレジューサ

接地金具（**ラジアスクランプ**）及び**接地クランプ**は金属管に接地線を接続する場合に使用します。

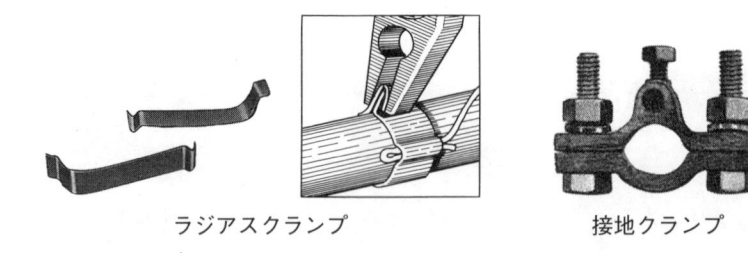

ラジアスクランプ　　　　　　接地クランプ

エントランスキャップは，がいし引工事から金属管工事に代わる部分にとりつけます。**ウエザキャップ**は，屋外で金属管の端にとりつけて雨水の

侵入を防止します。

エントランスキャップ 　　　　ウエザキャップ

　サドルは金属管などの管の固定用に使用します。**パイラック**は金属管を鉄骨等に固定するために使用します。**コンクリートボックス**は埋込金属管工事に使用します。

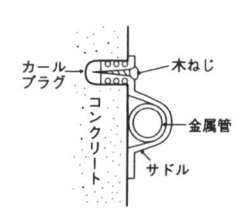

サドル

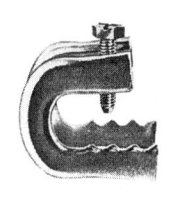

パイラック 　　　　コンクリートボックス

問題3　【正解】（ハ）

　接触防護措置を施していない場所で使用電圧が **300〔V〕を超える**低圧屋内配線において，600〔V〕ビニル絶縁ビニルシースケーブルを金属管に収めて施設した場合には，**C種接地工事**が必要となります。

問題4　【正解】（イ）

　電線は，**屋外用ビニル絶縁電線**を除く絶縁電線であることが規定されて

います。

問題5 【正解】（イ）

　ケーブル工事による低圧屋内配線は，次のように施設することが規定（内線規程も含む）されています。

① 電線は，原則としてケーブル，3種又は4種クロロプレンケーブル及び3種又は4種のキャブタイヤケーブル等であること。

② 移動電線として使用するケーブルは原則として，1種キャブタイヤケーブル及びビニルギャブタイヤケーブル以外のキャブタイヤケーブルであって，断面積 0.75 mm^2 以上のものであること。

③ ケーブルを造営材の下面又は側面に沿って取り付ける場合は，電線の支持点間の距離をケーブルにあっては **2〔m〕**（接触防護措置を施した場所において垂直に取り付ける場合は，**6〔m〕**）以下，キャブタイヤケーブルにあっては 1 m 以下とし，かつ，その被覆を損傷しないように取り付けること。

④ ケーブルの屈曲は，ケーブルの曲げ半径をケーブルの外径の6倍以上としなければならない。

⑤ ケーブル相互の接続は，アウトレットボックス又はジョイントボックスなどの内部で行うか，接続箱の内部で行う。

⑥ ねじ式の端子付きジョイントボックスは点検できるように施設すること。

⑦ 低圧屋内配線の使用電圧が **300V 以下** の場合は，管その他の電線を収める防護装置の金属製部分，金属製の電線接続箱及び電線の被覆に使用する金属体には，**D種接地工事** を施すこと。ただし，次のいずれかに該当する場合は，管その他の電線を収める防護装置の金属製部分については，この限りでない。

・防護装置の金属製部分の長さが **4〔m〕** 以下のものを乾燥した場所に施設する場合。

・屋内配線の使用電圧が交流対地電圧 150〔V〕以下の場合において，防護装直の金属製部分の長さが **8〔m〕** 以下のものに簡易接触防護措置を施すとき又は乾燥した場所に施設するとき。

⑧ 低圧屋内配線の使用電圧が **300〔V〕を超える** 場合は，管その他の電線を収める防護装置の金属製部分，金属製の電線接続箱及び電線

の被覆に使用する金属体には，**C種接地工事**を施すこと。ただし，接触防護措置を施す場合は，D種接地工事によることができる。
⑨ 電線を直接コンクリートに埋め込んで施設する低圧屋内配線に使用する電線は，MIケーブル，コンクリート直埋用ケーブル又は堅ろうな外装を有するケーブル等のケーブルであること。
⑩ ケーブルと水道管及びガス管等は接触しないように施設すること。
⑪ ケーブルを直接埋設式により施設する場合は，ケーブルは車両その他の重量物の圧力を受けるおそれがある場所においては **1.2〔m〕**以上，その他の場所においては 60〔cm〕以上の埋設深さで施設し，かつ堅ろうなトラフその他の防護物に収めること。

　3種又は4種のキャブタイヤケーブル等でなければなりません。ビニル絶縁ビニルキャブタイヤケーブルでの施設は不適当になります。

問題6　【正解】（ロ）

造営材の下面に沿って水平に取り付け，その支持点間の距離は2〔m〕にして施設しなくてはなりません。

問題7　【正解】（ハ）

電気専用のパイプシャフト内のような場所において，簡易接触防護措置を施して垂直に取り付ける場合は，6〔m〕以下としなければなりません。

問題8　【正解】（イ）

内線規程により，ビニル外装ケーブル，ポリエチレン外装ケーブル，2種以上のキャブタイヤケーブルなどが使用できます。

第28回テスト　電気工事の施工方法4

	問い	答え
1	ライティングダクト工事の記述として，誤っているものは。	イ．ライティングダクトを1.5〔mm〕の支持間隔で造営材に堅ろうに取り付けた。 ロ．ライティングダクトの終端部を閉そくするために，エンドキャップを取り付けた。 ハ．ライティングダクトの開口部に簡易接触防護措置を施したので，上向きに取り付けた。 ニ．ライティングダクトにD種接地工事を施した。
2	バスダクト工事に関する記述として，誤っているものは。	イ．低圧屋内配線の使用電圧が400〔V〕で，かつ，接触防護措置を施したので，ダクトの接地工事をD種接地工事とした。 ロ．低圧屋内配線の使用電圧が200〔V〕で，かつ，湿気の多い場所での施設なので，屋外用バスダクトを使用した。 ハ．低圧屋内配線の使用電圧が200〔V〕で，かつ，簡易接触防護措置を施したので，ダクトの接地工事を省略した。 ニ．ダクトを造営材に取り付ける際，ダクトの支持点間の距離を2〔m〕として施設した。

3	写真に示す材料の名称は。	イ．合成樹脂製可とう電線管用コネクタ ロ．合成樹脂製可とう電線管用カップリング ハ．ユニバーサル ニ．ターミナルキャップ
4	写真に示す材料の名称は。	イ．硬質塩化ビニル電線管 ロ．金属製可とう電線管 ハ．金属製線ぴ ニ．金属管
5	使用電圧300〔V〕以下の屋内配線で平形保護層工事が施設できる場所は。	イ．乾燥した点検できる隠ぺい場所。 ロ．湿気の多い点検できない隠ぺい場所。 ハ．乾燥した露出場所。 ニ．湿気の多い点検できる隠ぺい場所。
6	高圧屋内配線を，乾燥し展開した場所で，かつ接触防護措置を施した場所に施設する方法として，不適切なものは。	イ．高圧ケーブルを金属管に収めて施設した。 ロ．高圧絶縁電線を金属管に収めて施設した。 ハ．高圧ケーブルを金属ダクトに収めて施設した。 ニ．高圧絶縁電線をがいし引き工事により施設した。

7	高圧屋内配線工事に関する記述として，不切なものはどれか。	イ．展開した場所に施設した金属管内に高圧CVケーブルを収め，金属管にA種接地工事を施した。 ロ．高圧CVケーブルとガス管との離隔距離が15〔cm〕未満であるので，その部分のケーブルを耐火性のある堅ろうな管に収めて施設した。 ハ．高圧CVケーブルを接触防護措置を施した場所で造営材に垂直に取り付ける場合，ケーブルの支持点間の距離を6〔m〕とした。 ニ．隔壁がない同一のケーブルラック上に高圧CVケーブルと低圧ケーブルとを12〔cm〕離して施設した。
8	高圧屋内配線で，乾燥した場所であって展開した場所において施工できる工事の種類。	イ．バスダクト工事 ロ．金属管工事 ハ．合成樹脂管工事 ニ．がいし引き工事
9	長さ30〔m〕の高圧地中電線路のケーブル埋設表示の施工にシートを使用する場合，その施工方法として，適切なものは。	イ．埋設表示シートに定められた事項を5〔m〕間隔で表示する。 ロ．埋設表示シートは，地中電線路の下に施設する。 ハ．需要場所の場合は，埋設表示シートを省略できる。 ニ．埋設表示シートに表示する事項は，物件の名称，管理者名及び電圧とする。

10	地中電線路の施設において，誤っているものは。	イ．地中電線路を暗きょ式で施設する場合，地中電線を不燃性又は自消性のある難燃性の管に収めて施設した。 ロ．地中電線路を管路式により施設する場合に，車両，その他の重量物の圧力に耐える管を使用し，絶縁電線を施設した。 ハ．高圧地中電線路を施設する場合，物件の名称・管理者名及び電圧を表示した埋設表示シートを管と地表面のほぼ中間に施設した。 ニ．地中電線を収める金属製の電線接続箱にD種接地工事を施した。

第28回テスト 解答と解説

問題1 【正解】(ハ)

各種ダクト工事による低圧屋内配線の施工規定は次のようになります。

(1) 金属ダクト工事の規定
① 金属ダクトに収める電線の**断面積の総和**は，原則としてダクトの内部断面積の **20%以下**であること。
② 金属ダクトは幅が 5 cm を超え，かつ，厚さが 1.2 mm 以上の鉄板であること。
③ ダクトを造営材に取り付ける場合は，ダクトの支持点間の距離を原則として 3 m 以下とし，かつ，堅ろうに取り付けること。
④ 低圧屋内配線の使用電圧が **300 V 以下**の場合は，ダクトには，**D種接地工事**を施すこと。
⑤ 低圧屋内配線の使用電圧が **300 V を超える**場合は，ダクトには，**C種接地工事**を施すこと。ただし，接触防護措置を施した場合は，D種接地工事によることができる。
⑥ ダクト内に弱電流電線を収める場合は次によること。
・電線と弱電流電線との間に堅ろうな隔壁を設け，かつ，C種接地工事を施したダクト又はボックスの中に電線と弱電流電線とを収めて施設するときは電線と弱電流電線とを同一のダクトに施設できる。
・弱電流電線が制御回路等の弱電流電線であって，かつ，弱電流電線に絶縁電線と同等以上の絶縁効力のあるものを使用するときは電線と弱電流電線とを同一のダクトに施設できる。

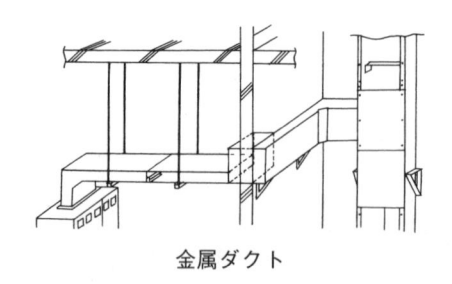

金属ダクト　　　　　　バスダクト

(2) バスダクト工事の規定
① ダクトを造営材に取り付ける場合は，ダクトの支持点間の距離を原則として **3 m** 以下とし，かつ，堅ろうに取り付けること。
② 低圧屋内配線の使用電圧が **300 V 以下** の場合は，ダクトには，**D 種接地工事** を施すこと。
③ 低圧屋内配線の使用電圧が **300 V を超える** 場合は，ダクトには，**C 種接地工事** を施すこと。ただし，接触防護措置を施した場合は，D 種接地工事によることができる。

(3) セルラダクト工事の規定
① ダクトには **D 種接地工事** を施すこと。
② ダクト内に弱電流電線を収める場合は次によること。
・電線と弱電流電線との間に堅ろうな隔壁を設け，かつ，C 種接地工事を施したダクト又はボックスの中に電線と弱電流電線とを収めて施設するときは電線と弱電流電線とを同一のダクトに施設できる。
・弱電流電線が制御回路等の弱電流電線であって，かつ，弱電流電線に絶縁電線と同等以上の絶縁効力のあるものを使用するときは電線と弱電流電線とを同一のダクトに施設できる。

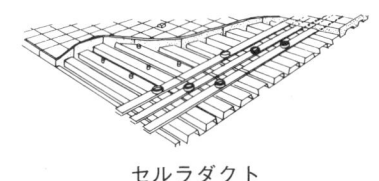

(4) フロアダクト工事の規定
① ダクトには，**D 種接地工事** を施すこと。
② ダクト内に弱電流電線を収める場合は次によること。
・電線と弱電流電線との間に堅ろうな隔壁を設け，かつ，C 種接地工事を施したダクト又はボックスの中に電線と弱電流電線とを収めて施設するときは電線と弱電流電線とを同一のダクトに施設できる。
・弱電流電線が制御回路等の弱電流電線であって，かつ，弱電流電線に絶縁電線と同等以上の絶縁効力のあるものを使用するときは電線と弱電流電線とを同一のダクトに施設できる。

セルラダクト　　　フロアダクト

(5) ライティングダクト工事の規定
① ダクト相互及び電線相互は，堅ろうに，かつ，電気的に完全に接続すること。
② ダクトの支持点間の距離は，**2 m 以下**とすること。
③ ダクトの終端部は，閉そくすること。
④ ダクトの開口部は，原則として**下に向けて施設**すること。
⑤ ダクトは，造営材を**貫通して施設しない**こと。
⑥ ダクトには，合成樹脂その他の絶縁物で金属製部分を被覆したダクトを使用する場合を除き，原則としてD種接地工事を施すこと。ただし，対地電圧が150 V 以下で，かつ，ダクトの長さが 4 m 以下の場合は，この限りでない。
⑦ ダクトを簡易接触防護措置を施した場合以外では，電路に地絡を生じたときに自動的に電路を遮断する装置を施設すること。

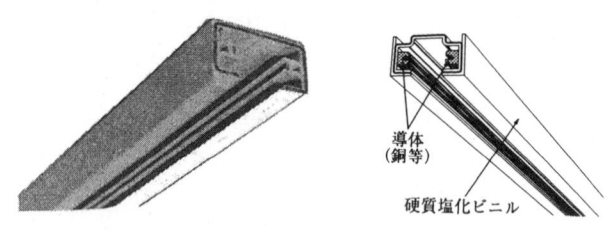

ライティングダクト

ライティングダクトの開口部は，簡易接触防護措置を施した場合は下または横向きに取り付けなければなりません。

問題2 【正解】（ハ）

低圧屋内配線の使用電圧が300 V 以下の場合は，バスダクトには，D 種接地工事を施すことになっています。

問題3 【正解】（イ）

写真に示す材料の名称は，**合成樹脂製可とう電線管用コネクタ**です。合成樹脂管工事の施工は次のように定められています。
① 管の厚さは，原則として2 mm 以上とすること。
② 管の支持点間の距離は **1.5 m 以下**とすること。

③ 合成樹脂製可とう管相互，CD管相互及び合成樹脂製可とう管とCD管とは，直接接続しないこと。

アウトレットボックスなどボックスにハブの付いていない場合，合成樹脂管を接続するのに用いるのが**ボックスコネクタ**です。合成樹脂管同士を接続するには**TSカップリング**を使用します。90°曲げる場合には金属管と同じように**ノーマルベンド**を使用します。

| ボックスコネクタ | TSカップリング | ノーマルベンド |

問題4 【正解】(ロ)

写真に示す材料の名称は，金属製可とう電線管です。金属製可とう電線管には，1種及び2種金属製可とう電線管があります。2種金属製可とう電線管は**プリカチューブ**とも言われます。設問の写真はプリカチューブです。

1種金属製可とう電線管 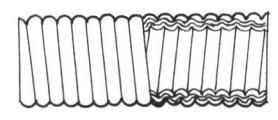　　2種金属製可とう電線管

金属可とう電線管工事の施工は，次のように定められています（内線規程を含む）。
① 金属可とう電線管は，原則として2種金属製可とう電線管であること。
② 管を人が触れるおそれがある場所または，造営材の下面又は側面に沿って取り付ける場合は，管の支持点間の距離をケーブルにあっては1m（その他の場合は，2m）以下とすること。
③ 低圧屋内配線の使用電圧が**300V以下**の場合は，管には，**D種接地工事**を施すこと。ただし管の長さが**4m以下**のものを施設する場合は省略できる。

第28回テスト　解答

問題5 【正解】(イ)

平形保護層工事による低圧屋内配線の主な施工規定は次のようになります。
① 造営物の床面又は壁面に施設すること。
② 危険物等の存在する場所などには施設しないこと。
③ 電線に電気を供給する電路には，電路に地絡を生じたときに自動的に電路を遮断する装置を施設すること。
④ 電線は，定格電流が 30 A 以下の過電流遮断器で保護される分岐回路で使用すること。
⑤ 電路の**対地電圧**は，**150 V 以下**であること。
⑥ 平形保護層は，**造営材を貫通して施設しないこと**。

使用電圧 300〔V〕以下の屋内配線で平形保護層工事が施設できる場所は，下の表より，乾燥した点検できる隠ぺい場所のみです。

施工場所	乾燥した場所			湿気や水気のある場所		
工事の種類	展開した場所	隠ぺい場所		展開した場所	隠ぺい場所	
		点検できる	点検できない		点検できる	点検できない
平形保護層工事 (300 V 以下)	×	○	×	×	×	×

問題6 【正解】(ロ)

(1) 高圧屋内配線の施設

高圧屋内配線は，次より施設することが定められています。
① 高圧屋内配線は，次に掲げる工事のいずれかにより施設すること。
・**がいし引き工事**（乾燥した場所であって展開した場所に限る。）
・ケーブル工事
② ケーブル工事による高圧屋内配線は，ケーブルによる屋内工事に準じて施工し，かつ，管その他のケーブルを収める防護装置の金属製部分，金属製の電線接続箱及びケーブルの被覆に使用する金属体には，**A 種接地工事**を施すこと。ただし，接触防護措置を施す場合は，D 種

接地工事によることができる。
③ 高圧屋内配線が他の高圧屋内配線，低圧屋内電線，ガス等と接近し，又は交さする場合は，高圧屋内配線と他のものとの離隔距離は，**15 cm**（がいし引き工事により施設する低圧屋内電線が裸電線である場合は，**30 cm**）以上であること。ただし，高圧屋内配線をケーブル工事により施設する場合において，ケーブルとこれらのものとの間に耐火性のある堅ろうな隔壁を設けて施設するとき，ケーブルを耐火性のある堅ろうな管に収めて施設するとき又は他の高圧屋内配線の電線がケーブルであるときは，この限りでない。

高圧絶縁電線を金属管に収めて施設したのは不適当になります。

(2) 高圧屋側電線路の施設

展開した場所に施設する高圧屋側電線路は次のように施設することが定められています。
 (a) 電線は，ケーブルであること。
 (b) ケーブルには接触防護措置を施すこと。
 (c) ケーブルを造営材の側面又は下面に沿って取り付ける場合は，ケーブル支持点間の距離を **2 m**（**垂直**に取り付ける場合は，**6 m**）以下とし，かつ，その被覆を損傷しないように取り付けること。
 (d) ケーブルをちょう架用線にちょう架して施設する場合は，D種接地工事を施すこと。
 (e) 管その他のケーブルを収める防護装置の金属製部分，金属製の電線接続箱及びケーブルの被覆に使用する金属体には，これらのものの防食措置を施した部分及び大地との間の電気抵抗値が 10 Ω 以下である部分を除き，**A 種接地工事**（接触防護措置を施す場合は，D 種接地工事）を施すこと。

(3) 高圧屋上電線路の施設

高圧屋上電線路の施設は，ケーブルを展開した場所において造営材に堅ろうに取り付けた支持注又は支持台により支持し，かつ，造営材との**離隔距離を 1.2〔m〕**以上として施設する場合に認められています。

問題7 【正解】（ニ）

隔壁がない同一のケーブルラック上に高圧CVケーブルと低圧ケーブルとは **15〔cm〕** 以上離して施設しなければなりません。

問題8 【正解】（ニ）

施工できるのはがいし引き工事のみとなります。

問題9 【正解】（ニ）

地中電線路の施設は次のように規定されています。
① 電線には，ケーブルを使用すること。
② 地中電線路は，**電路引入れ式，暗きょ式又は直接埋設式**により施設すること。
③ 高圧又は特別高圧の地中電線路を管路式又は直接埋設式により施設する場合は，需要場所に施設する高圧地中電線路であって，その長さが **15〔m〕** 以下のものを除き，物件の名称，管理者名及び電圧（需要場所に施設する場合にあっては電圧）をおおむね **2〔m〕** の間隔で表示すること。
④ 重量物の圧力を受けるおそれのある場所に直接埋設式で施設する場合は，埋設深さを **1.2〔m〕** 以上とすること。それ以外では **60 cm** 以上とすること。

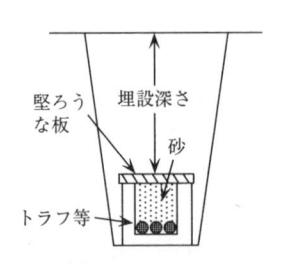

直接埋設式による埋設法

問題10 【正解】（ロ）

地中電線路を**管路式**により施設する場合に，車両，その他の重量物の圧力に耐える管を使用し，**ケーブル**で施設しなければなりません。

高圧ケーブルを地中から需要家に引込むには，管路式及びトラフを使用

した直接埋設式などがありますが，管により地中に埋設する場合の規定が「高圧受電設備規定」に示されています。この規定によれば，JIS 規格に適合する「ポリエチレン被覆鋼管」，「硬質塩化ビニル管」，「波付き硬質合成樹脂管」などの管を使用する場合の埋設深さは，図に示すように地表又は舗装部の下から 30〔cm〕以上となっています。

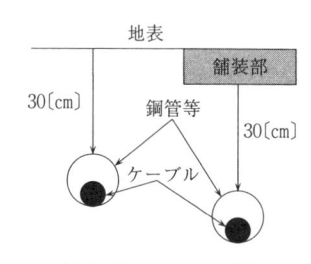

管路式による埋設法

第7章
電気法規関係

1. 電気法規関連 1〜3（第29回テスト〜第31回テスト）
   （正解・解説は各回の終わりにあります。）

※本試験では，各問題の初めに以下のような記述がございますが，本書では，省略しております。

次の各問には4通りの答え（イ，ロ，ハ，ニ）が書いてある。それぞれの問いに対して答えを1つ選びなさい。

第29回テスト　電気法規関連1

	問い	答え
1	電気設備に関する技術基準において，交流電圧の高圧の範囲は。	イ．750〔V〕を超え7000〔V〕以下 ロ．600〔V〕を超え7000〔V〕以下 ハ．750〔V〕を超え10000〔V〕以下 ニ．600〔V〕を超え10000〔V〕以下
2	電気使用場所における使用電圧が200〔V〕の三相3線式電路の，開閉器又は過電流遮断器で区切ることができる電路ごとに，電線相互間及び電路と大地との間の絶縁抵抗の最小限度値〔MΩ〕は。	イ．0.1 ロ．0.2 ハ．0.4 ニ．1.0
3	低圧屋内配線の開閉器又は過電流遮断器で区切ることができる電路ごとの絶縁性能として，「電気設備技術基準（解釈を含む）」に適合するものは。	イ．対地電圧200〔V〕の電動機回路の絶縁抵抗を測定した結果，0.1〔MΩ〕であった。 ロ．対地電圧100〔V〕の電灯回路の絶縁抵抗を測定した結果，0.05〔MΩ〕であった。 ハ．対地電圧100〔V〕のコンセント回路の漏えい電流を測定した結果，2〔mA〕であった。 ニ．対地電圧100〔V〕の電灯回路の漏えい電流を測定した結果，0.5〔mA〕であった。
4	一般用電気工作物の適用を受ける小出力発電設備は。	イ．電圧100〔V〕出力15〔kW〕の太陽電池発電設備 ロ．電圧100〔V〕出力15〔kW〕の内燃力を原動力とする火力発電設備 ハ．電圧100〔V〕出力20〔kW〕の

		水力発電設備
		ニ．電圧100〔V〕出力30〔kW〕の風力発電設備
5	電気事業法に基づく一般用電気工作物に該当するものは。	イ．受電電圧200〔V〕，受電電力の容量35〔kW〕で，発電電圧100〔V〕，出力5〔kW〕の太陽電池発電設備を有する事務所の電気工作物 ロ．受電電圧200〔V〕，受電電力の容量30〔kW〕で，発電電圧200〔V〕，出力10〔kW〕の内燃力による非常用予備発電装置を有する映画館の電気工作物 ハ．受電電圧6.6〔kV〕，受電電力の容量45〔kW〕の遊技場の電気工作物 ニ．受電電圧6.6〔kV〕，受電電力の容量100〔kW〕のポンプ場の電気工作物
6	受電電圧6.6〔kV〕，最大電力450〔kW〕の需要設備（鉱山保安法が適用されるものを除く。）を新設する場合，電気事業法に基づいて，この需要設備を設置する者が，所轄産業保安監督部長に行う必要のある手続きの組合せとして，正しいものは。	イ．電気主任技術者選任に関する手続き 　　保安規定の届出 ロ．電気主任技術者選任に関する手続き 　　工事計画の届出 ハ．保安規定の届出 　　使用開始の届出 ニ．工事計画の届出 　　使用開始の届出

7	「電気関係報告規則」において，6.6〔kV〕で受電する自家用電気工作物の設置者が，自家用電気工作物について事故が発生したときに，所轄の経済産業局長に報告しなくてもよいものは。	イ．感電死傷事故 ロ．電気火災事故 ハ．一般電気事業者に供給支障を発生させた事故 ニ．停電中の作業における墜落死傷事故
8	定格電圧100〔V〕以上300〔V〕以下の機械又は器具であって，電気用品安全法の適用を受ける特定電気用品は。	イ．定格電流60〔A〕の配線用遮断器 ロ．定格静電容量100〔μF〕の進相コンデンサ ハ．定格電流30〔A〕の電力量計 ニ．定格出力0.4〔kW〕の単相電動機
9	電気用品安全法の適用を受ける特定電気用品は。	イ．定格電圧200〔V〕の進相コンデンサ ロ．フロアダクト ハ．定格電圧150〔V〕の携帯発電機 ニ．定格電圧150〔V〕の電力量計
10	次の品物のうち電気用品安全法の適用を受ける特定電気用品は。	イ．がいし引き工事に使用されるがいし。 ロ．地中電線路用ヒューム管（内径150〔mm〕） ハ．22〔mm^2〕用ボルト形コネクタ ニ．600Vビニル絶縁電線（38〔mm^2〕）
11	電気用品安全法に基づく，特定電気用品の表示が付いていなければ使用できないものは。	イ．D種接地工事の接地極に使用される接地棒 ロ．直径1.6〔mm〕の600Vビニル外装ケーブル ハ．アウトレットボックスに使用するゴムブッシング ニ．リングスリーブ（E形）

第29回テスト　解答と解説

問題1　【正解】（ロ）

電圧は表のように区分されています。

電圧の区分	電圧の範囲
低圧	直流にあっては750〔V〕以下，交流にあっては600〔V〕以下のもの。
高圧	直流にあっては750〔V〕を，交流にあっては600〔V〕を超え，7000〔V〕以下のもの。
特別高圧	7000〔V〕を超えるもの。

交流電圧の**高圧の範囲**は，**600〔V〕を超え，7000〔V〕以下**となります。

問題2　【正解】（ロ）

電気使用場所における使用電圧が低圧の電路の電線相互間及び電路と大地との間の絶縁抵抗は次の表のように定められています。

電路の使用電圧の区分	絶縁抵抗値
対地電圧が150 V以下の場合	**0.1MΩ**
150 Vを超えて300 V以下の場合	**0.2MΩ**
300 Vを超えて600 V以下の場合	**0.4MΩ**

使用電圧が200〔V〕の電路の絶縁抵抗値は0.2〔MΩ〕以上となります。絶縁抵抗の測定には絶縁抵抗計を用います。低圧の電路の測定に使用する絶縁抵抗計の定格電圧は500〔V〕は，有効測定範囲100〔MΩ〕程度が適当です。

線路と大地との絶縁抵抗を測定する方法は，図のように，絶縁抵抗計のL端子（ライン端子）を線路に，E端子接地端子（アース端子）を線路の接地側に接続します。機器と大地との絶縁抵抗を測定する方法は，図のよ

うに，絶縁抵抗計のL端子を機器の導線に，E端子を機器の接地側に接続します。

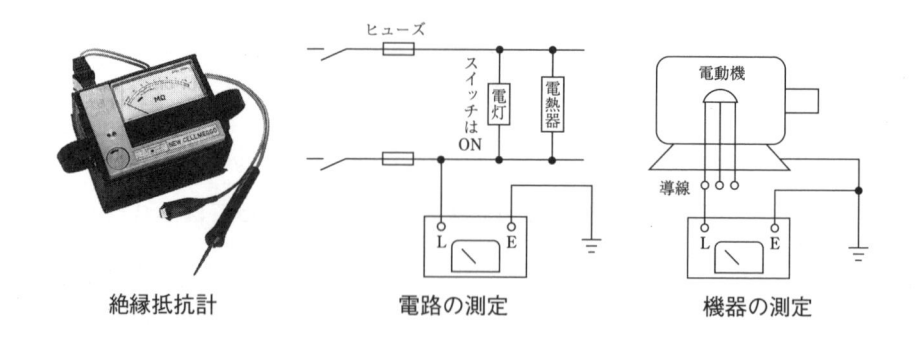

絶縁抵抗計　　　　電路の測定　　　　機器の測定

問題3　【正解】（ニ）

　低圧の電路で，絶縁抵抗を測定することが困難な場合又は，絶縁抵抗測定が困難な場合には，次の表のように定められています。

電路の使用電圧の区分	漏洩電流値
対地電圧が150 V以下の場合	1〔mA〕以下
150 Vを超えて300 V以下の場合	
300 Vを超えて600 V以下の場合	

　正しくは次のようになります。
イ．対地電圧200〔V〕の電動機回路の絶縁抵抗を測定した結果，0.2〔MΩ〕であった。
ロ．対地電圧100〔V〕の電灯回路の絶縁抵抗を測定した結果，0.1〔MΩ〕であった。
ハ．対地電圧100〔V〕のコンセント回路の漏えい電流を測定した結果，1〔mA〕であった。

問題4　【正解】（イ）

　一般用電気工作物（同一構内に設置する小出力発電設備を含む）とは，爆発性又は引火性のものが存在する場所を除いて，他の者から600〔V〕以

下の電圧で受電し，その受電の場所と同一の構内においてその受電に係る電気を使用するための電気工作物であって，その受電のための電線路以外の電線路により，その構内以外の場所にある電気工作物と電気的に接続されていないものをいいます。簡単にいえば，一般用電気工作物は一般の家庭や 600〔V〕以下の小規模のビル及び工場などの需要家が該当します。
小出力発電設備は次のものをいいます。
① 出力 20〔kW〕未満の**太陽電池発電設備**。
② **風力発電設備**であって出力 20〔kW〕未満のもの。
③ **水力発電設備**であって出力 10〔kW〕未満のもの（ダムを伴うものを除く）。
④ 内燃力を原動力とする**火力発電設備**であって出力 10〔kW〕未満のもの。
⑤ **燃料電池設備**であって 10〔kW〕未満のもの。
　（ただし，それらの設備の出力の合計が 20〔kW〕以上となるものを除く。）
電圧 100〔V〕出力 15〔kW〕の太陽電池発電設備は小出力発電設備の適用を受けます。

問題5 【正解】（イ）

　事業用電気工作物とは，一般用電気工作物以外の電気工作物をいいます。また，自家用電気工作物とは，電気事業の用に供する電気工作物及び一般用電気工作物以外の電気工作物をいいます。電気事業の用に供する電気工作物とは，電力会社等の電気をつくる側で，自家用電気工作物とは，高圧で受電する大規模なビル工場等の電気を使用する側を意味します。
　受電電圧 200〔V〕，受電電力の容量 35〔kW〕で，発電電圧 100〔V〕，出力 5〔kW〕の太陽電池発電設備を有する事務所の電気工作物は，一般用電気工作物です。受電電圧 200〔V〕，受電電力の容量 30〔kW〕で，発電電圧 200〔V〕，出力 10〔kW〕の内燃力による非常用予備発電装置を有する映画館の電気工作物は，出力 10〔kW〕の内燃力発電設備は小出力発電設備の限界を超えているので，自家用電気工作物に該当します。以下及び以上はその数値を含み（≧，≦），未満及び超えるはその数値を含まない（＞，＜）ことに注意が必要です。

問題6 【正解】（イ）

　受電重圧 6.6〔kV〕，最大電力 450〔kW〕の需要設備は自家用電気工作物に該当します。**自家用電気工作物の手続きは，電気主任技術者選任**に関する手続きと**保安規定**の届出が必要です。

問題7 【正解】（ニ）

　電気事故が生じた場合には次の表に従います。

事故	報告の方式	報告期限		報告先
		速報	詳報	
感電死傷事故（死亡又は入院の場合）	速報及び詳報	事故の発生を知った時から48時間以内	事故の発生を知った時から30日以内	所轄産業保安監督部長
電気火災事故（半焼以上の場合）				
電圧 3000 V 以上の，自家用電気工作物の故障，損壊等による波及事故				

　停電中の作業における**墜落死傷事故は電気事故ではない**ので，所轄の産業保安監督部長に報告は必要ありません。

問題8 【正解】（イ）

　「特定電気用品」とは，構造又は使用方法その他の使用状況からみて特に危険又は障害の発生するおそれが多い電気用品であって，政令で定めるものをいいます。特定電気用品とは，低圧用のゴム絶縁電線，300 V 以下で定格電流が 200 A 以下のヒューズ及び電気温水など主に電気工事に関係するものをいい，特定電気用品以外の電気用品とは，電気こたつ，電気がま，テレビなどいわゆる家庭電器用品がこれに該当します。

電気法規関連 1

電気用品の例は次のようになります。
① 導体の公称断面積が 100 mm² 以下の絶縁電線
② 定格電圧が 100 V 以上 300 V 以下のライティングダクト及びその附属品
③ 定格電圧が 100 V 以上 300 V 以下の電磁開閉器
④ 定格電圧が 100 V 以上 300 V 以下の単相電動機
⑤ フロアダクト（幅が 100 mm 以下のものに限る。）

特定電気用品の例は次のようになります。
① 定格電圧が 100 V 以上 600 V 以下の導体の公称断面積が 100 mm² 以下の絶縁電線
② 定格電流が 100 A 以下の配線用遮断器，漏電遮断器
③ 定格電圧が 30 V 以上 300 V 以下の携帯発電機
④ 定格電圧が 30 V 以上 300 V 以下の温度ヒューズ

定格電流 60〔A〕の配線用遮断器は特定電気用品となります。定格出力 0.4〔kW〕の単相電動機は電気用品で，定格静電容量 100〔μF〕の進相コンデンサと定格電流 30〔A〕の電力量計は電気用品に該当しません。

問題 9　【正解】（ハ）

定格電圧 150〔V〕の携帯発電機は特定電気用品に該当します。フロアダクトは電気用品です。

問題 10　【正解】（ニ）

600 V ビニル絶縁電線（38〔mm²〕）が特定電気用品に該当します。

問題 11　【正解】（ロ）

直径 1.6〔mm〕の 600 V ビニル外装ケーブルが特定電気用品に該当します。

第30回テスト　電気法規関連2

	問い	答え
1	電気工事士法において，第一種電気工事士免状の交付を受けている者でなければ電気工事（簡易な電気工事を除く。）の作業（保安上支障がない作業は除く。）に従事してはならない自家用電気工作物は。	イ．送電電圧 22〔kV〕の送電線路 ロ．出力 2,000〔kV・A〕の変電所 ハ．出力 300〔kW〕の水力発電所 ニ．受電電圧 6.6〔kV〕，最大電力 350〔kW〕の需要設備
2	第一種電気工事士の免状の交付を受けている者でなければ従事できない作業は。	イ．最大電力 600〔kW〕の需要設備の 6.6〔kV〕受電用ケーブルを管路に収める作業 ロ．出力 500〔kW〕の発電所の配電盤を造営材に取り付ける作業 ハ．最大電力 400〔kW〕の需要設備の 6.6〔kV〕変圧器に電線を接続する作業 ニ．配電電圧 6.6〔kV〕の配電用変電所内の電線相互を接続する作業
3	電気工事士法における自家用電気工作物（最大電力 500〔kW〕未満の需要設備）であって，電圧 600〔V〕以下で使用するものの工事又は作業のうち，第一種電気工事士又は認定電気工事従事者の資格がなくとも従事できるものは。	イ．配線器具を造営材に固定する。（露出型点滅器または露出型コンセントを取り替える作業を除く） ロ．接地極を地面に埋設する。 ハ．電気機器（配線器具を除く）の端子に電線をねじ止め接続する。 ニ．電線管相互を接続する。

電気法規関連2

4	電気工事士法において，第一種電気工事士であっても従事できない電気工事は。	イ．最大電力500〔kW〕以上の需要設備の電気工事 ロ．自家用電気工作物（最大電力500〔kW〕未満の需要設備）のネオン管の電気工事 ハ．電圧600〔V〕以下で使用する電力量計を取り付ける工事 ニ．一般用電気工作物の電気工事
5	電気工事士法において，第一種電気工事士に関する記述として，誤っているものは。	イ．第一種電気工事士試験に合格しても所定の実務経験がないと第一種電気工事士免状は交付されない。 ロ．自家用電気工作物で最大電力500〔kW〕未満の需要設備の非常用予備発電装置に係る電気工事の作業に従事することができる。 ハ．第一種電気工事士免状の交付を受けた日から5年以内ごとに，自家用電気工作物の保安に関する講習を受けなければならない。 ニ．自家用電気工作物で最大電力500〔kW〕未満の需要設備の電気工事の作業に従事するときは，第一種電気工事士免状を携帯しなければならない。

第30回テスト問題

6	電気工事士法において，第一種電気工事士に関する記述として，誤っているものは。ただし，ここで自家用電気工作物とは，最大電力 500〔kW〕未満の需要設備のことである。	イ．第一種電気工事士免状は，都道府県知事が交付する。 ロ．第一種電気工事士の資格のみでは，自家用電気工作物の非常用予備発電装置の作業に従事することができない。 ハ．第一種電気工事士免状の交付を受けた日から7年以内に自家用電気工作物の保安に関する講習を受けなければならない。 ニ．第一種電気工事士は，一般用電気工作物に係る電気工事の作業に従事することができる。
7	第一種電気工事士は，自家用電気工作物の保安に関する定期講習を，免状の交付を受けた日から何年以内ごとに受けなければならないか。	イ．1年 ロ．3年 ハ．5年 ニ．7年
8	第一種電気工事士は，自家用電気工作物の保安に関する講習を受けなければならないがその期限として，正しいものは。	イ．第一種電気工事士免状の交付を受けた日から7年以内 ロ．第一種電気工事士試験に合格した日から7年以内 ハ．第一種電気工事士免状の交付を受けた日から5年以内 ニ．第一種電気工事士試験に合格した日から5年以内

第30回テスト 解答と解説

問題1 【正解】（ニ）

電気工事士の免状には**第一種**，**第二種**，**認定**及び**特殊**（ネオン又は非常用予備発電装置）電気工事士に分類することができます。各工事士の工事のできる範囲は表のようになります。

	最大電力 500 kW 未満の自家用電気工作物			一般用電気工作物
資格	第一種電気工事士	認定電気工事士	特種電気工事資格者	第一種電気工事士 第二種電気工事士
作業範囲	自家用電気工作物。工作物の電気工事。ただし特殊電気工事を除く。	電圧 600 V 以下の自家用電気工作物に係わる電線路以外の電気工事。	自家用電気工作物のネオンまたは非常用予備発電装置に係わる電気工事。	一般用電気工作物の電気工事。

　最大電力 **500 kW 未満**の自家用電気工作物は**第一種電気工事士**の資格が必要です。受電電圧 6.6〔kV〕，最大電力 350〔kW〕の需要設備は，第一種電気工事士の資格が無ければ施工することができません。送電電圧 22〔kV〕の送電線路，出力 2,000〔kV・A〕の変電所，出力 300〔kW〕の水力発電所は電気工事士法の適用を受けません。主任技術者の指導の下で工事を行います。

問題2 【正解】（ハ）

　最大電力 400〔kW〕の需要設備の 6.6〔kV〕変圧器に電線を接続する作業も同じように，第一種電気工事士の資格が必要です。最大電力 600〔kW〕の需要設備の 6.6〔kV〕受電用ケーブルを管路に収める作業，出力 500〔kW〕の発電所の配電盤を造営材に取り付ける作業，配電電圧 6.6〔kV〕の配電用変電所内の電線相互を接続する作業も電気工事士法の適用を受けません。

問題3 【正解】（ハ）

電気工事士法では軽微な電気工事は資格のない者がしてよいとされていますが，次に掲げる工事は電気工事士の資格が必要となります。

自家用電気工作物にかかる次に掲げる作業
① 電線相互を接続する作業（電気さくの電線を接続するものを除く。）
② がいしに電線（電気さくの電線及びそれに接続する電線を除く。③，④及び⑧において同じ。）を取り付け，又はこれを取り外す作業
③ 電線を直接造営材その他の物件（がいしを除く。）に取り付け，又はこれを取り外す作業
④ 電線管，線樋，ダクトその他これらに類する物に電線を収める作業
⑤ 配線器具を造営材その他の物件に取り付け，若しくはこれを取り外し，又はこれに電線を接続する作業（露出型点滅器又は露出型コンセントを取り換える作業を除く。）
⑥ 電線管を曲げ，若しくはねじ切りし，又は電線管相互若しくは電線管とボックスその他の附属品とを接続する作業
⑦ 金属製のボックスを造営材その他の物件に取り付け，又はこれを取り外す作業
⑧ 電線，電線管，線樋，ダクトその他これらに類する物が造営材を貫通する部分に金属製の防護装置を取り付け，又はこれを取り外す作業
⑨ 金属製の電線管，線樋，ダクトその他これらに類する物又はこれらの附属品を，建造物のメタルラス張り，ワイヤラス張り又は金属板張りの部分に取り付け，又はこれらを取り外す作業
⑩ 配電盤を造営材に取り付け，又はこれを取り外す作業
⑪ 接地線（電気さくを使用するためのものを除く。以下この条において同じ。）を自家用電気工作物（自家用電気工作物のうち最大電力500 kW未満の需要設備において設置される電気機器であって電圧600 V以下で使用するものを除く。）に取り付け，若しくはこれを取り外し，接地線相互若しくは接地線と接地極（電気さくを使用するためのものを除く。以下この条において同じ。）とを接続し，又は接地極

を地面に埋設する作業
⑫　電圧600Vを超えて使用する電気機器（電気さく用電源装置を除く。）に電線を接続する作業

ただし，第一種電気工事士が従事する①から⑫までに掲げる作業を補助する作業は除かれます。

工事士免許を必要としない工事は次のようになります。

① 電圧600V以下で使用する差込み接続器，ねじ込み接続器，ソケット，ローゼットその他の接続器又は電圧600V以下で使用するナイフスイッチ，カットアウトスイッチ，スナップスイッチその他の開閉器にコード又はキャブタイヤケーブルを接続する工事。

② 電圧600V以下で使用する電気機器（配線器具を除く）又は電圧600V以下で使用する蓄電池の端子に電線（コード，キャブタイヤケーブル及びケーブルを含む。）をねじ止めする工事。

③ 電圧600V以下で使用する電力量計若しくは電流制限器又はヒューズを取り付け，又は取り外す工事。

④ 電鈴，インターホーン，火災感知器，豆電球その他これらに類する施設に使用する小型変圧器（二次電圧が36V以下のものに限る。）の二次側の配線工事。

⑤ 電線を支持する柱，腕木その他これらに類する工作物を設置し，又は変更する工事。

⑥ 地中電線用の暗渠又は管を設置し，又は変更する工事。

以上により，電気機器（配線器具を除く）の端子に電線をねじ止め接続する作業は，工事士の資格が必要ありません。

（イ）の配線器具を造営材に固定する作業（露出型点滅器または露出型コンセントを取り替える作業を除く），（ロ）の接地極を地面に埋設する作業，（ニ）の電線管相互を接続する作業は工事士の資格が必要となります。

問題4　【正解】（ロ）

電気工事法に次のように規定されています。
自家用電気工作物に係る電気工事のうち経済産業省令で定める特殊なも

の（以下「特殊電気工事」という。）については，当該特殊電気工事に係る特種電気工事資格者認定証の交付を受けている者（以下「特種電気工事資格者」という。）でなければ，その作業（自家用電気工作物の保安上支障がないと認められる作業であって，経済産業省令で定めるものを除く。）に従事してはならない。

したがって，次のようになります。
- イ．最大電力 500〔kW〕以上の需要設備の電気工事は，電気工事士の資格が必要ありません。電気主任技術者の指導の元に工事を行えば法律上は良いことになりますが，有資格者が工事を行うことが望まれます。
- ロ．自家用電気工作物（最大電力 500〔kW〕未満の需要設備）のネオン管の電気工事は，特種電気工事資格者が行わなければなりません。
- ハ．電圧 600〔V〕以下で使用する電力量計を取り付ける工事は，電気工事士の資格が必要ありません。
- ニ．一般用電気工作物の電気工事は，第一種電気工事士又は第二種電気工事士が行うことができます。

問題5 【正解】（ロ）

電気工事士には次の義務があります。
① 電気工事士は，**「電気設備技術基準」**に適合するように電気工事をしなければならない。
② 電気工事士は，電気工事の作業に従事しているときは，必ず**電気工事士免状を携帯**していなければならない。
③ 第一種電気工事士は，第一種電気工事士免状の交付を受けた日から**5年以内**に自家用電気工作物の保安に関する**講習**を受けなければならない。

自家用電気工作物で最大電力 500〔kW〕未満の需要設備の非常用予備発電装置に係る電気工事の作業に従事することができません。**非常用予備発電装置に係る電気工事は，特種電気工事資格者**が行わなければなりません。

第一種電気工事士試験に合格しても，所定の実務経験がないと第一種電気工事士免状は交付されません。

問題6 【正解】(ハ)

電気工事士免状は，**都道府県知事**が交付することになっています。第一種電気工事士免状の交付を受けた日から **5年以内**に自家用電気工作物の保安に関する講習を受けなければなりません。

問題7 【正解】(ハ)

免状の交付を受けた日から5年以内ごとに受けなければなりません。

問題8 【正解】(ハ)

免状の交付を受けた日から5年以内ごとに受けなければなりません。

第31回テスト 電気法規関連3

	問い	答え
1	電気工事業の業務の適正化に関する法律において，電気工事業者の業務に関する記述として，誤っているものは。	イ．営業者ごとに，法令に定められた電気主任技術者を選任しなければならない。 ロ．営業所ごとに，電気工事に関し，法令で定められた事項を記載した帳簿を備えなければならない。 ハ．営業所ごとに，絶縁抵抗計の他，法令に定められた器具を備えなければならない。 ニ．営業所及び電気工事の施設場所ごとに，法令に定められた事項を記載した標識を掲示しなければならない。
2	電気工事業の業務の適正化に関する法律において，登録電気工事業者が5年間保存しなければならない帳簿に，記載することが義務付けられていない事項は。	イ．施工年月日 ロ．主任電気工事士等及び作業者の氏名 ハ．施工金額 ニ．配線図及び検査結果
3	電気工事業の業務の適正化に関する法律において，登録電気工事業者は一般用電気工作物に係る電気工事の業務を行う営業所ごとに，主任電気工事士を置かなければならないが，主任電気工事士になれる者は。	イ．電気工事に関する実務経験が1年で，認定電気工事従事者認定証の交付を受けている者 ロ．第二種電気工事士免状の交付を受け，かつ，電気工事に関し1年の実務経験を有する者 ハ．第一種電気工事士免状の交付を受けている者 ニ．第三種電気主任技術者免状の

		交付を受けている者
4	電気工事業の業務の適正化に関する法律において，主任電気工事士になれる者は。	イ．認定電気工事従事者認定証の交付を受け，かつ，電気工事に関し2年の実務経験を有する者 ロ．第二種電気工事士免状の交付を受け，かつ，電気工事に関し2年の実務経験を有する者 ハ．第三種電気主任技術者免状の交付を受けた者 ニ．第一種電気工事士免状の交付を受けた者
5	電気工事業の業務の適正化に関する法律による登録電気工事業者の登録の有効期間は。	イ．2年 ロ．3年 ハ．5年 ニ．7年
6	電気工事業の業務の適正化に関する法律で行う営業所に備えることを義務づけられている器具の組合せは。	イ．絶縁抵抗計 　　接地抵抗計 　　回路計（交流電圧と抵抗が測定できるもの） ロ．絶縁抵抗計 　　接地抵抗計 　　低圧検電器 ハ．接地抵抗計 　　低圧検電器 　　回路計（交流電圧と抵抗が測定できるもの） ニ．絶縁抵抗計 　　クランプ形電流計 　　回路計（交流電圧と抵抗が測定できるもの）

7	電気工事業の業務の適正化に関する法律において，自家用電気工作物の電気工事を行う電気工事業の営業所に備えることを義務づけられていない器具は。	イ．絶縁抵抗計 ロ．照度計 ハ．接地抵抗計 ニ．抵抗及び交流電圧を測定することができる回路計
8	電気工事業の業務の適正化に関する法律において，自家用電気工作物の電気工事を行う電気工事業者の営業所ごとに備えることを義務付けられている器具であって，必要なときに使用し得る措置が講じられていれば備えられているとみなされる器具はどれか。	イ．高圧機器の接地抵抗測定 ロ．地絡継電器の動作試験 ハ．変圧器の温度上昇試験 ニ．高圧電路の絶縁耐力試験

第31回テスト 解答と解説

問題1 【正解】（イ）

電気工事業の業務の適正化に関する法律において，電気工事業を営もうとする者には次のような規定が定められています。

① 電気工事業を営もうとする者は，**二以上の都道府県の区域内に営業所を設置してその事業を営もうとするときは経済産業大臣**の，**一の都道府県の区域内にのみ営業所を設置してその事業を営もうとするときは当該営業所の所在地を管轄する都道府県知事の登録**を受けなければならない。

② 一般用電気工作物に係る電気工事の業務を行う営業所ごとに，当該業務に係る一般用電気工事の作業を管理させるため，**主任電気工事士**を置かなければならない。

③ 電気工事業者は，その**営業所**ごとに，**絶縁抵抗計**その他の経済産業省令で定める器具を備えなければならない。

④ 電気工事業者は，**電気用品安全法**の表示が付されている電気用品でなければ，これを電気工事に使用してはならない。

⑤ 電気工事業者は，経済産業省令で定めるところにより，その営業所ごとに帳簿を備え，その業務に関し経済産業省令で定める事項を記載し，これを保存しなければならない。**帳簿**は，記載の日から**5年間保存**しなければならない。

⑥ 電気工事業者は，経済産業省令で定めるところにより，その営業所及び電気工事の**施工場所**ごとに，その見やすい場所に，氏名又は名称，登録番号その他の経済産業省令で定める事項を記載した**標識**を掲げなければならない。

以上により，**営業者**ごとに，法令に定められた**主任電気工事士**を選任しなければなりません。

問題2 【正解】（ハ）

電気工事業の業務の適正化に関する法律において，帳簿に，記載することが義務付けられている事項は，

① 注文者の氏名または名称および住所

② 電気工事の種類および施工場所
③ 施工年月日
④ 主任電気工事士等および作業者の氏名
⑤ 配線図
⑥ 検査結果

となります。施工金額は含まれていません。

問題3 【正解】（ハ）

電気工事業の業務の適正化に関する法律において，**主任電気工事士**は，**第一種電気工事士免状の交付を受けた者**又は**第二種電気工事士免状の交付を受けた後電気工事に関し三年以上の実務の経験**を有する者であることが条件となります。

問題4 【正解】（ニ）

電気工事業の業務の適正化に関する法律において，**第二種電気工事士免状の交付を受けた者は，電気工事に関し3年の実務経験**を有する者は主任電気工事士になれます。

問題5 【正解】（ハ）

電気工事業者の**登録**の有効期間は，**5年**です。

問題6 【正解】（イ）

電気工事業の業務の適正化に関する法律において，一般用電気工事のみの業務を行う営業所では，**絶縁抵抗計**，**接地抵抗計**並びに**抵抗及び交流電圧**を測定することができる**回路計**が必要になります。

問題7 【正解】（ロ）

電気工事業の業務の適正化に関する法律において，自家用電気工作物の電気工事を行う電気工事業の営業所に備えることを義務づけられている器具は，**絶縁抵抗計，接地抵抗計，抵抗及び交流電圧を測定することができる回路計，低圧検電器，高圧検電器，継電器試験装置並びに絶縁耐力試験装置**（継電器試験装置及び絶縁耐力試験装置にあっては，必要なときに使用し得る措置が講じられているものを含む。）となります。

照度計は含まれていません。

問題8　【正解】（ニ）
　電気工事業の業務の適正化に関する法律において，自家用電気工作物の電気工事を行う電気工事業者の営業所ごとに備えることを義務付けられている器具であって，必要なときに使用し得る措置が講じられていれば備えられているとみなされる器具は，高圧電路の絶縁耐力試験となります。

第8章
自家用電気工作物の工事

1. 自家用電気工作物の工事1～3（第32回テスト～第34回テスト）
   （正解・解説は各回の終わりにあります。）

※本試験では，各問題の初めに以下のような記述がございますが，本書では，省略しております。

次の各問には4通りの答え（イ，ロ，ハ，ニ）が書いてある。それぞれの問いに対して答えを1つ選びなさい。

第32回テスト　自家用電気工作物の工事1

(1)　図は，高圧配電線路から自家用需要家構内柱を経由して屋外キュービクル式高圧受電設備（JIS C 4620適合品）に至る電線路及び見取図である。「(注) 図において，問いに直接関係のない部分等は，省略又は簡略化してある（この部分に関しては第32回～第37回で共通である）。」

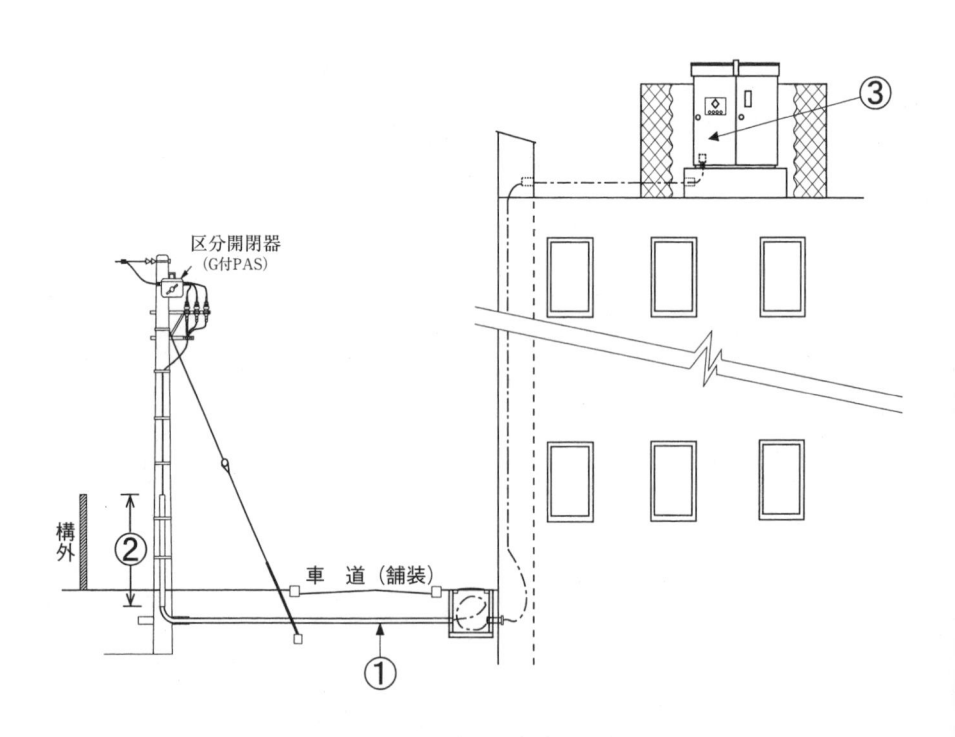

区分開閉器
(G付PAS)

車　道（舗装）

構外

①
②
③

- 238 -

自家用電気工作物の工事 1

第32回テスト問題

	問い	答え
1	①に示す地中電線路を施設する場合，使用する材料と埋設深さとして，不適切なものは。（材料はJIS規格に適合するものとする。）	イ．ポリエチレン被覆鋼管 　舗装下面から 0.2〔m〕 ロ．硬質塩化ビニル管 　舗装下面から 0.3〔m〕 ハ．波付き硬質合成樹脂管 　舗装下面から 0.5〔m〕 ニ．コンクリートトラフ 　地表面から 1.2〔m〕
2	②に示す引込ケーブルの保護管の最小の防護範囲の組合せとして，正しいものは。	イ．地表上 2.5〔m〕 　地表下 0.3〔m〕 ロ．地表上 2.5〔m〕 　地表下 0.2〔m〕 ハ．地表上 2〔m〕 　地表下 0.3〔m〕 ニ．地表上 2〔m〕 　地表下 0.2〔m〕
3	③に示す高圧受電設備の絶縁耐力試験に関する記述として，不適切なものは。	イ．交流絶縁耐力試験は，最大使用電圧の1.5倍の電圧を連続して10分間加え，これに耐える必要がある。 ロ．ケーブルの絶縁耐力試験を直流で行う場合の試験電圧は，交流の1.5倍である。 ハ．ケーブルが長く静電容量が大きいため，リアクトルを使用して試験電源の容量を軽減した。 ニ．絶縁耐力試験の前後には，1000〔V〕以上の絶縁抵抗計による絶縁抵抗測定と安全確認が必要である。

(2) 図は，高圧配電線路から，自家用需要家構内柱を経由して屋外キュービクル式高圧受電設備（JIS C 4620 適合品）に至る電線路及び受電設備の見取図である。

〔注〕構内柱は全長 15〔m〕で，設計荷重 6.87〔kN〕以下の A 種鉄筋コンクリート柱である。

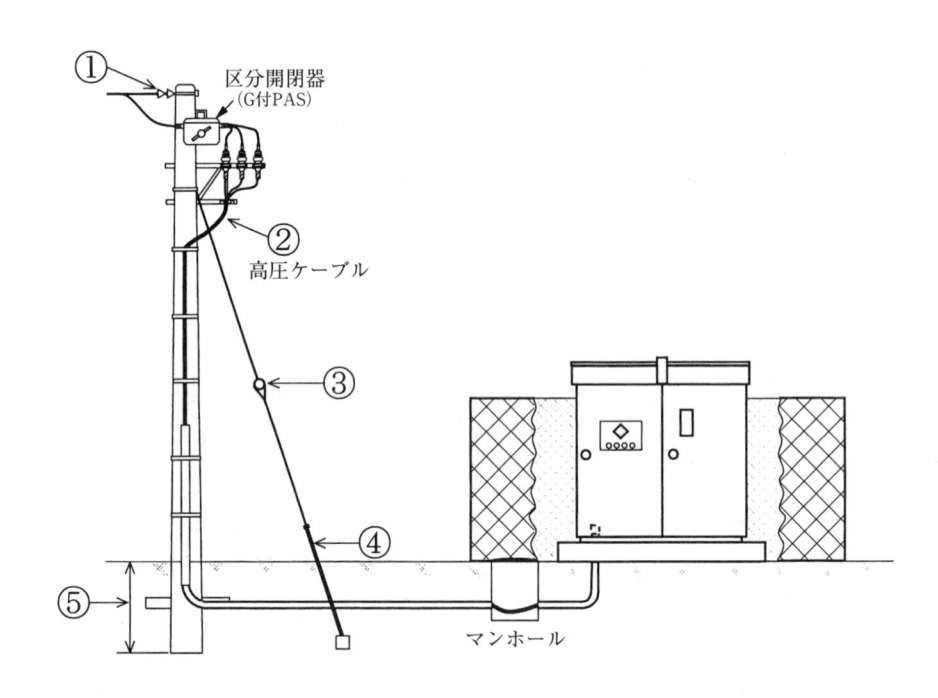

	問い	答え
1	①で示す高圧架空引込線を腕金に引き留める際に使用するがいしは。	イ．高圧ピンがいし ロ．高圧中実クランプがいし ハ．高圧耐張がいし ニ．高圧ポストがいし
2	②で示す高圧ケーブルとして，使用されるものは。	イ．ビニル絶縁ビニルシースケーブル ロ．架橋ポリエチレン絶縁ビニルシースケーブル ハ．ポリエチレン絶縁ビニルシースケーブル ニ．ポリエチレン絶縁ポリエチレンシースケーブル
3	③で示す玉がいしの使用目的は。	イ．支線の目印に使用する。 ロ．支線の振動を防止する。 ハ．支線の長さを調整する。 ニ．支線からの感電事故を防止する。
4	④で示す亜鉛めっきを施した鉄棒の地表上部分の最小値〔m〕は。	イ．0.3 ロ．0.5 ハ．1.0 ニ．1.5
5	⑤で示す根入れの最小値は，コンクリート柱（長さ15〔m〕）の全長の何分の一か。	イ．5分の1 ロ．6分の1 ハ．7分の1 ニ．8分の1

第32回テスト　解答と解説 (1)

問題1　【正解】(イ)

　高圧ケーブルを地中から需要家に引込むには，管路式及びトラフを使用した直接埋設式などがありますが，管により地中に埋設する場合の規定が「高圧受電設備規定」に示されています。この規定によれば，JIS規格に適合する「**ポリエチレン被覆鋼管**」，「**硬質塩化ビニル管**」，「**波付き硬質合成樹脂管**」などの管を使用する場合の埋設深さは，図1に示すように地表又は舗装部の下から **30〔cm〕** 以上となっています。

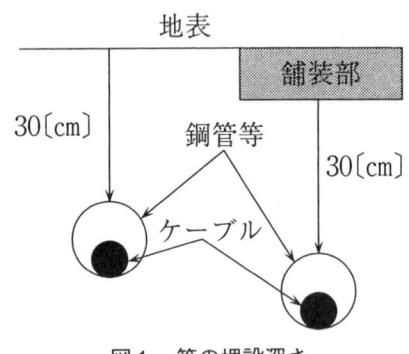

図1　管の埋設深さ

　地中ケーブルの長さが **15〔m〕** を超える場合には，おおむね **2〔m〕** の間隔で，「**物件の名称**」，「**管理者名及び電圧**」を示したシートをケーブルの上方に施設することが，「電気設備技術基準とその解釈（以後解釈）」第120条に示されています。

問題2　【正解】(ニ)

　高圧ケーブルを引き込み柱に沿って地中に埋設する場合，地表部に露出するケーブルを保護するための規定が，「高圧受電設備規定」に示されています。この規定によれば**保護管は地表上2〔m〕，地表下0.2〔m〕**以上の長さが必要になります。

問題3 【正解】（ロ）

　交流絶縁耐力試験は，最大使用電圧の **1.5倍**の電圧を連続して **10分間**加え，これに耐える必要があります。ケーブルの絶縁耐力試験を直流で行う場合の試験電圧は，**交流の2.0倍**です。

　図2の高圧屋上電線路の施設は，「解釈」第114条に定められており，ケーブルを展開した場所において造営材に堅ろうに取り付けた支持注又は支持台により支持し，かつ，造営材との離隔距離を **1.2〔m〕**以上として施設する場合または，ケーブルを造営材に堅ろうに取り付けた堅ろうな管，またはトラフに納め，かつ，トラフには取扱者以外の者が容易に開けることができないような構造を有する鉄製，または鉄筋コンクリート製，その他の堅ろうなふたを設ける場合に認められます。

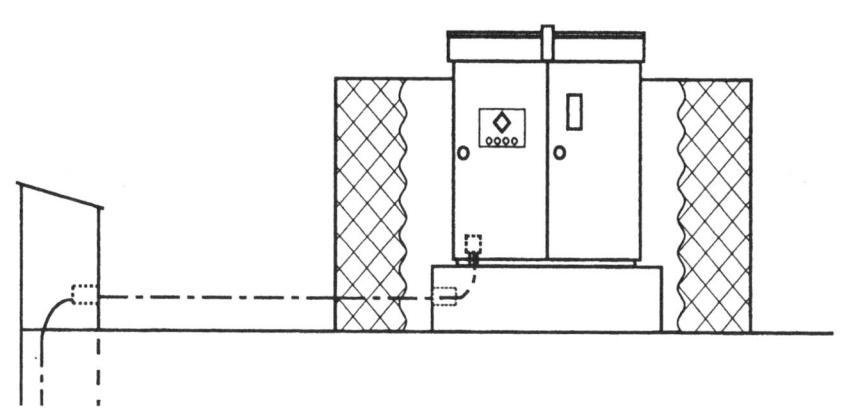

図2　高圧屋上電線路の施設

第32回テスト 解答と解説 (2)

問題1 【正解】(ハ)

高圧架空引込線を腕金に引き留める際に使用するがいしは、**高圧耐張がいし**です。

高圧耐張がいし

問題2 【正解】(ロ)

高圧ケーブルとして，使用されるのは，**架橋ポリエチレン絶縁ビニルシースケーブル**（CVケーブル）です。

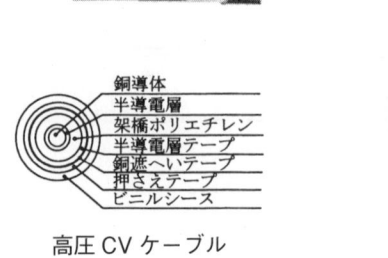

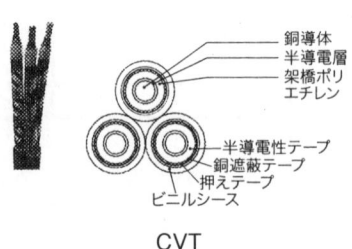

高圧CVケーブル　　　　　　　CVT

問題3 【正解】(ニ)

玉がいしの使用目的は，支線からの**感電事故**を防止するために施設されます。

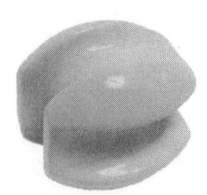

玉がいし

問題4 【正解】（イ）

支線の施設に関して解釈第63条に次のように規定されています。
一　支線の引張強さは 10.7 kN（第71条の規定により施設する支線にあっては，6.46 kN）以上であること。
二　支線の安全率は，**2.5**（第71条の規定により施設する支線にあっては，1.5）以上であること。
三　支線をより線とした場合は次によること。
　イ　**素線3条**以上をより合わせたものであること。
　ロ　素線に直径が 2 mm 以上及び引張強さ 0.69 kN/mm^2 以上の金属線を用いること。
四　地中の部分及び地表上 **30 cm** までの地際部分に，耐蝕性のあるもの又は亜鉛めっきを施した鉄棒を使用し，これを容易に腐食し難い根がせに堅ろうに取り付けること。（木柱に施設する支線を除く）
五　支線の根がせは，支線の引張荷重に十分耐えるように施設すること。

問題5 【正解】（ロ）

架空電線路の支持物の根入れに関して，解釈第58条に次のように規定されています。
　架空電線路の支持物として使用するA種鉄筋コンクリート柱の根入れ深さは，設計荷重及び柱の全長に応じて規定する値以上として施設すること。設計荷重 6.87 [KN] 以下の場合は次のようになります。
　イ　全長が **15 m 以下**の場合は，**根入れを全長の1／6 以上**とすること。
　ロ　全長が **15 m を超え 16 m 以下**の場合は，**根入れを 2.5 m 以上**とすること。
　ハ　全長が **16 m を超え 20 m 以下**の場合は，**根入れを 2.8 m 以上**とすること。

第33回テスト 自家用電気工作物の工事2

(1) 図は，自家用電気工作物（500〔kW〕未満）の引込柱から高圧屋内受電設備に至る施設の見取図である。

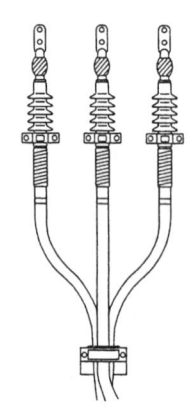

①の終端接続部の拡大図
（注）端子カバーは省略してある。

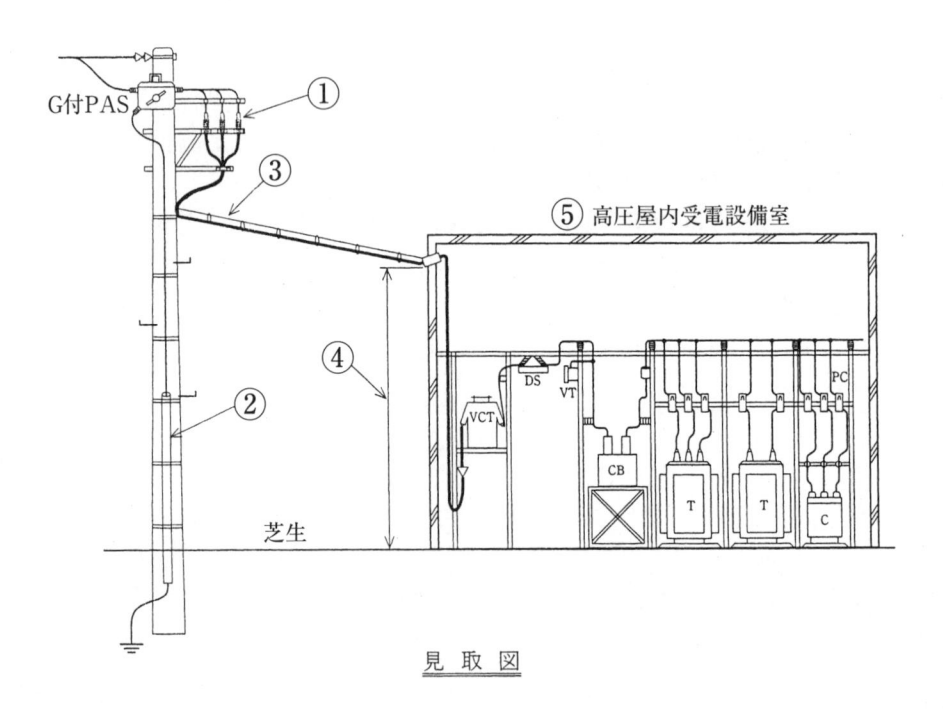

G付PAS

⑤ 高圧屋内受電設備室

VCT
DS
VT
CB
T
T
PC
C

芝生

見取図

-246-

問い	答え
1. ①で示すCVTケーブルの終端接続部の名称は。	イ. 耐塩害屋外終端接続部 ロ. ゴムとう管形屋外終端接続部 ハ. ゴムストレスコーン形屋外終端接続部 ニ. テープ巻形屋外終端接続部
2. ②で示すG付PASに内蔵されている避雷器用の接地線を覆っている保護管の長さ〔m〕として、適切なものは。	イ. 地表上 1.8　地下 1.0 ロ. 地表上 1.8　地下 0.75 ハ. 地表上 2.0　地下 0.75 ニ. 地表上 2.5　地下 0.6
3. ③で示すちょう架用線（メッセンジャワイヤ）に用いる亜鉛めっき鉄より線の最小断面積〔mm^2〕は。	イ. 14 ロ. 22 ハ. 38 ニ. 60
4. ④で示す部分の地表上の高さの最小値〔m〕は。	イ. 2.5 ロ. 3.5 ハ. 4.5 ニ. 5.0
5. ⑤の高圧屋内受電設備の施設又は表示について電気設備の技術基準の解釈で示されていないものは。	イ. 堅ろうな壁を施設する。 ロ. 出入口に施錠装置等を施設する。 ハ. 出入口に立ち入りを禁止する旨を表示する。 ニ. 出入口に火気厳禁の表示をする。

(2) 図は，地下1階にある自家用電気工作物（500〔kW〕未満）の高圧受電設備及び低圧屋内幹線設備の一部を表した図である。

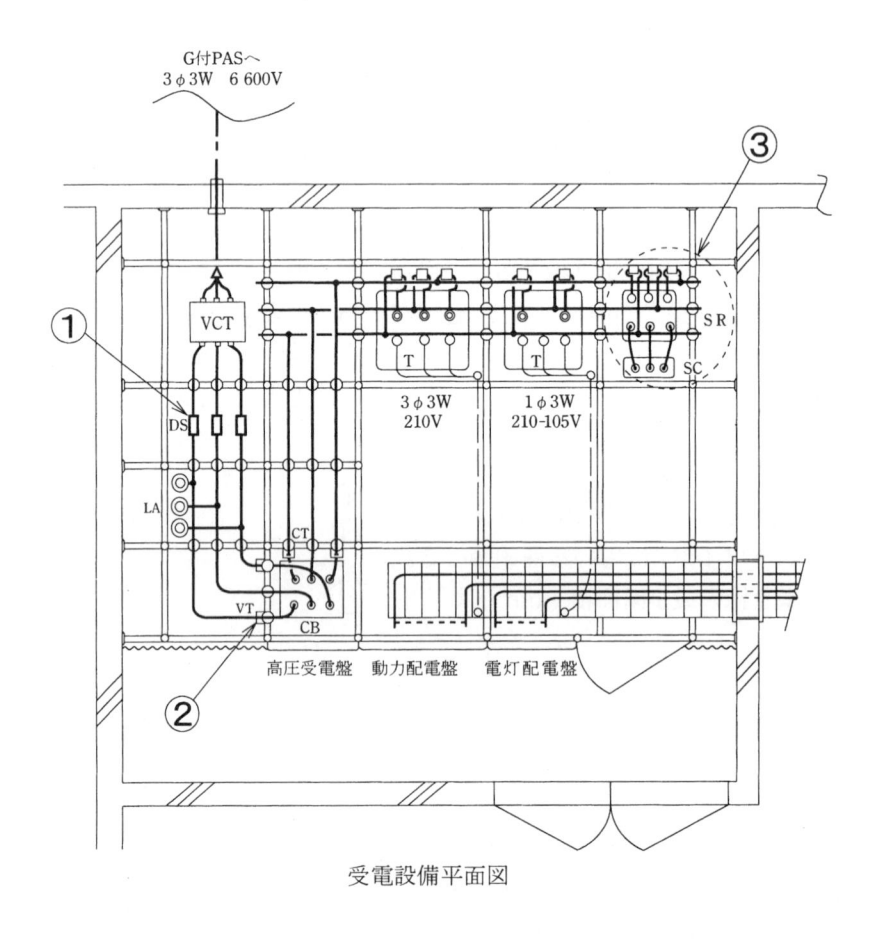

受電設備平面図

自家用電気工作物の工事 2

第33回テスト問題

問い	答え
1　①に示す DS に関する記述として、誤っているものは。	イ．DS は断路器である。 ロ．DS は区分開閉器として施設される。 ハ．DS は負荷電流が流れている時、誤って開路しないようにする。 ニ．接触子（刃受）は電源側、ブレード（断路刃）は負荷側にして施設する。
2　②に示す VT に関する記述として、誤っているものは。	イ．高圧電路に使用される VT の定格二次電圧は 110〔V〕である。 ロ．VT の電源側には十分な定格遮断電流をもつ限流ヒューズを取り付ける。 ハ．遮断器の操作電源の他、所内の照明電源として使用することができる。 ニ．VT には定格負担（単位〔V・A〕）があり定格負担以下で使用する必要がある。
3　③に示す進相コンデンサと直列リアクトルに関する記述として、誤っているものは。	イ．直列リアクトル容量は、一般に、進相コンデンサ容量の 5〔％〕のものが使用される。 ロ．直列リアクトルは、高調波電流による障害防止及び進相コンデンサ回路の開閉による突入電流抑制のために施設する。 ハ．進相コンデンサに、開路後の残留電荷を放電させるため放電装置を内蔵したものを施設した。 ニ．進相コンデンサの一次側に、保護装置として限流ヒューズを施設した。

第33回テスト 解答と解説 (1)

問題1 【正解】（ロ）

①で示す高圧ケーブルの終端接続部の施工方法は，屋外において，
- （a） 耐塩害屋外終端接続部
- （b） ゴムとう管形屋外終端接続部
- （c） ゴムストレスコーン形終端接続部

などが有ります。

問題2 【正解】（ハ）

この接地工事は G 付 PAS が高圧機器なので解釈第 29 条により A 種接地工事を行わなければなりません。A 種接地工事の接地線を引込柱に行う場合の規定は，接地線の**地下 0.75〔m〕**から**地表上 2〔m〕**までの部分は，**電気用品安全法**の適用を受ける**合成樹脂管**又これと同等以上の絶縁効力及び強さのあるもので覆うことになっています。

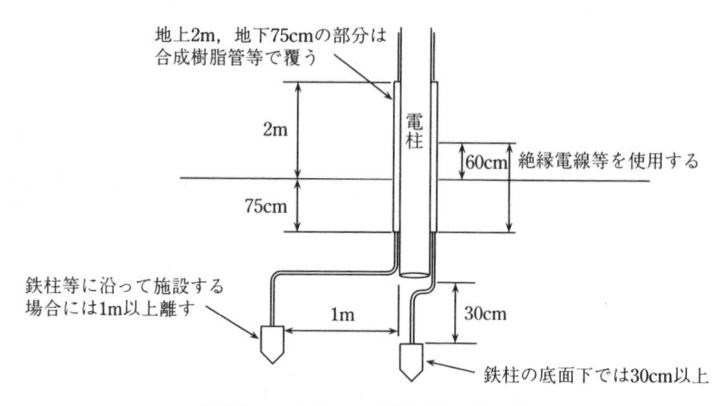

図中の注記:
- 地上2m，地下75cmの部分は合成樹脂管等で覆う
- 電柱
- 2m
- 75cm
- 60cm 絶縁電線等を使用する
- 鉄柱等に沿って施設する場合には1m以上離す
- 1m
- 30cm
- 鉄柱の底面下では30cm以上

A 種接地工事又は B 種接地工事の施工

問題3 【正解】（ロ）

③で示すちょう架用線（メッセンジャーワイヤ）でケーブルを指示する場合の規定が解釈第 67 条に示されており，引張強さが 5.93〔kN〕以上のもの又は断面積が 22〔mm^2〕以上の亜鉛めっき鉄より線を使用することになっています。ちょう架用線には基本的に **D 種接地工事**を行うことにな

っています。

問題4 【正解】（ロ）

高圧ケーブルの引込高さの最小値に関する規定が解釈第117条に示されていて，**3.5〔m〕**以上としなければなりません。

問題5 【正解】（ニ）

高圧の機械器具等を施設する場所には，構内に取扱者以外の者が立ち入らないように施設しなければならないことが解釈第38条に次のように規定されています。
　(a)　さく，へい等を設けること。
　(b)　出入口に立ち入りを禁止する旨を表示すること。
　(c)　出入口に施錠装置その他適当な装置を施設すること。

第33回テスト 解答と解説 (2)

問題1 【正解】(ロ)

　DS は断路器の記号で，負荷電流が流れている時，誤って開路しないようにします。一般には遮断器が投入されているときは操作できないようにインターロックがかかっています。DS は回路を区分しますが，開閉器としての機能はありません。DS 接触子 (**刃受**) は**電源側**，ブレード (**断路刃**) は**負荷側**にして施設します。図の上側が DS 接触子 (刃受) で下側がブレード (断路刃) となります。断路器を垂直に設置した場合，ブレード (断路刃) が電源側にあるとブレードが落下した場合，電路が充電状態になり作業者が感電する危険が生じるので，このようになっています。

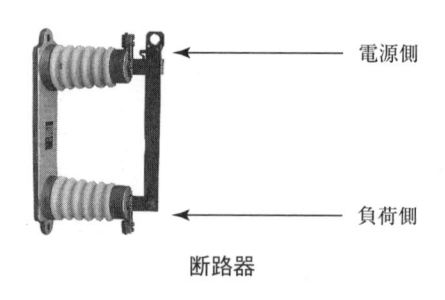

断路器

問題2 【正解】(ハ)

(a) 　高圧電路に使用される VT の定格二次電圧は **110 [V]** です。
(b) 　VT の電源側には図に示すように十分な定格遮断電流をもつ**限流ヒューズ**を取り付けます。

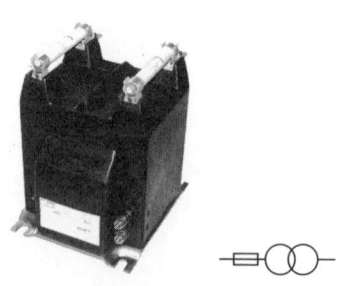

VT とヒューズと図記号

(c) 遮断器の操作電源の他には負荷は接続しません。
(d) VT や CT の二次側の負荷は変圧器の負荷と区別するために負荷ではなく**負担**という用語を用います。定格負担（単位〔V・A〕）があり定格負担以下で使用する必要があります。

問題3 【正解】（イ）

直列リアクトル容量は，一般に，進相コンデンサ容量の **6**〔%〕のものが使用されます。理論上は 5〔%〕でよいのですが通常余裕を持たせて 6〔%〕としています。

進相コンデンサ　　　　直列リアクトル

第34回テスト　自家用電気工作物の工事3

(1) 図は，供給用配電箱から自家用構内を経由して屋内キュービクル式高圧受電設備（JIS C 4620 適合品）に至る電線路および見取り図である。

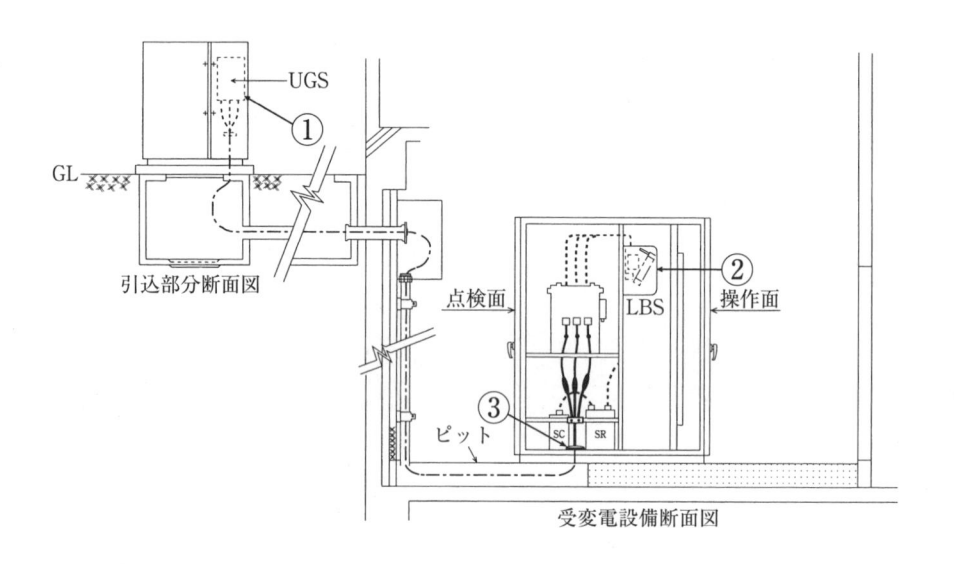

	問い	答え
1	①に示す地絡継電装置付高圧交流負荷開閉器(UGS)に関する記述として，不適切なものは。	イ．UGSは波及事故を防止するため，電気事業者の地絡保護装置との動作協調をとる必要がある。 ロ．UGSは短絡事故を遮断する機能を有しないため，過電流ロック機能を有する必要がある。 ハ．地絡継電装置の動作電流が整定値の許容される範囲内で動作することを確認した。 ニ．地絡継電装置には方向性と無方向性があり，他の需要家の地絡事故で不必要な動作を防止するために，無方向性のものを取り付けた。
2	②に示すPF・S形の主遮断装置として，必要のないものは。	イ．限流ヒューズ ロ．ストライカによる引外し装置 ハ．相間及び側面の絶縁バリア ニ．過電流継電器
3	③に示すケーブルの引入れ口等，必要以上の開口部を設けない主な理由は。	イ．火災時の放水，洪水等で容易に水が浸入しないようにする。 ロ．鳥獣類などの小動物が侵入しないようにする。 ハ．ケーブルの外傷を防止する。 ニ．ちり，ほこりの侵入を防止する。

(2) 図は，地下1階にある自家用電気工作物構内（500〔kW〕未満）の受電設備及び機械室を表した図である。

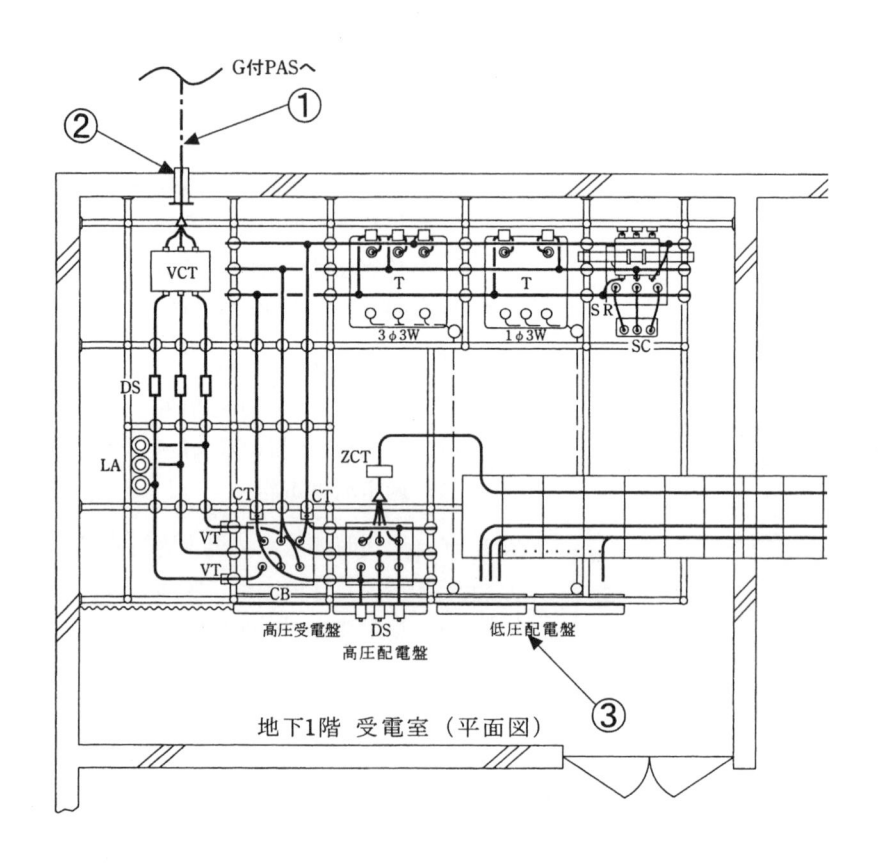

地下1階 受電室（平面図）

	問い	答え
1	①に示す高圧ケーブルの太さを検討する場合に必要のない事項は。	イ．電線の許容電流 ロ．電線の短時間耐電流 ハ．電路の地絡電流 ニ．電路の短絡電流
2	②に示す地中高圧ケーブルが屋内に引き込まれる部分に使用される材料とし，最も適切なものは。	イ．防水鋳鉄管 ロ．高圧つば付きがい管 ハ．合成樹脂管 ニ．金属ダクト
3	③に示す低圧配電盤に設ける過電流遮断器として，不適切なものは。	イ．電灯用幹線の過電流遮断器は，電線の許容電流以下の定格電流のものを取り付けた。 ロ．電動機用幹線の過電流遮断器は，電線の許容電流の3.5倍のものを取り付けた。 ハ．電動機用幹線の許容電流が100〔A〕を超え，過電流遮断器の標準の定格に該当しないので，定格電流はその値の直近上位のものを使用した。 ニ．単相3線式（210/105 V）電路に設ける配線用遮断器には3極2素子のものを使用した。

第34回テスト　解答と解説（1）

問題1　【正解】（二）

　需要場所への引き込みは，架空引込方式の GR 付 PAS や地中引込方式の UGS があります。

> **GR 付 PAS** は，
> 　地絡継電装置付高圧気中負荷開閉器（Ground Relay 付 Pole Air Switch）の略称で，
> 　UGS は地中線用負荷開閉器（Underground Gas Switch）の略称です。

　GR 付 PAS と UGS に求められる機能は，構内で地絡事故が発生した場合に，電力会社の地絡継電器よりも早く動作して開閉器を切り，配電線を停電させてしまう波及事故を防止するものです。
　地絡継電器は自端の地絡でも他の需要所の地絡でも動作していますので，他の需要所の地絡では動作しない，**方向地絡継電装置**（DGR）を設置するのが一般的です。方向地絡継電装置の動作には，零相電圧と零相電流の検出が必要となります。

> 　UGS は短絡事故を遮断する機能を有しないため，過電流ロックする **SOG 動作機能**を有しています。

　SOG 動作の内，**SO 動作機能**とは，自端構内で短絡事故が発生し UGS の開閉器に多大な電流が流れたとき，リレーが動作して開閉器をロックし電力会社の遮断器が切れた後，無充電の状態で自動的に開閉器を切り電力会社による再送電に支障を及ぼすことを防止する過電流蓄勢動作をいいます。
　G 動作機能とは，地絡による波及事故を防止するために自端構内で地絡事故が発生した場合に，電力会社の地絡継電器よりも早く動作して開閉器を切り，配電線を停電させてしまう波及事故を防止する機能を言います。

自家用電気工作物の工事 3

問題 2 【正解】（ニ）

　PF・S として LBS が使用されているので，短絡保護装置と主遮断装置は限流ヒューズの**ストライカ**による引外し装置が受け持つので，過電流継電器は必要がありません。相間および側面の**絶縁バリア**は LBS として必要です。

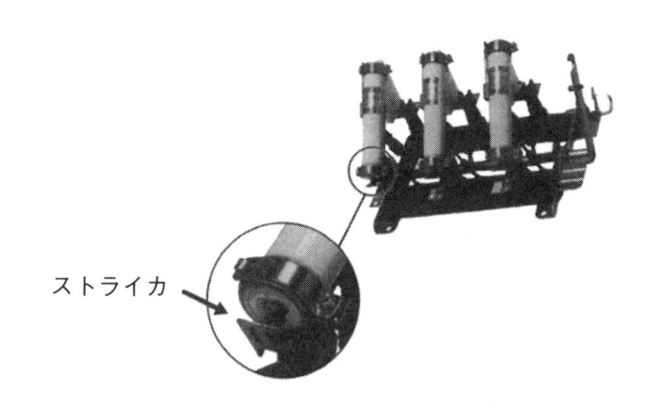

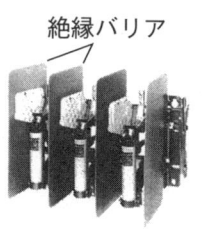

ストライカ

絶縁バリア

問題 3 【正解】（ロ）

　ケーブルの引入れ口等，必要以上の開口部を設けない主な理由は鳥獣類などの小動物が侵入しないよう，ケーブルの引入れ口等，**必要以上の開口部**を設けません。

第34回テスト 解答と解説 (2)

問題1 【正解】(ハ)

高圧ケーブルの太さを検討する場合に必要な項目は，高圧受電設備規定により，
- (a) 電線の許容電流
- (b) 電線の短時間耐電流
- (c) 電路の短絡電流

となります。高圧電路の地絡電流は非接地方式なので上記の電流値に対して小さく検討する必要はありません。

問題2 【正解】(イ)

地中高圧ケーブルが屋内に引き込まれる部分では防水対策が必要なので材料として，**防水鋳鉄管**を用います。**水切りツバ付防水鉄管**は，地中ケーブルが建築物の外壁を貫通する部分で浸水防止のために用います。

水切りツバ付防水鉄管

問題3 【正解】(ロ)

解釈第148条第五号に次のように規定されています。
五　前号の規定における「当該低圧幹線を保護する過電流遮断器」は，その定格電流が，当該低圧幹線の許容電流以下のものであること。ただし，低圧幹線に電動機等が接続される場合の定格電流は，次のいずれかによることができる。
イ　電動機等の定格電流の合計の3倍に，他の電気使用機械器具の定格電流の合計を加えた値以下であること。
ロ　イの規定による値が当該**低圧幹線の許容電流**を2.5倍した値を超える場合は，その許容電流を**2.5倍**した値以下であること。

ハ 当該低圧幹線の許容電流が 100 A を超える場合であって，イまたはロの規定による値が過電流遮断器の標準定格に該当しないときは，イまたはロの規定による値の直近上位の標準定格であること．

　以上により，電線の許容電流の 2.5 倍以下のものを取り付けなければなりません．
　単相 3 線式（210/105 V）電路では中性線が断線すると負荷の電圧不平衡により負荷が焼損するおそれがあるので，中性線が動作しない **3 極 2 素子** のものを使用します．

第9章
シーケンス

1. シーケンス1〜3（第35回テスト〜第37回テスト）
   （正解・解説は各回の終わりにあります。）

※本試験では，各問題の初めに以下のような記述がございますが，本書では，省略しております。

次の各問には4通りの答え（イ，ロ，ハ，ニ）が書いてある。それぞれの問いに対して答えを1つ選びなさい。

第35回テスト シーケンス1

(1) 図は，三相誘導電動機（Y－△始動）の始動制御回路図である。

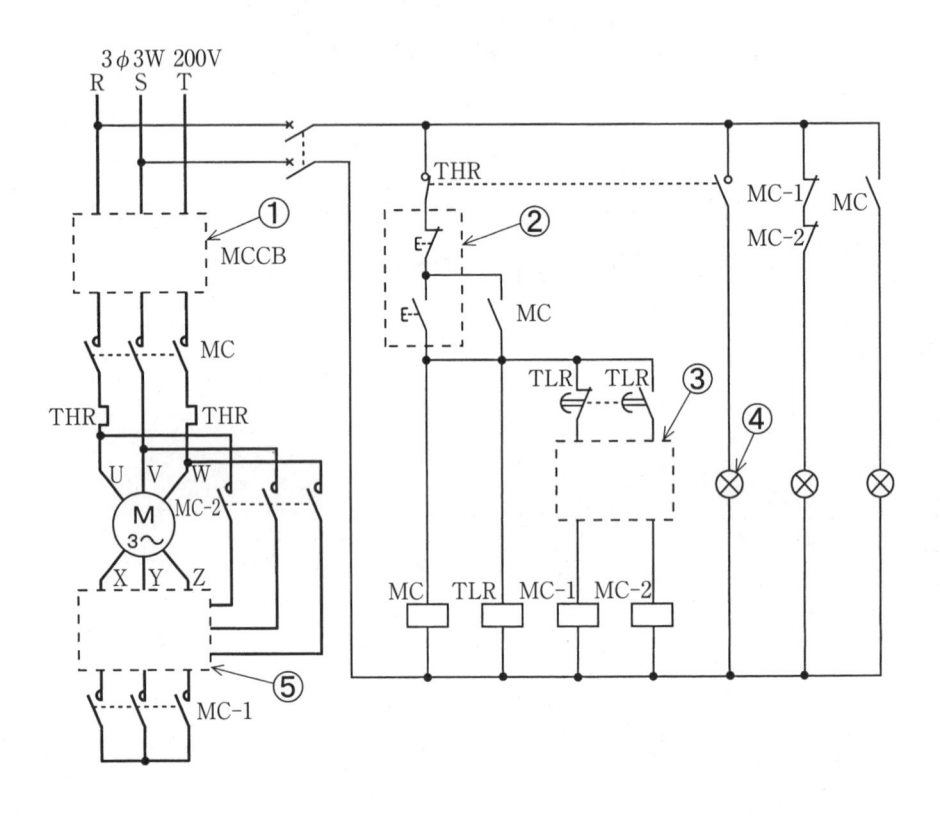

シーケンス1

第35回テスト 問題

	問い	答え
1	①の部分に設置する機器の図記号は。	イ. ロ. ハ. ニ.
2	②で示す機器は。	イ. ロ. ハ. ニ.
3	③の部分のインタロック回路の結線図は。	イ. MC-2 MC-1　　ロ. MC-1 MC-2　　ハ. MC-2 MC-1　　ニ. MC-2 MC-1
4	④の表示灯が点灯するのは。	イ. 電動機が始動中にのみに点灯する。 ロ. 電動機が停止中に点灯する。 ハ. 電動機が運転中に点灯する。 ニ. 電動機が過負荷で停止中に点灯する。
5	⑤の部分の結線図は。	イ. X Y Z　ロ. X Y Z　ハ. X Y Z　ニ. X Y Z

(2) 図は，三相誘導電動機を手動操作により始動させ，タイマの設定時間で停止させる制御回路図である。

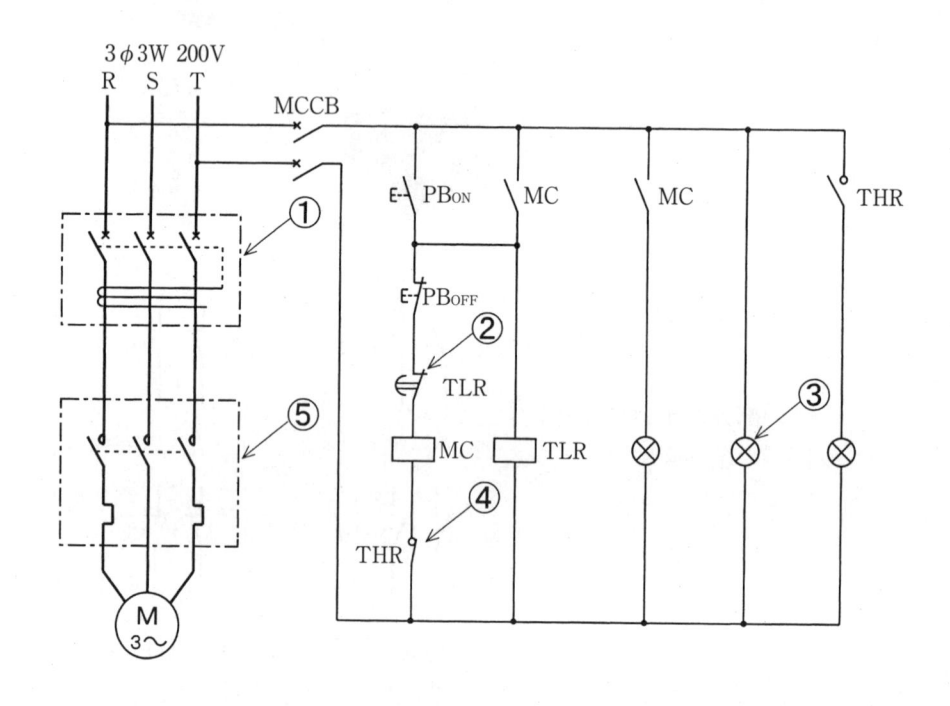

シーケンス1

第35回テスト 問題

	問い	答え
1	①の部分に設置する機器は。	イ．配線用遮断器　ロ．漏電遮断器 ハ．電磁開閉器　　ニ．電磁接触器
2	②で示すブレーク接点は。	イ．瞬時動作限時復帰接点 ロ．手動操作残留機能付き接点 ハ．手動操作自動復帰接点 ニ．限時動作瞬時復帰接点
3	③で示すランプの表示は。	イ．電源　ロ．故障 ハ．停止　ニ．運転
4	④で示す接点が開路するのは。	イ．電動機が始動したとき。 ロ．電動機が停止したとき。 ハ．電動機が始動してタイマの設定時間が経過したとき。 ニ．電動機に，設定値を超えた過電流が継続して流れたとき。
5	⑤に設置する機器は。	イ．　　　　　　ロ． ハ．　　　　　　ニ．

第35回テスト 解答と解説 (1)

問題1 【正解】(ロ)

①の部分に設置する機器の図記号は，MCCBと書いてあるので，配線用遮断器を表しています。(イ)は高圧交流負荷開閉器，(ハ)は断路器，(ニ)は開閉器を表します。

配線用遮断器

高圧交流負荷開閉器

断路器

3極開閉器

問題2 【正解】(ニ)

②で示す機器の図記号から手動操作自動復帰接点であることがわかります。onとoffがあるので(ニ)となります。a接点とb接点を持つ**手動操作自動復帰接点**の押ボタンスイッチ(BS)は，図に示すようにボタンが押し込まれていない状態で，ブレーク接点(b接点)の固定接点と可動接点が接触(導通状態)しています。次に，ボタンを押すとブレーク接点の固定接点と可動接点が離れて(非導通状態)，メーク接点(a接点)の固定接点と可動接点が接触(導通状態)します。このときボタンから手を離すと自動的に駆動部は元の位置へ復帰するので，メーク接点は非導通状態になり，ブレーク接点は導通状態に戻ります。(イ)は**ひねり操作型切替スイッチ**，(ロ)は**押ボタンスイッチ**，(ハ)は**ブザー**です。

-268-

シーケンス1

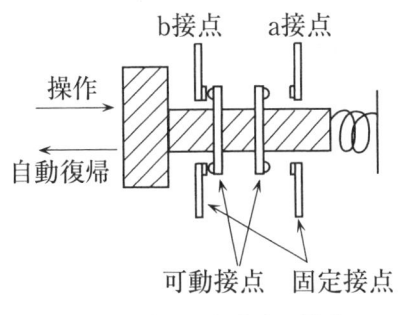

手動操作自動復帰接点の構造

問題3 【正解】（イ）

MC-1とMC-2のインターロックなので，図のようにMC-1にはMC-2のb接点，MC-2にはMC-1のb接点を挿入します。

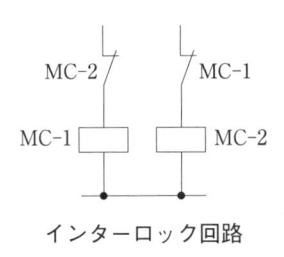

インターロック回路

問題4 【正解】（ニ）

④の表示灯はサーマルが動作するとa接点が閉じて点灯するようになっているので，電動機が過負荷で停止中に点灯します。

問題5 【正解】（ニ）

⑤の部分の結線図は，次のようになります。

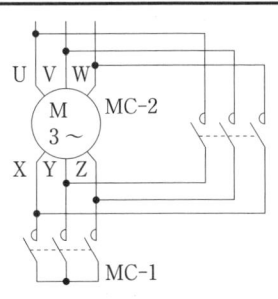

Y－△始動回路の結線図

第35回テスト 解答と解説 (2)

問題1 【正解】(ロ)

①の部分に設置する機器の図記号は漏電遮断器を表しています。

漏電遮断器

問題2 【正解】(ニ)

②で示す図記号はタイマーを表しているので，このブレーク接点は**限時動作瞬時復帰接点**を表します。

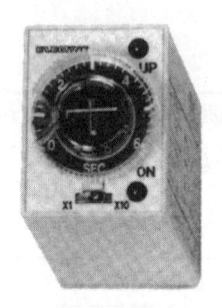

タイマー

シーケンス1

問題3 【正解】（イ）

③で示す表示灯（ランプ）は制御回路の電源が投入されると点灯するので，電源表示です。

表示灯（ランプ）

問題4 【正解】（ニ）

④で示す接点は**サーマル**のa接点なので，電動機に，設定値を超えた過電流が継続して流れたとき開路します。

問題5 【正解】（ハ）

⑤に設置する機器の図記号が電磁接触器とサーマルが一緒になったものなのでハとなります。（イ）は**サーマル**，（ロ）は**電磁接触器**です。（ニ）は**タイマー**です。

第36回テスト シーケンス2

(1) 図は，低圧三相誘導電動機のY－△始動制御回路である。

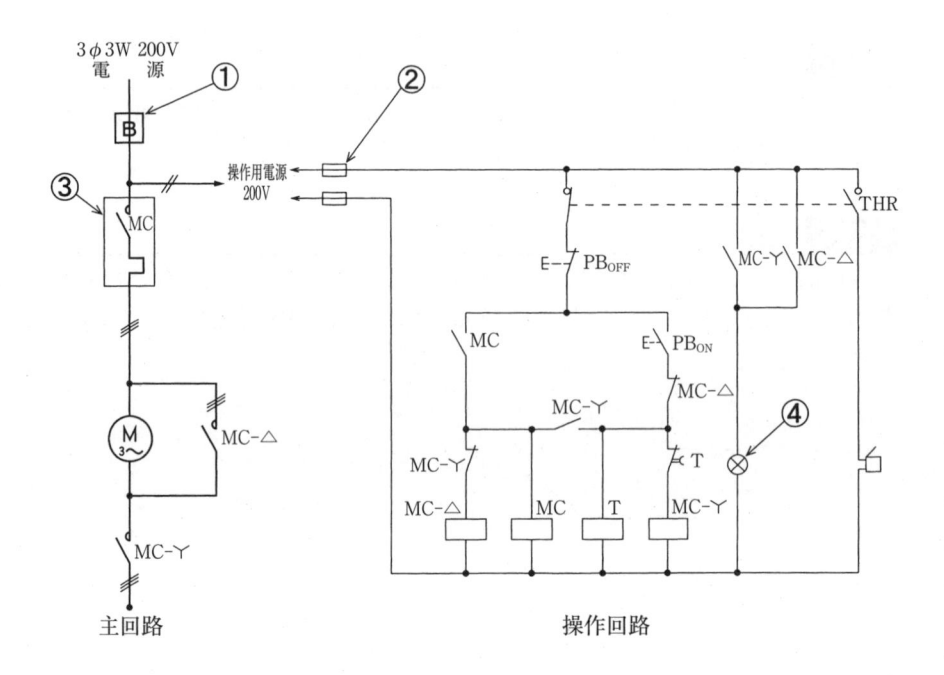

主回路　　　　　　　　　　　操作回路

シーケンス2

第36回テスト 問題

	問い	答え
1	①で示す機器は。	イ.　　ロ.　　ハ.　　ニ.
2	②に取り付けられるヒューズは。	イ.　　ロ.　　ハ.　　ニ.
3	③に示す機器は。	イ.　　ロ.　ハ.　　ニ.
4	④に示す機器は。	イ.　　ロ.　　ハ.　　ニ.

- 273 -

(2) 図は，低圧三相誘導電動機のY－△始動制御回路である。センサのリレー回路は省略する。図中のUは上昇用，Dは下降用に働くものであることを示す。また，COSの「手」は手動操作で上昇又は下降させ，「自」は近接スイッチによって上昇又は下降させるために使用する切換スイッチを示す。

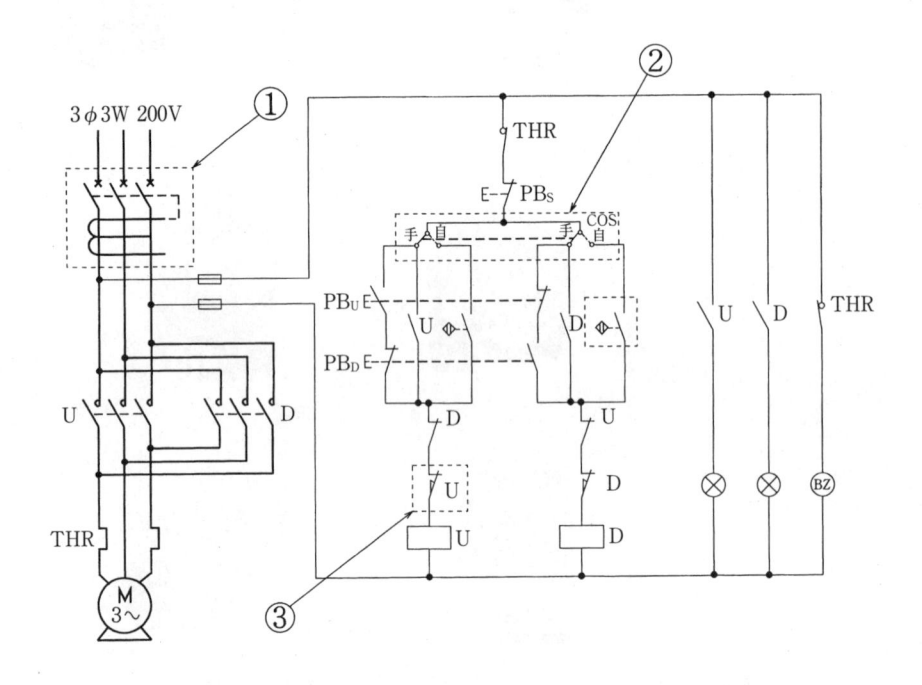

問い	答え
1. ①で示す機器は。	イ.　ロ.　ハ.　ニ.
2. ②で示す機器は。	イ.　ロ.　ハ.　ニ.
3. ③で示す機器は。	イ.　ロ.　ハ.　ニ.

第36回テスト　問題

第36回テスト 解答と解説（1）

問題1 【正解】（ロ）

①の図記号はモータブレーカーなので（ロ）となります。（イ）は漏電遮断器，（ハ）は箱開閉器，（ニ）は漏電火災警報器です。

問題2 【正解】（イ）

②は制御回路のヒューズなので，（イ）を取り付けます。（ロ）は高圧カットアウト用ヒューズ，（ハ）は高圧電力用ヒューズ，（ニ）はブロック端子です。

問題3 【正解】（ロ）

③はサーマル付の電磁接触器を表しているので，（ロ）となります。（ハ）は3極双投切換開閉器，（ニ）は電流計切替開閉器です。

問題4 【正解】（ニ）

④の図記号はパイロットランプを表しているので，（ニ）となります。（イ）はひねり操作形切り替えスイッチ，（ロ）は押ボタンスイッチ，（ハ）はブザーです。

第36回テスト　解答と解説 (2)

問題1　【正解】（ニ）

漏電遮断器の図記号であるから，（ニ）で示す機器となります。（イ）は箱形開閉器，（ロ）は箱入電磁開閉器，（ハ）は配線用遮断器です。

問題2　【正解】（ニ）

自動，手動の切換スイッチなので，（ニ）で示す機器となります。（イ）は電圧計切換開閉器，（ロ）は電流計切換開閉器，（ハ）は3極双投切換開閉器です。

問題3　【正解】（イ）

③はリミットスイッチの図記号なので（イ）となります。（ロ）は電磁接触器，（ハ）はサーマルリレー，（ニ）はプラグイン式電磁継電器です。

第37回テスト シーケンス3

(1) 図は，三相誘導電動機を手動操作により始動させ，タイマの設定時間で停止させる制御回路である。

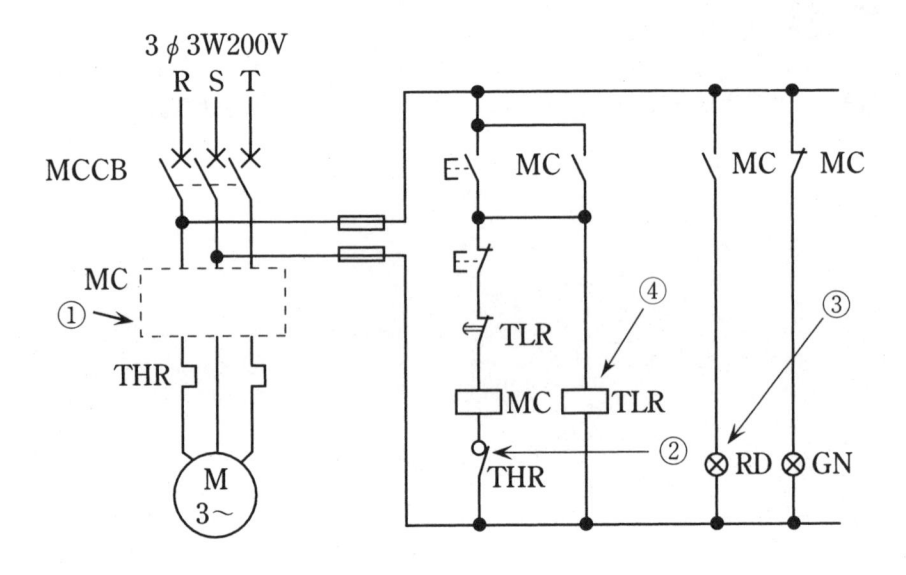

シーケンス3

第37回テスト 問題

	問い	答え
1	①で示す機器は。	イ. ロ. ハ. ニ.
2	②の部分の接点が開路するのは。	イ．電動機が始動したとき。 ロ．電動機が停止したとき。 ハ．電動機に設定値を超えた電流が継続して流れたとき。 ニ．電動機が始動してタイマ設定時間が経過したとき。
3	③の部分のランプの点灯の意味は。	イ．運転中　ロ．停止中　ハ．電源入　ニ．故障
4	④で示す機器は。	イ. ロ. ハ. ニ.

(2) 図は三相誘導電動機用 Y －△始動制御回路である。

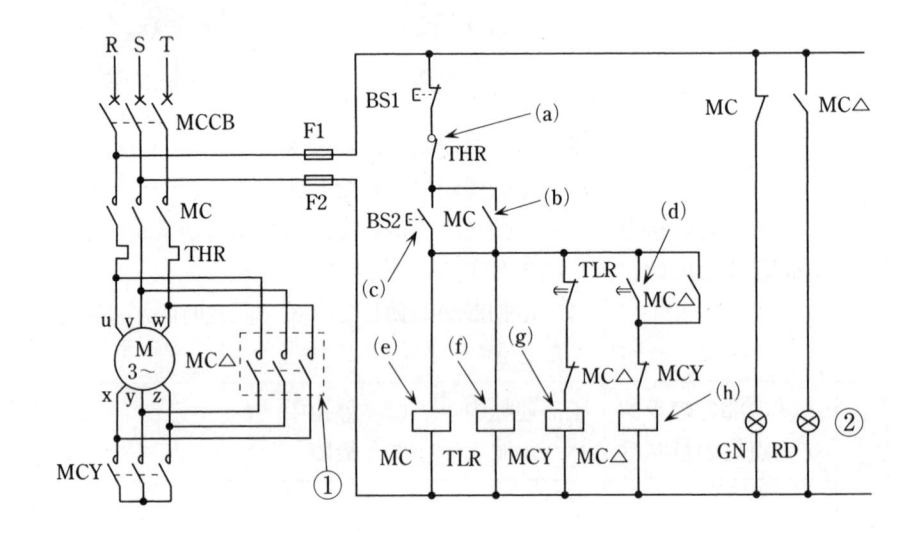

	問い	答え
1	①の部分の機器の役目は。	イ．電動機の巻線を△に結線する。 ロ．電動機の巻線をYに結線する。 ハ．Y－△切替えの際，電動機の巻線を瞬間短絡する。 ニ．電動機の停止中に電動機巻線に電圧がかからないようにする。
2	電動機が過負荷となったとき，自動停止させる接点は。	イ．(a) ロ．(b) ハ．(c) ニ．(d)
3	△結線で運転中に操作コイルに電流が流れていないリレー又は接触器は。	イ．(e) ロ．(f) ハ．(g) ニ．(h)
4	②のRD点灯するのは。	イ．電動機が始動中にのみ点灯する。 ロ．電動機が過負荷で停止中に点灯する。 ハ．電動機が停止中に点灯する。 ニ．電動機が運転中に点灯する。

第37回テスト 問題

第37回テスト　解答と解説(1)

問題1　【正解】(イ)

　電磁接触器の図記号なので(イ)となります。(ロ)は，熱動継電器付電磁接触器，(ハ)は3極双投切換開閉器，(ニ)は電流計切替開閉器です。

問題2　【正解】(ハ)

　熱動継電器のb接点なので，電動機に設定値を超えた電流が継続して流れたとき動作します。

　イ．電動機が始動したとき開路するのは，MCのb接点(イ)です。
　　そして停止ランプGNが消灯します。
　ロ．電動機が停止したとき開路するのは，MCのa接点(ロ)です。
　　そして運転ランプRDが消灯します。
　ニ．電動機が始動してタイマ設定時間が経過したとき開路するのはTLRのb接点(ニ)です。そして自己保持回路のMCのa接点(ロ)が開路します。

問題3　【正解】(イ)

　MCが励磁されると点灯するので運転表示となります。

問題4　【正解】(ニ)

　④で示す機器の図記号は**タイマー**なので，(ニ)となります。(イ)は**電圧用試験端子**，(ロ)は**ブザー**，(ハ)は**プラグイン式電磁継電器**です。

第37回テスト 解答と解説 (2)

問題1 【正解】(イ)
　BS2を投入するとMCYの電磁接触器が投入され電動機はY結線で運転されます。タイマーTLRが設定の時間に達するとMCYが開路されMC△の電磁接触器が投入されます。つまり，①の部分の機器の役目は，電動機の巻線を△に結線するためのものです。

問題2 【正解】(イ)
　過負荷で動作するのはTHRのb接点となります。
ロ．(b)はMCの自己保持a接点となります。
ハ．(c)は電動機運転用のa接点となります。
ニ．(d)はMC△を自己保持するタイマーのa接点となります。

問題3 【正解】(ハ)
　△結線で運転中にY結線用の電磁接触器が動作してはいけないので，MCYの操作用コイルに電流は流れてはいけません。
イ．(e)はBS2を投入すると運転中は電流が流れ続けています。
ロ．(f)これもBS2を投入すると運転中は電流が流れ続けています。
ニ．(h)MCYからMC△に切替わったときから停止するまで流れ続けます。

問題4 【正解】(ニ)
　MC△に切替わったときにMC△のa接点が閉路してから点灯します。Y結線で運転中は点灯しません。つまり，△結線に切替わって通常運転になったとき点灯します。

第10章
配線図

1. 高圧受電設備の配線図1～4（第38回テスト～第41回テスト）
　（正解・解説は各回の終わりにあります。）

第38回テスト 高圧受電設備の配線図1

　図は，高圧受電設備の単線結線図である。この図の矢印で示す10箇所に関する各問いには，4通りの答え（イ，ロ，ハ，ニ）が書いてある。それぞれの問いに対して，答えを1つ選びなさい。
〔注〕図において，問いに直接関係のない部分等は，省略又は簡略化してある。

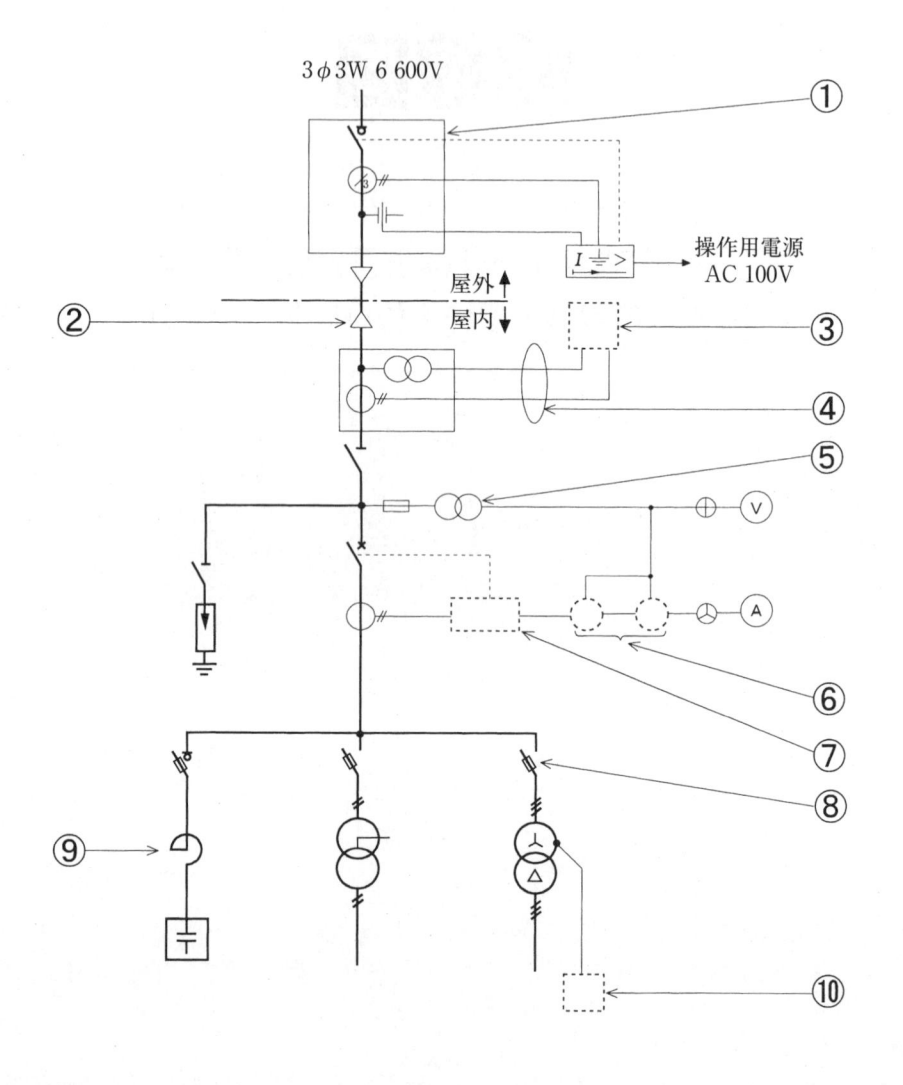

- 286 -

高圧受電設備の配線図 1

第38回テスト 問題

	問い	答え
1	①で示す機器の役割は。	イ．電源側の地絡事故を検出し，高圧断路器を開放する。 ロ．自家用設備の地絡事故を検出し，高圧交流負荷開閉器を開放する。 ハ．地絡事故発生時に高圧交流遮断器を自動遮断する。 ニ．地絡事故発生時の電流を測定する。
2	②の端末処理の際に，不要な工具は。	イ． ロ． ハ． ニ．
3	③に設置する機器は。	イ． ロ． ハ． ニ．
4	④の部分の電線本数（心線数）は。	イ．2又は3　ロ．4又は5 ハ．6又は7　ニ．8又は9

5	⑤に設置する単相機器の必要最小数量は。	イ．1　ロ．2 ハ．3　ニ．4
6	⑥に設置する機器の組み合せとして，正しいものは。	イ．周波数計　力率計 ロ．試験用端子　電圧計 ハ．電力量計　計器用切替開閉器 ニ．電力計　力率計
7	⑦の部分に設置する機器の記号は。	イ．　　ロ．　　ハ．　　ニ． $U<$　$U>$　$I\dot{\fallingdotseq}>$　$I>$
8	⑧に設置する機器は。	イ．　ロ． ハ．　ニ．
9	⑨に設置する機器の役割として，誤っているものは。	イ．コンデンサの残留電荷を放電する。 ロ．電圧波形のひずみを改善する。 ハ．第5調波障害の拡大を防止する。 ニ．コンデンサ回路の突入電流を抑制する。
10	⑩に入る正しい記号は。	イ．　　　ロ．　　　ハ．　　　ニ． E_A　　E_B　　E_C　　E_D

第38回テスト　解答と解説

問題1　【正解】（ロ）

①で示す機器はG付PASで，交流負荷開閉器と地絡方向継電器が接続されています。役割は自家用設備の地絡事故を検出し，高圧交流負荷開閉器を開放します。

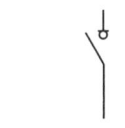

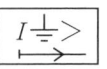

G付PAS　　　　高圧交流負荷開閉器の図記号　　　　地絡方向継電器の図記号

問題2　【正解】（ハ）

ケーブルの端末処理なので，（ハ）の**合成樹脂管用カッター**は必要ありません。（イ）の電工ナイフ，（ロ）の金切りのこ，（ニ）の電気半田ごては必要です。

問題3　【正解】（イ）

この部分に設置される機器は**電力需給用計器用変成器**用の電力量計なので（イ）の取引用の電力量計となります。（ロ）は100〔V〕30〔A〕と表示されているので，一般家庭用の電力量計，（ハ）は力率計，（ニ）は無効電力計です。

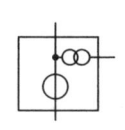

電力需給用計器用変成器（VCT）と図記号

問題4 【正解】（ハ）

④の部分を図示すると下図のようになります。

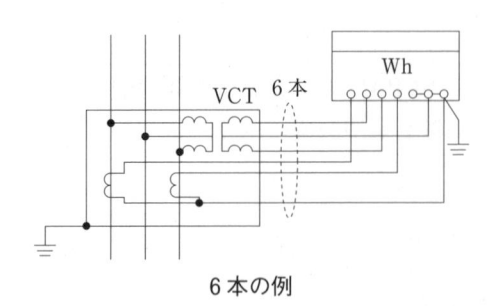

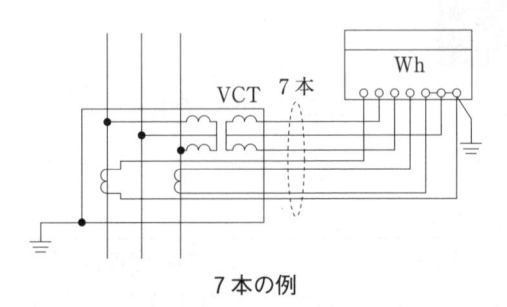

6本の例

7本の例

問題5 【正解】（ロ）

⑤に設置するのは単相の計器用変圧器VTで，通常V-V結線として三相電圧を変成するので，必要最少数量は**2台**となります。

問題6 【正解】（ニ）

⑥に設置する機器は結線図でわかるようにVTとCTから**電圧要素と電流要素**を必要とするものです。この要素で動作するものの組み合せは**電力計と力率計**です。

問題7 【正解】（ニ）

⑦の部分に設置する機器はCTから動作信号を得て遮断器を動作させるので，**過電流継電器（OCR）**となります。（イ）は不足電圧継電器，（ロ）は過電圧継電器，（ハ）は地絡継電器となります。

高圧受電設備の配線図 1

第38回テスト 解答

| 不足電圧継電器 | 過電圧継電器 | 地絡継電器 |

問題8 【正解】（ニ）

⑧の図記号は高圧カットアウト（プライマリーカットアウト）なので，設置する機器は（ニ）となります。（イ）は断路器（DS），（ロ）は高圧交流遮断器（CB），（ハ）は限流ヒューズ付高圧交流負荷開閉器（LBS）です。

| 断路器 | 高圧交流遮断器 | 高圧交流負荷開閉器 |

問題9 【正解】（イ）

⑨に設置する機器の図記号は**直列リアクトル**（SR）です。役割としては，電圧波形のひずみを改善，第5調波等の**高調波障害**の拡大を防止，コンデンサ回路の突入電流の抑制などです。コンデンサの**残留電荷を放電**させるのは，**放電抵抗**または**放電コイル**です。

問題10 【正解】（イ）

⑩は**高圧変圧器**の外箱に接続されているので，**A種接地工事**（$\perp_{E_A}$）となります。**中性点**ならば **B種接地工事**（$\perp_{E_B}$）です。（$\perp_{E_C}$）及び（$\perp_{E_D}$）はそれぞれ**低圧接地**の **C種接地工事**，**D種接地工事**となります。

-291-

第39回テスト 高圧受電設備の配線図2

　図は，高圧受電設備の単線結線図である。この図の矢印で示す10箇所に関する各問いには，4通りの答え（イ，ロ，ハ，ニ）が書いてある。それぞれの問いに対して，答えを1つ選びなさい。
〔注〕図において，問いに直接関係のない部分等は，省略又は簡略化してある。

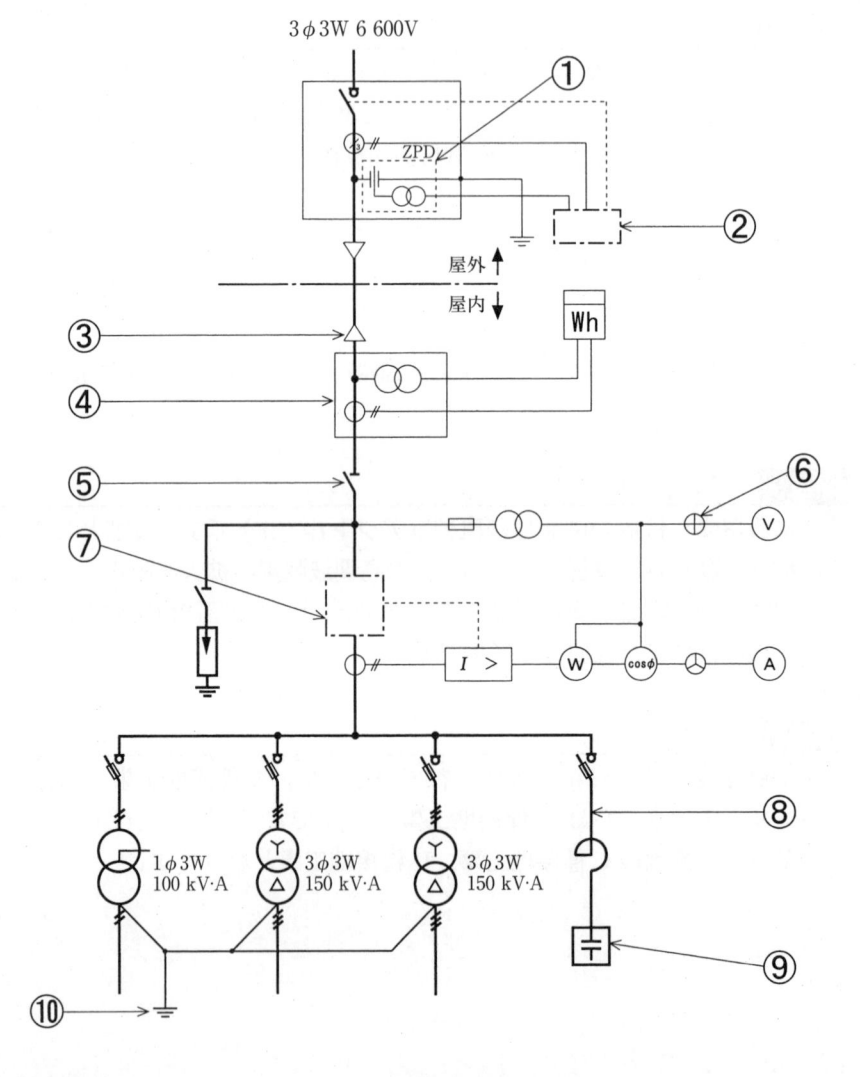

— 292 —

	問い	答え
1	①の ZPD を設置する目的として，正しいものは	イ．零相電圧を検出する。 ロ．計器用の電圧を検出する。 ハ．計器用の電流を検出する。 ニ．力率を調整する。
2	②に設置する機器の図記号は。	イ． $I \rightleftharpoons >$ ロ． $I \rightleftharpoons >$ ハ． $I <$ ニ． $U <$
3	③で示す図記号は。	イ．ケーブルヘッド ロ．高圧カットアウト ハ．高圧交流ガス開閉器 ニ．高圧交流真空遮断器
4	④の部分に施設する機器の複線図として正しいものは。	イ． ロ． ハ． ニ．
5	⑤で示す機器の名称は。	イ．高圧交流遮断器 ロ．高圧交流真空遮断器 ハ．高圧交流電磁開閉器 ニ．高圧断路器

第39回テスト 問題

6	⑥に設置する機器は.	イ. ロ. ハ. ニ.
7	⑦に放置する機器の図記号は。	イ. ロ. ハ. ニ.
8	⑧に示す高圧絶縁電線（KIP）の構造は。	イ. 銅導体／セパレータ／EPゴム（エチレンプロピレンゴム）　ロ. 銅導体／半導電層／架橋ポリエチレン／半導電層テープ／銅遮へいテープ／押さえテープ／ビニルシース　ハ. 銅導体／セパレータ／架橋ポリエチレン／ビニルシース　ニ. 塩化ビニル樹脂混合物／銅導体

高圧受電設備の配線図 2

9	⑨に設置する機器は。	イ. ロ. ハ. ニ.
10	⑩の変圧器の低圧側電路に施す接地工事の種類として，適切なものは。	イ．A種接地工事 ロ．B種接地工事 ハ．C種接地工事 ニ．D種接地工事

第39回テスト 解答と解説

問題1 【正解】(イ)

ZPD（コンデンサ形接地電圧検出装置）は、ZCT（零相電流の検出）と組み合わせてDGR（地絡方向継電器）を動作させるための零相電圧を検出します。

問題2 【正解】(ロ)

②に設置する機器にはZPDとZCTが接続されているからDGR（地絡方向継電器）です。(イ)の図記号は地絡継電器、(ニ)の図記号は不足電圧継電器です。(ハ)の図記号は存在しません。$\boxed{I >}$ であれば過電流継電器です。

問題3 【正解】(イ)

③で示す図記号は、ケーブルヘッドです。その他の図記号は次のようになります。

| 高圧カットアウト | 高圧交流ガス開閉器 GS | 高圧交流真空遮断器 VCB |

問題4 【正解】(ニ)

④の部分の機器の二次側に接続されている機器が電力量計なので、施設するのは電力需給用計器用変成器（VCT）となります。
解説はP290問題4を参照して下さい。

問題5 【正解】(ニ)

⑤で示す機器の図記号は高圧断路器です。その他の図記号は次のようになります。

高圧受電設備の配線図 2

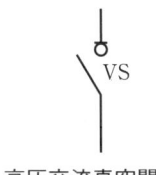

高圧交流遮断器　　　　　　　　高圧交流真空開閉器

第39回テスト　解答

問題6　【正解】（ニ）

⑥の図記号は**電圧計切換開閉器**です（RS，ST，TR と表示されています）。（イ）は**電流計切換開閉器**（R，S，T と表示されています），（ロ）は制御回路用の**切換開閉器**，（ハ）は制御回路用の**押しボタンスイッチ**です。電流計切換開閉器の図記号は次のようになります。

電流計切換開閉器

問題7　【正解】（ハ）

⑦の機器は**変流器**と**過電流継電器**が接続されているので，**高圧交流遮断器**で，この図記号は（ハ）となります。（イ）の図記号は**高圧断路器**，（ロ）の図記号は**限流ヒューズ付高圧交流負荷開閉器**，（ニ）の図記号は**高圧カットアウト**です。

問題8　【正解】（イ）

KIP 電線（高圧機器内配線用電線）は，EP ゴム（エチレンプロピレンゴム）が絶縁部を構成するので，（イ）の構造となります。（ロ）は**高圧 CV ケーブル**，（ハ）は **600 V の CV ケーブル**，（ニ）は **600 V の IV 電線**です。

問題9　【正解】（ロ）

⑨の図記号は**高圧進相コンデンサ**なので，（ロ）を設置します。（イ）は**直列リアクトル**，（ハ）は**三相変圧器**，（ニ）は**単相変圧器**です。直列リアクトルは端子が3個，三相変圧器の端子は高圧側及び低圧側**それぞれ3個**，単相変圧器の端子は高圧側**2個**，低圧側**3個**なので区別が付きます。

問題10　【正解】（ロ）

図より，変圧器の低圧側電路の**中性線**に施す接地工事なので，**B 種接地工事**が適切です。

第40回テスト 高圧受電設備の配線図3

　図は，高圧受電設備の単線結線図である。この図の矢印で示す10箇所に関する各問いには，4通りの答え（イ，ロ，ハ，ニ）が書いてある。それぞれの問いに対して，答えを1つ選びなさい。

［注］図において，問いに直接関係のない部分等は，省略又は簡略化してある。

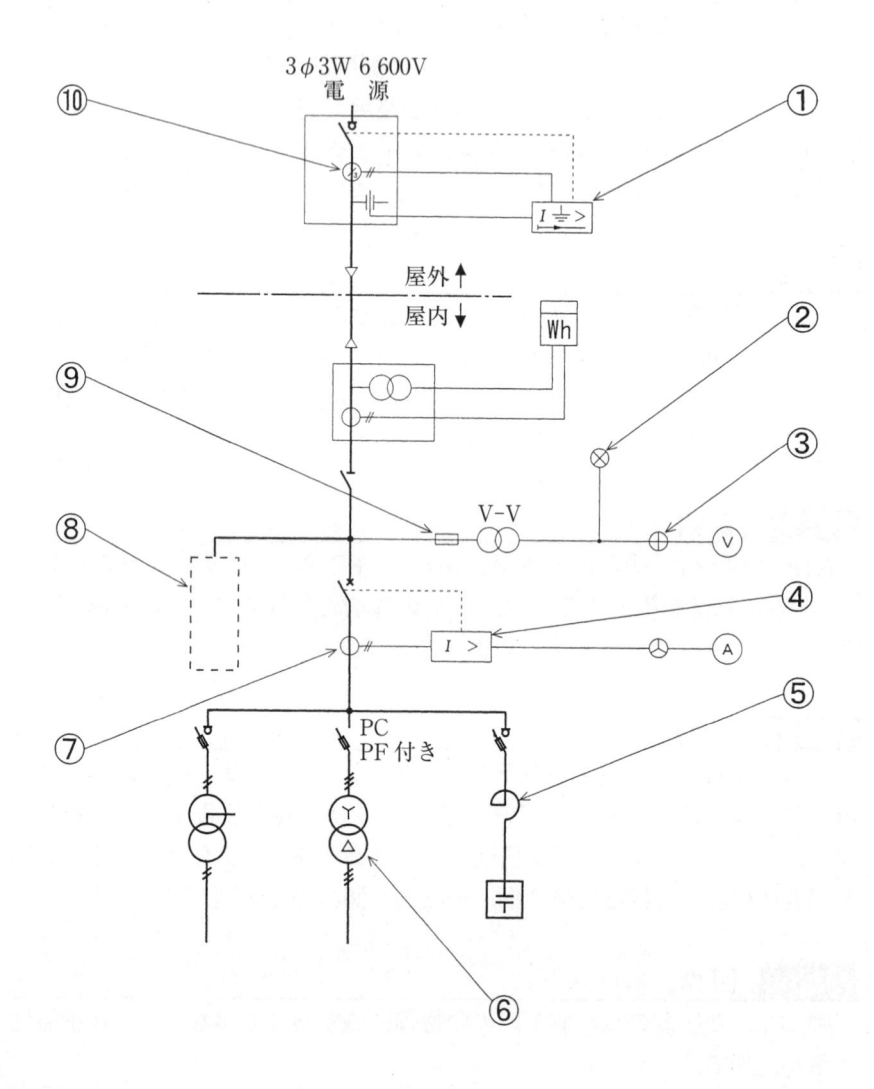

- 298 -

	問い	答え
1	①に設置する機器は。	イ.　　　　　ロ. ハ.　　　　　ニ.
2	②に設置する機器は。	イ.　　　　　ロ. ハ.　　　　　ニ.
3	③で示す機器の名称は。	イ．電圧計切換開閉器 ロ．電流計切換開閉器 ハ．三極双投電源切換開閉器 ニ．電磁開閉器

4	④で示す機器を設置する目的は。	イ．過電圧を検出して地絡継電器へ信号を送信する。 ロ．過電流を検出して遮断器をトリップさせる。 ハ．地絡電流を検出して遮断器をトリップさせる。 ニ．遠隔操作で遮断器を投入する。
5	⑤に設置する機器は。	イ．　　　　　ロ． ハ．　　　　　ニ．
6	⑥の変圧器の最大容量〔kV・A〕として一般的なものは。	イ．100 ロ．150 ハ．300 ニ．500
7	⑦で示す機器の二次側電路に施す接地工事の種類は。	イ．A種接地工事 ロ．B種接地工事 ハ．C種接地工事 ニ．D種接地工事

高圧受電設備の配線図 3

8	⑧の部分に設置する機器の図記号は。	イ. ロ. ハ. ニ. （図記号）
9	⑨で示す器具の総個数は。ただし，この器具は，計器用変圧器に取り付けられているものとする。	イ．2 ロ．3 ハ．4 ニ．5
10	⑩で示す機器の名称は。	イ．零相変圧器 ロ．電力需給用変成器 ハ．計器用変成器 ニ．零相変流器

第40回テスト 問題

第40回テスト 解答と解説

問題1 【正解】(ロ)

②に設置する機器にはZPDとZCTが接続されているからDGR（地絡方向継電器）です。(イ)は不足電圧継電器(UVR)，(ハ)は過電圧継電器(OVR)，(ニ)は地絡継電器(GR)です。

$U<$	$U>$	$I{=}>$
不足電圧継電器	過電圧継電器	地絡継電器

問題2 【正解】(ロ)

②に設置する機器の図記号はランプ（表示灯）です。(イ)は切換スイッチ（ひねり形手動操作スイッチ），(ハ)は押しボタンスイッチ，(ニ)はブザーです。

問題3 【正解】(イ)

③で示す機器の名称は**電圧計切換開閉器**です。

問題4 【正解】(ロ)

④で示す機器の図記号は過電流継電器です。この機器には変流器と遮断器が接続されているので，過電流を検出して遮断器をトリップさせます。過電圧を検出して信号を送信するのは過電圧継電器，地絡電流を検出して遮断器をトリップさせるのは，地絡継電器です。

問題5 【正解】(イ)

⑤に設置する機器の図記号は**直列リアクトル**の図記号です。(ロ)は**計器用変成器**，(ハ)は**モールド形三相変圧器**，(ニ)は**油入形三相変圧器**です。

問題6 【正解】(ハ)

変圧器の一次側開閉装置は，問題の図から**限流ヒューズ付高圧カットアウトPC PF付き**）です。変圧器の一次側開閉装置が高圧カットアウトの場合の変圧器容量は，**300〔kV・A〕**以下となります。300〔kV・A〕を超え

る変圧器の場合には，一次側開閉装置を遮断器（CB）や高圧交流負荷開閉器（LBS）としなければなりません。電力用コンデンサの一次側開閉装置が高圧カットアウトの場合の**電力用コンデンサの容量は，50〔kV・A〕**以下となります。これを超える場合には変圧器と同様になります。

問題7 【正解】（ニ）

解釈第28条，計器用変成器の二次側電路の接地に次のように規定されています。
第28条　**高圧計器用変成器の二次側電路には，D種接地工事を施すこと。**
2　特別高圧計器用変成器の二次側電路には，A種接地工事を施すこと。
これより，⑦で示す機器の二次側電路に施す接地工事の種類はD種接地工事を施すことになります。

問題8 【正解】（イ）

⑧の部分に設置する機器は通常避雷器となります。**避雷器**には，保安上必要な場合，電路から切り離せるように**断路器**を施設します。避雷器に遮断器等の開閉器を設置すると，万が一の時避雷器の回路が開放されてしまうので避雷器が動作しなくなり被害を拡大してしまいます。

問題9 【正解】（ハ）

⑨で示す器具の図記号は**計器用変圧器**（VT）の一次側のヒューズを示しています。通常，計器用変圧器は2台の単相変圧器を**V-V結線**で使用するので，ヒューズは計器用変圧器1台当たり2本必要となり，2×2の計**4本**となります。

問題10 【正解】（ニ）

⑩で示す機器の図記号は**零相変流器**です。零相電流を検出して**地絡故障**を防止します。零相変圧器という用語は通常使用しません。零相を検出するために設置されるのは，接地変圧器（EVT）を用います。高圧電路は通常非接地なのでEVTの代わりに**ZPD**を用います。

第41回テスト 高圧受電設備の配線図4

図は，高圧受電設備の単線結線図である。

この図の矢印で示す10箇所に関する各問いには，4通りの答え（イ，ロ，ハ，ニ）が書いてある。それぞれの問いに対して，答えを1つ選びなさい。

〔注〕図において，問いに直接関係のない部分等は，省略又は簡略化してある。

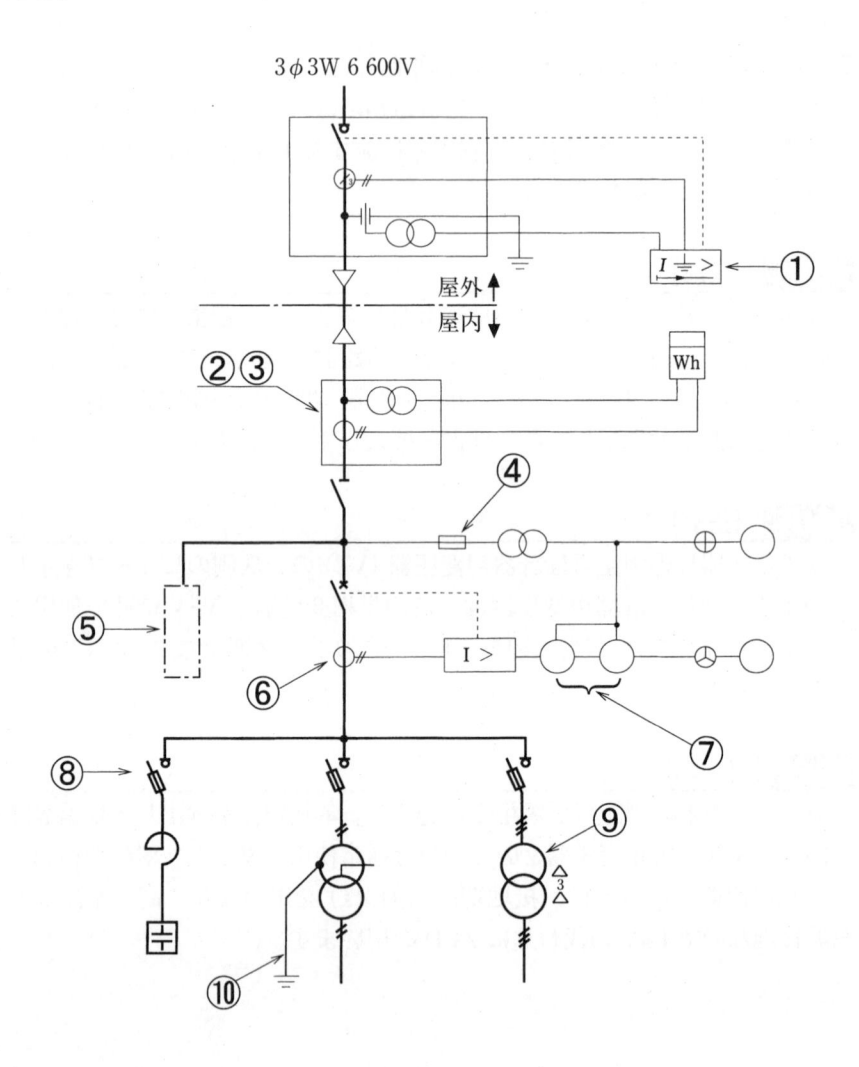

高圧受電設備の配線図 4

第41回テスト 問題

問い	答え
1	①で示す機器は。	イ．地絡過電圧継電器 ロ．過電流継電器 ハ．比率差動継電器 ニ．地絡方向継電器
2	②に設置する機器は。	イ．　　　　　　　ロ． ハ．　　　　　　　ニ．
3	③の部分に設置する機器の結線図として，正しいものは。	イ．　　　　　　　ロ． ハ．　　　　　　　ニ．

4	④を設置する主目的は。	イ．計器用変圧器の欠相を防止する。 ロ．計器用変圧器の過負荷を防止する。 ハ．計器用変圧器を雷サージから防止する。 ニ．計器用変圧器の短絡事故が主回路に波及するのを防止する。
5	⑤に設置する機器の図記号は。	イ． ロ． ハ． ニ．
6	⑥で示す機器の役割は。	イ．高電圧を低電圧に変圧する。 ロ．電路に侵入した過電圧を抑制する。 ハ．高圧電路の電流を変流する。 ニ．電路の異常を警報する。
7	⑦に設置する機器の組み合せは。	イ．（電流計・力率計） ロ．（周波数計・力率計） ハ．（電力計・力率計） ニ．（電流計・周波数計）

8	⑧で示す機器の略号は。	イ．VCB ロ．PC ハ．LBS（PF付） ニ．DS
9	⑨に設置する機器と台数は。	イ．（1台）　ロ．（1台） ハ．（3台）　ニ．（3台）
10	⑩の部分に使用する軟銅線の直径の最小値は。	イ．1.6 ロ．2.6 ハ．3.2 ニ．4.0

第41回テスト 解答と解説

問題1 【正解】(ニ)

②に設置する機器にはZPDとZCTが接続されているからDGR(地絡方向継電器)です。**地絡過電圧保護継電器**は地絡時の零相電圧が設定値よりも大きくなった場合動作します。**比率差動継電器**は内部に動作コイルの電流と抑制コイルを設け，この両コイルの電流の比が予定値を超えた場合に動作します。地絡過電圧保護継電器(OVGR)と比率差動継電器の図記号は次のようになります。

$$\boxed{U \dot{=} >}$$
地絡過電圧保護継電器(OVGR)

$$\boxed{I_d/I >}$$
比率差動継電器

問題2 【正解】(ニ)

②に設置する機器の図記号は**電力需給用計器用変成器(VCT)**なのでニとなります。(イ)は**電力用コンデンサ**，(ロ)は**三相モールド変圧器**，(ハ)は**低圧用コンデンサ**です。

問題3 【正解】(ハ)

電流は**2相単独**で取り出さなければならないので，(ハ)となります。

問題4 【正解】(ニ)

④の機器は**VT**の**保護用ヒューズ**です。これにより計器用変圧器の**短絡事故**が主回路に波及するのを防止します。

問題5 【正解】(イ)

⑤の部分に設置する機器は通常避雷器となります。避雷器の図記号は下記のようになります。避雷器には，保安上必要な場合，電路から切り離せるように断路器を施設します。避雷器に遮断器は設置しません。

高圧受電設備の配線図 4

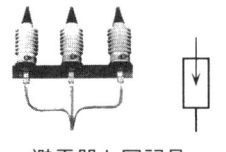

避雷器と図記号

問題6 【正解】(ハ)

⑥で示す機器の図記号は**変流器**(CT)なので，高圧電路の**電流**を変流します。高電圧を低電圧に変圧するのは**計器用変成器**(VT)，電路に侵入した過電圧を抑制するのは**避雷器**(LA)，電路の異常を警報するのは過電流継電器などの継電器類です。

変流器と図記号

問題7 【正解】(ハ)

⑦に設置する機器は結線図でわかるように**VT**と**CT**から電圧要素と電流要素を必要とするものです。この要素で動作するものの組み合せは**電力計**と**力率計**です。

問題8 【正解】(ハ)

⑧で示す機器の図記号は高圧限流ヒューズ付高圧交流負荷開閉器なので，**LBS**(PF付)となります。**VCB**は真空遮断器，**PC**は高圧カットアウト，**DS**は断路器です。

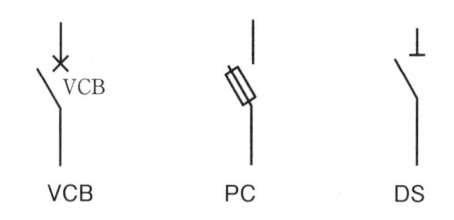

VCB　　PC　　DS

第41回テスト　解答

問題9 【正解】（ニ）

変圧器の基本の図記号は ⊖ ですが，単相変圧器と三相変圧器では表示が異なってきます。単相変圧器一台で単相2線式の結線は図1となります。図の // が**電線の数**を表します。三相変圧器は ⊖ の内部に結線の方法を描きます。図2では一次側はY結線，二次側は△結線を表しています。単相変圧3台でY－△結線とする場合には，図3のように表します。⑨の部分は△－△結線で3と書いてあるので，単相変圧器3台が必要となります。（イ）は三相変圧器，（ハ）は直列リアクトルです。

図1　図2　図3

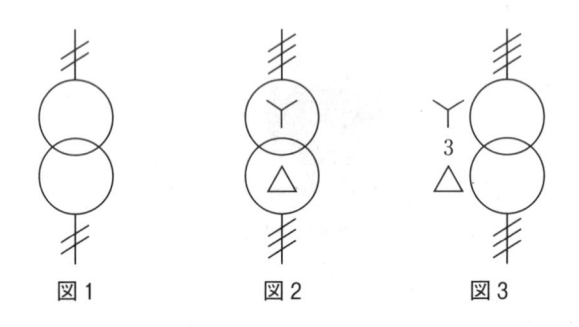

問題10 【正解】（ロ）

⑩の部分は**高圧機器の接地**なので，**A種接地工事**となります。解釈第17条より，原則としてA種接地工事の接地線の最小値は **2.6〔mm〕** となります。B種接地工事の接地線の最小値は **4.0〔mm〕**，C種及びD種種接地工事の接地線の最小値は **1.6〔mm〕** となります。

第11章
電気理論

1. 電気理論1〜5（第42回テスト〜第46回テスト）
   （正解・解説は各回の終わりにあります。）

※本試験では，各問題の初めに以下のような記述がございますが，本書では，省略しております。

次の各問には4通りの答え（イ，ロ，ハ，ニ）が書いてある。それぞれの問いに対して答えを1つ選びなさい。

第42回テスト 電気理論1

	問い	答え
1	図のような回路において，コンデンサ C_2 の両端の電圧を50〔V〕とするには，コンデンサ C_1 の静電容量の値〔μF〕は。 （回路図：200V電源、C_1、$3\mu F$、C_2 50V）	イ．0.5 ロ．1.0 ハ．1.5 ニ．2.0
2	図のような回路において，スイッチSをa側に入れたとき，電圧 V_C は0〔V〕であった。次にスイッチSをb側に入れた場合，電圧 V_C の値〔V〕は。 （回路図：200V、S(a,b)、C_1 40μF、C_2 10μF、V_C）	イ．25 ロ．40 ハ．160 ニ．200
3	図のような直流回路において，電源電圧は104〔V〕，抵抗 R_2 に流れる電流が6〔A〕である。抵抗 R_1 の抵抗値〔Ω〕は。 （回路図：104V、8Ω 64V、R_1、R_2 6A）	イ．5 ロ．6.8 ハ．13 ニ．20

4	図のような直流回路において，図中に示す抵抗Aの消費電力〔W〕は。 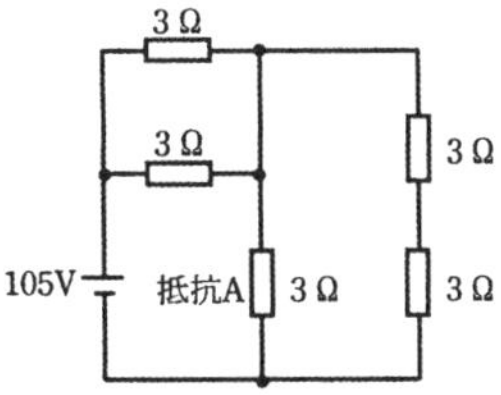 （回路図：105V電源，3Ω，3Ω，3Ω，抵抗A 3Ω，3Ω，3Ω）	イ．300 ロ．600 ハ．675 ニ．1200
5	図のような直流回路において，スイッチSを閉じても電流計には電流が流れないとき，抵抗Rの抵抗値〔Ω〕は。 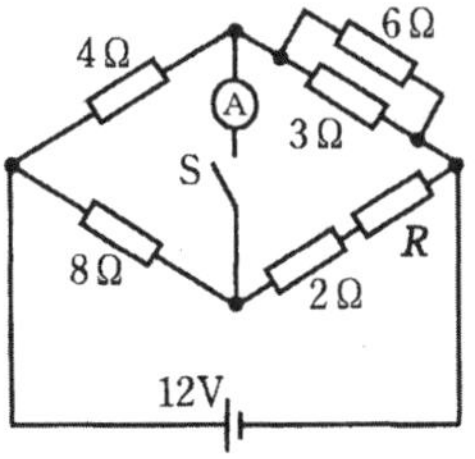 （回路図：4Ω，6Ω，3Ω，S，8Ω，2Ω，R，12V）	イ．2 ロ．4 ハ．6 ニ．8
6	図のような回路で，電流Iの値〔A〕は。ただし，電池の内部抵抗は無視する。 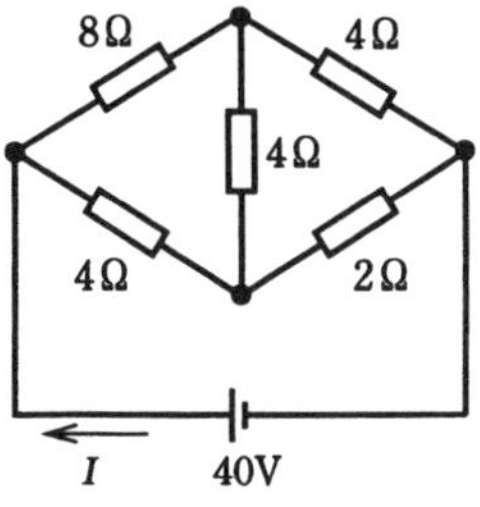 （回路図：8Ω，4Ω，4Ω，4Ω，2Ω，40V）	イ．4 ロ．6 ハ．8 ニ．10

7	図aと図bでは，電流I〔A〕の値は同じであった。図bの抵抗r_0値〔Ω〕は。 図a: 30V電源, 10Ω直列, 10Ω と 10Ω の並列, 電流I〔A〕 図b: 15V電源, r_0, 10Ω, 電流I〔A〕	イ．2 ロ．5 ハ．10 ニ．20
8	図のような回路で，電流Iの値〔A〕は。ただし，電池の内部抵抗は無視する。 20V電源, 4Ω, 4Ω, 4Ω, 4Ω, 4Ω	イ．1 ロ．4 ハ．5 ニ．6
9	図のような回路で，抵抗R_bの値〔Ω〕は。 100V電源, 5Ω, 50V部分に 8A R_a と R_b の並列	イ．10 ロ．15 ハ．20 ニ．25

第42回テスト 解答と解説

問題1 【正解】(ロ)

コンデンサの直列回路では各コンデンサに蓄えられる電荷 Q [C] は等しくなります。静電容量 3 [μF] のコンデンサ C_2 の電圧が 50 [V] なので，

$$Q = CV \text{ [C]}$$

の関係により，

$$Q = C_2V = 3 \times 10^{-6} \times 50 = 150 \times 10^{-6} \text{ [C]}$$

となります。コンデンサ C_1 の端子電圧 V_2 [V] は，

$$V_2 = 200 - 50 = 150 \text{ [V]}$$

となるので，コンデンサ C_1 の静電容量の値 [μF] は，次のようになります。

$$C_1 = \frac{Q}{V_2} = \frac{150 \times 10^{-6}}{150} = 1.0 \times 10^{-6} \text{ [F]} = 1.0 \text{ [μF]}$$

問題2 【正解】(ハ)

スイッチ S を a 側に入れたとき，電圧 V_C は 0 [V] なので，コンデンサ C_2 には電荷が蓄えられていないことが分かります。スイッチ S を a 側に入れたとき，コンデンサ C_1 には電荷 Q [C] が題意より次のように蓄えられます。

$$Q = C_1V = 40 \times 10^{-6} \times 200 = 8000 \times 10^{-6} = 8 \times 10^{-3} \text{ [C]}$$

次にスイッチ S を b 側に入れた場合，両コンデンサの端子電圧は電圧 V_C の値に等しくなります。電荷 Q はスイッチ S を b 側に入れた場合でも保存されます。スイッチ S を b 側に入れた場合の合成静電容量 C [μF] は並列接続になるので，

$$C = C_1 + C_2 = 40 + 10 = 50 \text{ [μF]}$$

となります。

これより電圧 V_C の値 [V] は次のように求めることができます。

$$V_C = \frac{Q}{C} = \frac{8 \times 10^{-3}}{50 \times 10^{-6}} = 0.16 \times 10^3 = 160 \text{ [V]}$$

問題3 【正解】(ニ)

抵抗 R_2 の端子電圧 V_2 [V] は，

$V_2 = 104 - 64 = 40$ 〔V〕

になります。電源に流れる電流 I は，

$$I = \frac{64}{8} = 8 \text{〔A〕}$$

となります。抵抗 R_2 に流れる電流が 6〔A〕なので，抵抗 R_1 に流れる電流 I_1〔A〕は，

$$I_1 = 8 - 6 = 2 \text{〔A〕}$$

となるので，抵抗 R_1 の抵抗値〔Ω〕は，次のようになります。

$$R_1 = \frac{V_2}{I_1} = \frac{40}{2} = 20 \text{〔Ω〕}$$

問題4 【正解】（二）

電源から見た合成抵抗 R は，

$$R = \frac{3 \times 3}{3 + 3} + \frac{3 \times (3+3)}{3 + (3+3)} = \frac{9}{6} + \frac{18}{9} = 1.5 + 2 = 3.5 \text{〔Ω〕}$$

となります。電源に流れる電流 I〔A〕は，

$$I = \frac{105}{3.5} = 30 \text{〔A〕}$$

となります。抵抗Aに流れる電流 I_A〔A〕は，分流により，

$$I_A = \frac{(3+3)}{3 + (3+3)} \times I = \frac{6}{9} \times 30 = 20 \text{〔A〕}$$

となります。抵抗 $A = 3$〔Ω〕の消費電力 P〔W〕は，次のようになります。

$$P = I^2 R = 20^2 \times 3 = 400 \times 3 = 1200 \text{〔W〕}$$

問題5 【正解】（イ）

スイッチSを閉じても電流計には電流が流れないときはブリッジが平衡しているので，**ブリッジの平衡条件**より，

$$4(2+R) = 8 \times \frac{3 \times 6}{3+6} = 16$$

が成立します。抵抗 R の抵抗値〔Ω〕は上式より，次のようになります。

$$(2+R) = \frac{16}{4} = 4$$

$$\therefore \quad R = 4 - 2 = 2 \text{〔Ω〕}$$

問題6 【正解】（ニ）

$8 \times 2 = 4 \times 4$
$16 = 16$

となってブリッジは平衡しているので，回路は次のように書き換えることができます。

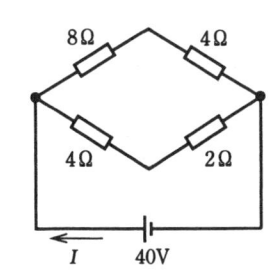

これより電源から見た合成抵抗 R 〔Ω〕は，

$$R = \frac{(4+2) \times (8+4)}{(4+2)+(8+4)} = 4 \text{〔Ω〕}$$

となります。これより電流 I の値〔A〕は，次のようになります。

$$I = \frac{40}{R} = \frac{40}{4} = 10 \text{〔A〕}$$

問題7 【正解】（ロ）

図aの合成抵抗 R_a 〔Ω〕は，

$$R_a = 10 + \frac{10 \times 10}{10+10} = 10 + 5 = 15 \text{〔Ω〕}$$

となるので，電源を流れる電流 I_a 〔A〕は，

$$I_a = \frac{30}{15} = 2 \text{〔A〕}$$

となります。図aの電流 I は I_a の半分になるので，$I = 1$ 〔A〕となります。
図bで，電流 $I = 1$ 〔A〕となるには，合成抵抗が 15〔Ω〕になればよいので，

$r_0 = 15 - 10 = 5$ 〔Ω〕

となります。

問題8 【正解】（ニ）

4〔Ω〕の抵抗の並列部分と 4〔Ω〕の抵抗の直列部分を合成すると，

$$\frac{4 \times 4}{4+4} + 4 + 4 = 2 + 8 = 10 \text{ (Ω)}$$

となるので，回路は図1のように書き換えることができます。各抵抗に流れる電流は，図1に示す通りになります。次に，電源に流れる電流は，図2に示すように分流します。$(7-I)$〔A〕と$(I-5)$〔A〕の電流が流れる抵抗の端子電圧は等しいので，

$$4(7-I) = 4(I-5)$$
$$(7-I) = (I-5)$$
$$\therefore \ 2I = 7 + 5 = 12$$
$$I = \frac{12}{2} = 6 \text{ (A)}$$

となります。

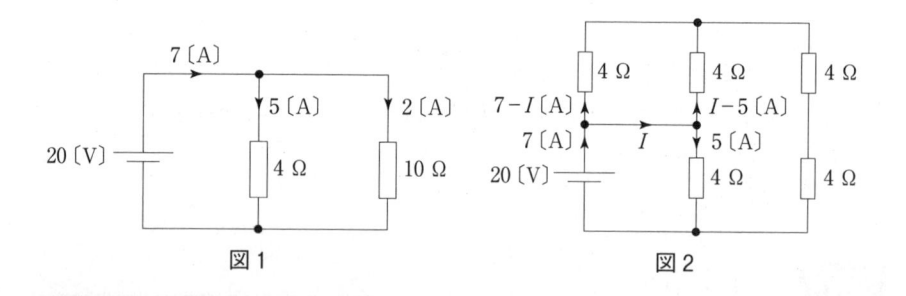

図1

図2

問題9 【正解】（ニ）

抵抗が並列部分の合成抵抗R〔Ω〕は，5〔Ω〕の抵抗に50〔V〕の電圧が加わるので，

$$R = 5 \text{ (Ω)}$$

となります。抵抗R_aの値〔Ω〕は，

$$R_a = \frac{50}{8} = 6.25 \text{ (Ω)}$$

となるので，

$$5 = \frac{R_a R_b}{R_a + R_b} = \frac{6.25 R_b}{6.25 + R_b} \text{ (Ω)}$$
$$\therefore \ 5(6.25 + R_b) = 6.25 R_b$$
$$31.25 + 5 R_b = 6.25 R_b$$

$\therefore\ 6.25R_b - 5R_b = 31.25$

$R_b = \dfrac{31.25}{1.25} = 25\ [\Omega]$

となります。

第43回テスト 電気理論2

	問い	答え
1	図のような直流回路において，閉回路 a→b→c→d→e→aにキルヒホッフの第二法則を適用した式として，正しいものは。 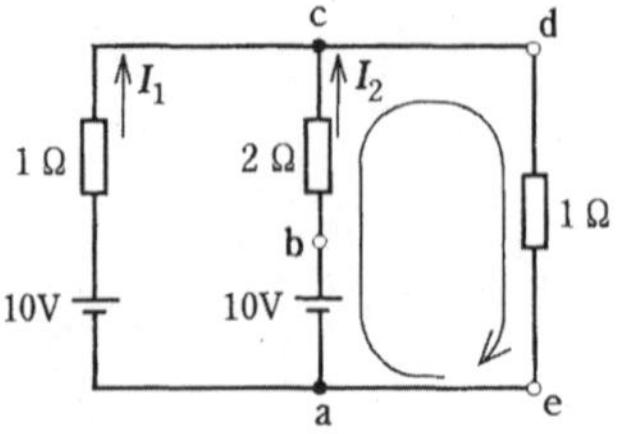	イ．$I_1 - 2I_2 = 2$ ロ．$I_1 - I_2 = 2$ ハ．$I_1 + 3I_2 = 10$ ニ．$2I_1 + I_2 = 10$
2	図のような直流回路において電流Iの値〔A〕は。 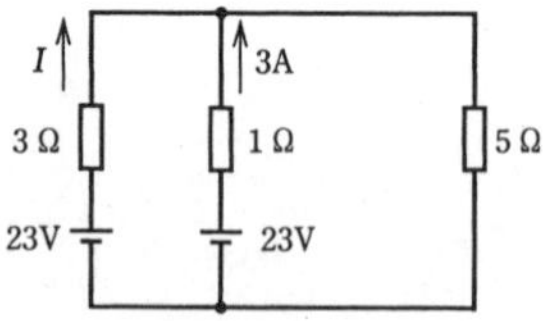	イ．1 ロ．2 ハ．3 ニ．4
3	図のような交流回路において，電源電圧は100〔V〕，電流は20〔A〕，抵抗Rの両端の電圧は60〔V〕であった。誘導性リアクタンスXは何〔Ω〕か。 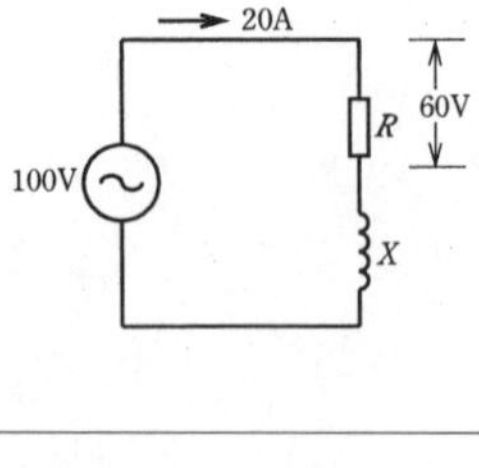	イ．2 ロ．3 ハ．4 ニ．5

4	図のような交流回路で，電源電圧 E の値〔V〕は。 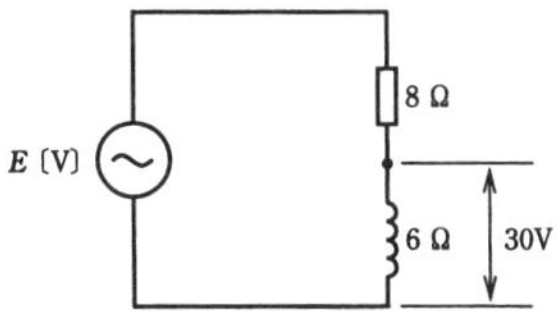	イ．40 ロ．50 ハ．60 ニ．70
5	図のような交流回路の抵抗 R の値〔Ω〕は。 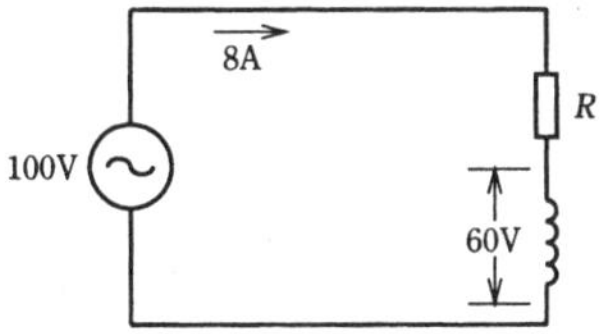	イ．5 ロ．8 ハ．10 ニ．13
6	図のような交流回路において，抵抗の両端の電圧 V_R の値〔V〕は。 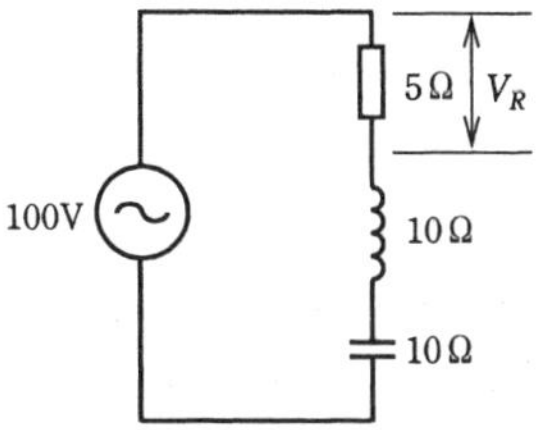	イ．20 ロ．40 ハ．100 ニ．200

7	図の正弦波交流回路において，電源電圧 v と負荷電流 i の波形は，図のようであった。この負荷の消費電力〔W〕は。 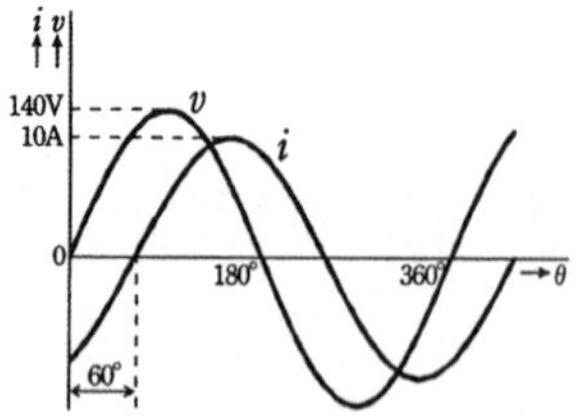 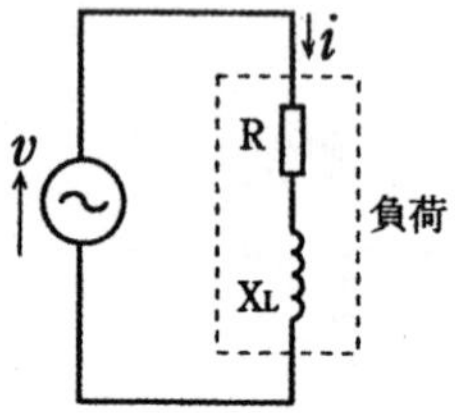	イ. 350 ロ. 606 ハ. 700 ニ. 1400
8	単相交流回路において，消費電力 120〔kW〕，力率 80〔%〕の負荷の無効電力〔kvar〕は。	イ. 54 ロ. 72 ハ. 90 ニ. 150
9	消費電力量 1〔kW・h〕当たりの円板の回転数が 1500 回転の電力量計を用いて，負荷の電力量を測定している。円板が 10 回転するのに 12 秒かかった。このときの負荷の平均消費電力〔kW〕は。	イ. 1 ロ. 2 ハ. 3 ニ. 4

10. 図のような抵抗 R〔Ω〕とリアクタンス X〔Ω〕の回路に交流電圧 100〔V〕を印加したとき，電流計は 10〔A〕，電力計は 800〔W〕を示した。リアクタンス X〔Ω〕の値は。

イ．4
ロ．6
ハ．8
ニ．10

第43回テスト 解答と解説

問題1 【正解】（ハ）

　キルヒホッフの第二法則より，a→bの電圧は10〔V〕，b→cの電圧降下は$2I_2$〔V〕，d→eの電圧降下は抵抗1〔Ω〕に電流I_1とI_2が流れるので，$1 \times (I_1 + I_2)$〔V〕$= 10$〔V〕となります。これより，

$$2I_2 + 1 \times (I_1 + I_2) = 10$$
$$I_1 + I_2 + 2I_2 = I_1 + 3I_2 = 10 \text{〔V〕}$$

となります。

問題2 【正解】（イ）

　問1の結果より，1〔Ω〕と5〔Ω〕の回路にキルヒホッフの第二法則を適用すると，

$$1 \times 3 + 5 \times (I + 3) = 23$$
$$3 + 5I + 5 \times 3 = 18 + 5I = 23 \text{〔V〕}$$

となります。これより，

$$5I = 23 - 18 = 5$$
$$\therefore I = \frac{5}{5} = 1 \text{〔A〕}$$

となります。または，1〔Ω〕と3〔Ω〕の回路の端子電圧は等しいので，

$$23 - I \times 3 = 23 - 1 \times 3 = 20$$
$$\therefore I = \frac{23 - 20}{3} = 1 \text{〔A〕}$$

としても求めることができます。

問題3 【正解】（ハ）

　電源電圧Vが100〔V〕で電流Iは20〔A〕なので，回路のインピーダンスZは，$V = IZ$より，

$$Z = \frac{V}{I} = \frac{100}{20} = 5 \text{〔Ω〕}$$

となります。抵抗Rの両端の電圧が60〔V〕なので，抵抗R〔Ω〕の値は，

$$R = \frac{60}{20} = 3 \,[\Omega]$$

となります。

$$Z = \sqrt{R^2 + X^2} \,[\Omega]$$

より，

$$X = \sqrt{Z^2 - R^2} = \sqrt{5^2 - 3^2} = 4 \,[\Omega]$$

となります。または，誘導性リアクタンス X の端子電圧 V_X [V] は，

$$100 = \sqrt{60^2 + V_X^2} \,[V]$$

より，

$$V_X^2 = 100^2 - 60^2 = 10000 - 3600 = 6400 = 80^2$$

∴ $V_X = 80 \,[V]$

となります。$V_X = IX$ より，

$$X = \frac{V_X}{I} = \frac{80}{20} = 4 \,[\Omega]$$

となります。

問題4 【正解】（ロ）

電源を流れる電流 I [A] は，

$$I = \frac{30}{6} = 5 \,[A]$$

となります。8 [Ω] の抵抗の端子電圧 [V] は，

$$8 \times 5 = 40 \,[V]$$

となるので，電源電圧 E の値 [V] は次のように求めることができます。

$$E = \sqrt{40^2 + 30^2} = \sqrt{2500} = \sqrt{50^2} = 50 \,[V]$$

問題5 【正解】（ハ）

抵抗 R に加わる電圧 V_R [V] は，

$$100 = \sqrt{V_R^2 + 60^2} \,[V]$$

より，

$$V_R^2 = 100^2 - 60^2 = 10000 - 3600 = 6400 = 80^2$$

∴ $V_R = 80 \,[V]$

となります。抵抗 R [Ω] に流れる電流が 8 [A] なので，

$$R = \frac{V_R}{8} = \frac{80}{8} = 10 \,[\Omega]$$

となります。

問題6 【正解】（ハ）

回路の合成インピーダンス Z は，
$$Z = \sqrt{5^2 + (10-10)^2} = \sqrt{5^2} = 5 \,[\Omega]$$
となります。回路を流れる電流 $I\,[A]$ は，
$$I = \frac{100}{5} = 20 \,[A]$$
となるので，5 $[\Omega]$ の抵抗の端子電圧 $V_R\,[V]$ は，
$$V_R = 20 \times 5 = 100 \,[V]$$
となります。簡単に考えると，誘導性リアクタンと容量性リアクタンスの値がそれぞれ 10 $[\Omega]$ で同じなので，**打ち消しあってリアクタンス分は 0** になります。ゆえに，抵抗には電源電圧がそのまま加わるので，100 $[V]$ となります。

問題7 【正解】（イ）

電源電圧 v の最大値が 140 $[V]$ なので実効値 V は約 100 $[V]$ となります。負荷電流 i の最大値が 10 $[V]$ なので実効値 $I\,[A]$ は，
$$I = \frac{10}{\sqrt{2}} \fallingdotseq 10 \times 0.7 = 7 \,[A]$$
となります。電源電圧 v と負荷電流 i の位相差 θ は図より，60°なので力率は $\cos 60° = 0.5$ となります。これより，負荷の消費電力 $P\,[W]$ は，
$$P = VI \cos 60° = 100 \times 7 \times 0.5 = 350 \,[W]$$
となります。

問題8 【正解】（ハ）

消費電力 $P = 120\,[kW]$，力率 $\cos \theta = 0.8$ の負荷の皮相電力 $S\,[kV \cdot A]$ は，
$$S = \frac{P}{\cos \theta} = \frac{120}{0.8} = 150 \,[kV \cdot A]$$
となります。
無効電力 $Q\,[kvar]$ は，$\sin \theta = \sqrt{1 - 0.8^2} = 0.6$ なので，

$Q = S \sin \theta = 150 \times 0.6 = 90 \,[\text{kvar}]$

となります。

問題9 【正解】(ロ)

消費電力量 1 [kW・h] 当たりの円板の回転数が 1500 回転の電力量計とは，1 時間当たり (3600 秒) で 1500 回転するということです。つまり，

$3600 \div 1500 = 2.4 \,[\text{秒}]$

となって，消費電力量 1 [kW・h] であれば 1 回転するためには 2.4 [秒] 掛かるということです。消費電力は 1 回転するために必要な時間に反比例することがわかります。円板が 10 回転するのに 12 秒かかったということは，1 回転するためには 1.2 [秒] かかかっているので，消費電力量は 1 [kW・h] の 2 倍の 2 [kW・h] となります。

問題10 【正解】(ロ)

回路のインピーダンス $Z\,[\Omega]$ は，

$Z = \dfrac{100}{10} = 10 \,[\Omega]$

となります。抵抗 $R\,[\Omega]$ は，

$800 = 10^2 R = 100 R$

∴ $R = \dfrac{800}{100} = 8 \,[\Omega]$

となります。リアクタンス $X\,[\Omega]$ は，

$Z = \sqrt{R^2 + X^2}\,[\Omega]$

∴ $X = \sqrt{Z^2 - R^2} = \sqrt{10^2 - 8^2} = 6 \,[\Omega]$

となります。

第44回テスト 電気理論3

	問い	答え
1	図のような交流回路において，抵抗 12〔Ω〕に流れる電流 I の値〔A〕は。	イ. 10 ロ. 12 ハ. 16 ニ. 20
2	図のような交流回路で全消費電力が 3200〔W〕であるとき，抵抗 R の値〔Ω〕は。	イ. 2 ロ. 3 ハ. 4 ニ. 5
3	図のような交流回路において，電源電圧は 120〔V〕，抵抗は 20〔Ω〕，誘導性リアクタンス 10〔Ω〕，容量性リアクタンス 30〔Ω〕である。回路電流 I〔A〕の値は。	イ. 8 ロ. 10 ハ. 12 ニ. 14

4	図のような交流回路で，スイッチSを閉じる前と閉じた後の電流計の指示値の差〔A〕はおよそ。 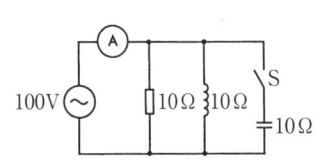 100V〜 A 10Ω 10Ω S 10Ω	イ．4.1 ロ．8.2 ハ．10.0 ニ．20.0
5	図のような線間電圧210〔V〕の三相交流回路で，線電流Iの値〔A〕はおよそ。ただし，各相の抵抗$R=8$〔Ω〕，リアクタンス$X=6$〔Ω〕とする。 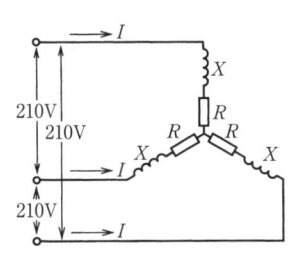	イ．6.1 ロ．10.5 ハ．12.1 ニ．21.0
6	図aの等価回路が図bであるとき，インピーダンス$\dot{Z}_2$を示す式は。 図a　3φ3W電源　$\dot{Z}_1$ 図b　3φ3W電源　$\dot{Z}_2$	イ．$\dot{Z}_2 = \dfrac{\dot{Z}_1}{3}$ ロ．$\dot{Z}_2 = \dfrac{\dot{Z}_1}{2}$ ハ．$\dot{Z}_2 = \sqrt{3}\,\dot{Z}_1$ ニ．$\dot{Z}_2 = 3\,\dot{Z}_1$

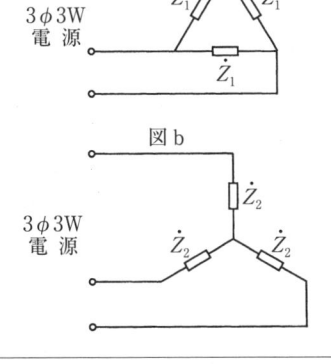

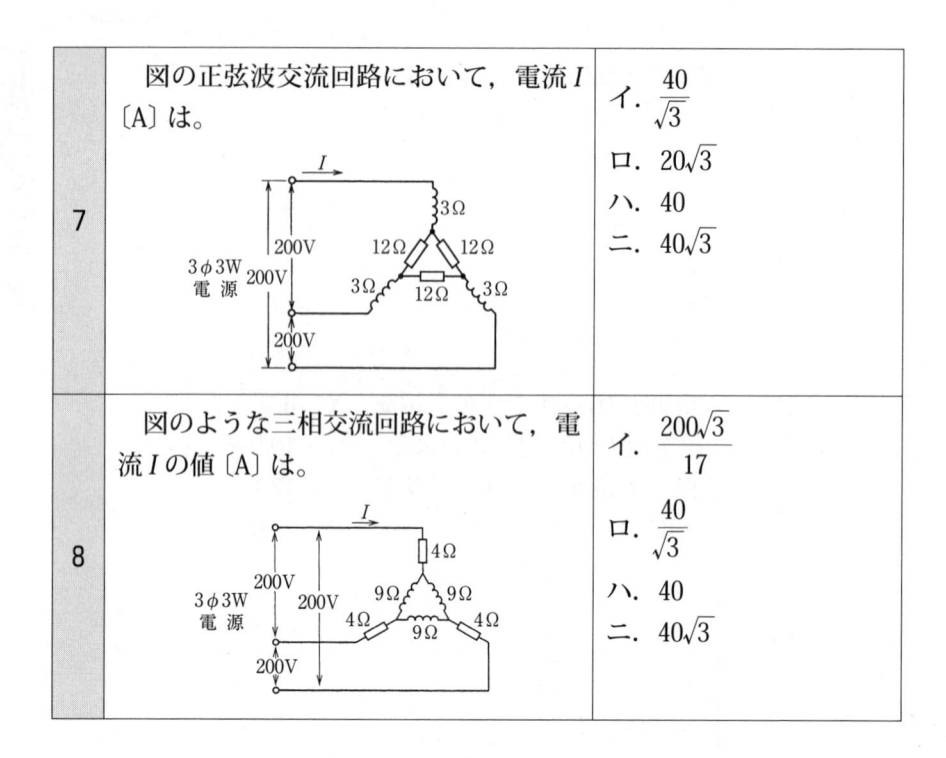

7	図の正弦波交流回路において，電流 I 〔A〕は。 （3φ3W電源 200V，Y結線3Ω各相，Δ結線12Ω各相）	イ. $\dfrac{40}{\sqrt{3}}$ ロ. $20\sqrt{3}$ ハ. 40 ニ. $40\sqrt{3}$
8	図のような三相交流回路において，電流 I の値〔A〕は。 （3φ3W電源 200V，Y結線4Ω各相，Δ結線9Ω各相）	イ. $\dfrac{200\sqrt{3}}{17}$ ロ. $\dfrac{40}{\sqrt{3}}$ ハ. 40 ニ. $40\sqrt{3}$

第44回テスト 解答と解説

問題1　【正解】（ハ）

回路の合成インピーダンス Z は，
$$Z = \frac{16 \times 12}{\sqrt{16^2 + 12^2}} = \frac{192}{\sqrt{400}} = \frac{192}{20} = 9.6 \,[\Omega]$$
となります。抵抗 $12\,[\Omega]$ の端子電圧 $V_R\,[V]$ は，
$$V_R = 20Z = 20 \times 9.6 = 192\,[V]$$
になるので，流れる電流 I の値 $[A]$ は，
$$I = \frac{192}{12} = 16\,[A]$$
となります。

問題2　【正解】（ニ）

抵抗と誘導リアクタンスの直列回路のインピーダンス $Z\,[\Omega]$ は，
$$Z = \sqrt{3^2 + 4^2} = 5\,[\Omega]$$
となるので，インピーダンス $Z\,[\Omega]$ に流れる電流 I_Z は，
$$I_Z = \frac{100}{Z} = \frac{100}{5} = 20\,[A]$$
となります。これより，$3\,[\Omega]$ の抵抗の消費電力 $P_3\,[W]$ は，
$$P_3 = 3\,I_Z{}^2 = 3 \times 20^2 = 3 \times 400 = 1200\,[W]$$
となります。抵抗 R の消費電力 P_R は，
$$P_R = 3200 - P_3 = 3200 - 1200 = 2000\,[W]$$
なので，抵抗 R の値 $[\Omega]$ は，
$$2000 = \frac{100^2}{R}$$
より，
$$R = \frac{100^2}{2000} = \frac{10000}{2000} = 5\,[\Omega]$$
となります。

問題3 【正解】（ロ）

20〔Ω〕の抵抗，10〔Ω〕の誘導性リアクタンス，30〔Ω〕の容量性リアクタンスに流れる電流をそれぞれ，I_1，I_2及びI_3とすれば次のように計算できます。

$$I_1 = \frac{120}{20} = 6 \text{〔A〕}$$

$$I_2 = \frac{120}{10} = 12 \text{〔A〕}$$

$$I_3 = \frac{120}{30} = 4 \text{〔A〕}$$

I_2とI_3は方向が反対で打ち消しあうのでI_2とI_3の合成電流I_{23}〔A〕は，

$$I_{23} = I_2 - I_3 = 12 - 4 = 8 \text{〔A〕}$$

となります。回路電流I〔A〕は次のように計算できます。

$$I = \sqrt{6^2 + 8^2} = 10 \text{〔A〕}$$

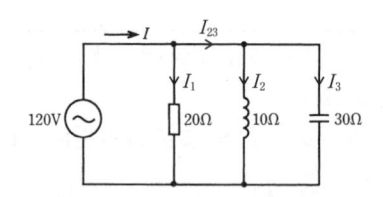

問題4 【正解】（イ）

10〔Ω〕の抵抗，10〔Ω〕の誘導性リアクタンスに流れる電流をそれぞれ，I_1，I_2とすれば次のように計算できます。

$$I_1 = \frac{100}{10} = 10 \text{〔A〕}$$

$$I_2 = \frac{100}{10} = 10 \text{〔A〕}$$

この場合の回路電流I_{12}〔A〕は次のように計算できます。

$$I_{12} = \sqrt{10^2 + 10^2} = \sqrt{200} = 14.1 \text{〔A〕}$$

スイッチSを閉じた後の電流計の指示値は，誘導性リアクタンスの値と容量性リアクタンスの値が等しく，これらの電流を合成すると0〔A〕になります。この場合の電流計の指示は10〔A〕なので，指示差は，

$$14.1 - 10 = 4.1 \text{〔A〕}$$

となります。

問題5 【正解】(ハ)

1相当たりのインピーダンス Z は，
$$Z = \sqrt{R^2 + X^2} = \sqrt{8^2 + 6^2} = 10 \, [\Omega]$$
となるので，線電流 I の値 [A] は，
$$I = \frac{210/\sqrt{3}}{Z} = \frac{210/\sqrt{3}}{10} = \frac{210}{10 \times 1.73} = \frac{210}{17.3} = 12.1 \, [A]$$
となります。

問題6 【正解】(イ)

図1のY回路と図2の△回路は相互に変換することができます。Y回路から△回路へ，又は△回路からY回路の変換をまとめて **Y-△変換**（スター・デルタ変換）と呼びます。図1のY回路のインピーダンス Z_Y [Ω] を△回路にした後のインピーダンスを $Z_\triangle$ [Ω] とすると，

$$Z_\triangle = 3 Z_Y \, [\Omega]$$

となって元のインピーダンスの **3倍** になります。このとき抵抗及びリアクタンス（遅相及び進相リアクタンスを含みます）もそれぞれ同じように3倍となります。ただし静電容量 C [F] は逆になり，Y-△変換では $C/3$ [F] となります。

図2の△回路のインピーダンス $Z_\triangle$ [Ω] をY回路にした後のインピーダンスを Z_Y [Ω] とすると，

$$Z_Y = \frac{Z_\triangle}{3} \, [\Omega]$$

となって元のインピーダンスの **1/3倍** になります。このとき抵抗及びリアクタンス（遅相及び進相リアクタンスを含みます）もそれぞれ同じように1/3倍となります。ただし静電容量 C [F] は逆になり，△-Y変換では $3C$ [F] となります。

図1   図2

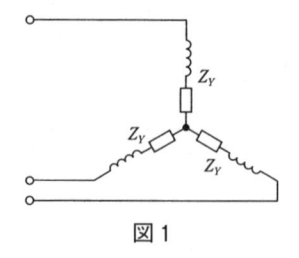

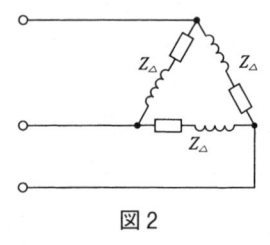

以上により，図aの等価回路が図bであるとき，インピーダンス$\dot{Z}_2$を示す式は，

$$\dot{Z}_2 = \frac{\dot{Z}_1}{3}$$

となります。また，図bの等価回路が図aであるとき，インピーダンス$\dot{Z}_1$を示す式は，

$$\dot{Z}_1 = 3\dot{Z}_2$$

となります。

問題7 【正解】（イ）

△回路の部分の抵抗にY-△変換を行うと，

$$R_Y = \frac{R_\triangle}{3} \ [\Omega]$$

の関係により，

$$R_Y = \frac{12}{3} = 4 \ [\Omega]$$

となって4〔Ω〕になります。すると回路は，3〔Ω〕の誘導リアクタンスと4〔Ω〕の抵抗の直列回路になります。したがって変換後の1相当たりのインピーダンスZは，

$$Z = \sqrt{4^2 + 3^2} = \sqrt{25} = 5 \ [\Omega]$$

となります。インピーダンスZに加わる電圧Eは，

$$E = \frac{200}{\sqrt{3}} \ [V]$$

なので，電流Iの値〔A〕は，

$$I = \frac{E}{Z} = \frac{200/\sqrt{3}}{5} = \frac{200}{5\sqrt{3}} = \frac{40}{\sqrt{3}} \ [A]$$

となります。

問題8 【正解】（ロ）

△回路の部分の誘導リアクタンスに Y-△ 変換を行うと，

$$X_Y = \frac{X_\triangle}{3} \ [\Omega]$$

の関係により，

$$X_Y = \frac{X_\triangle}{3} = \frac{9}{3} = 3 \ [\Omega]$$

となって 3〔Ω〕になります。すると回路は，4〔Ω〕の抵抗と 3〔Ω〕の誘導リアクタンスとの直列回路になります。したがって変換後の1相当たりのインピーダンス Z は，

$$Z = \sqrt{4^2 + 3^2} = \sqrt{25} = 5 \ [\Omega]$$

となります。インピーダンス Z に加わる電圧 E は，

$$E = \frac{200}{\sqrt{3}} \ [V]$$

なので，電流 I の値〔A〕は，

$$I = \frac{E}{Z} = \frac{200/\sqrt{3}}{5} = \frac{200}{5\sqrt{3}} = \frac{40}{\sqrt{3}} \ [A]$$

となります。

第45回テスト 電気理論4

	問い	答え
1	図のような三相交流回路において，抵抗 $R = 10〔Ω〕$，リアクタンス $X = 10〔Ω〕$ である。回路の全消費電力〔kW〕は。 （3φ3W電源 200V／Y結線：R と X）	イ．3 ロ．4 ハ．12 ニ．13
2	図のような三相交流回路の全消費電力が 3000〔W〕であった。線電流 I の値〔A〕は。 （3φ3W電源 200V／Δ結線：10Ω と $X〔Ω〕$）	イ．5.8 ロ．10.0 ハ．17.3 ニ．20.0
3	図のような三相交流回路の全消費電力〔kW〕は。 （3φ3W電源 200V／Δ結線：各辺 10Ω と 10Ω）	イ．1.0 ロ．2.0 ハ．3.0 ニ．6.0

-336-

4	図は電源電圧 V 〔V〕, 電源周波数 f 〔Hz〕, 三相コンデンサの1相当たりの静電容量 C 〔F〕の三相交流回路である。三相コンデンサの進相無効電力〔var〕を示す式は。 3φ3W 電源 f〔Hz〕, V〔V〕, V〔V〕, V〔V〕, C〔F〕, C〔F〕, C〔F〕	イ. $\dfrac{2\pi fCV}{3}$ ロ. $\dfrac{2\pi fCV^2}{\sqrt{3}}$ ハ. $2\pi fCV^2$ ニ. $2\pi fCV$
5	図のような三相交流回路に流れる電流 I の値〔A〕を示す式は。ただし $X_C > X_L$ とする。 3φ3W 電源, V〔V〕, X_L〔Ω〕, X_C〔Ω〕	イ. $\dfrac{V}{\sqrt{3}(X_C - X_L)}$ ロ. $\dfrac{\sqrt{3}V}{(X_C - X_L)}$ ハ. $\dfrac{V}{\sqrt{3}(X_C + X_L)}$ ニ. $\dfrac{\sqrt{3}V}{(X_C + X_L)}$
6	図のように, 直列リアクトルを設けた高圧進相コンデンサがある。この回路の無効電力〔var〕を示す式は。ただし, $X_C > X_L$ とする。 3φ3W 電源, V〔V〕, X_L〔Ω〕, X_c〔Ω〕 直列リアクトル　高圧進相コンデンサ	イ. $\dfrac{V^2}{(X_C - X_L)}$ ロ. $\dfrac{V^2}{(X_C + X_L)}$ ハ. $\dfrac{V}{\sqrt{X_C^2 + X_L^2}}$ ニ. $\dfrac{3V}{\sqrt{X_C^2 - X_L^2}}$

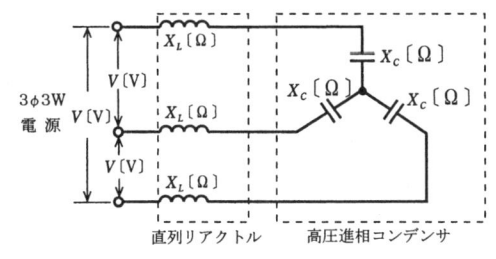

7　図のような三相交流回路において，電源電圧は200〔V〕，抵抗 R は8〔Ω〕，誘導性リアクタンス X は6〔Ω〕である。回路の全無効電力〔kvar〕の値は。

イ．4.2
ロ．7.2
ハ．9.6
ニ．12

3φ3W
200 V
電源

第45回テスト 解答と解説

問題1 【正解】（ロ）

リアクタンス X は電力を消費しないのでこの場合は無視すると図のようになります。抵抗 R に流れる電流 I の値 [A] は，

$$I = \frac{200/\sqrt{3}}{R} = \frac{200/\sqrt{3}}{10} = \frac{20}{\sqrt{3}} \text{ [A]}$$

となります。回路の全消費電力 P [kW] は，次のようになります。

$$P = 3I^2R = 3 \times \left(\frac{20}{\sqrt{3}}\right)^2 \times 10 = 3 \times \frac{400}{3} \times 10 = 4000 \text{ [W]} = 4 \text{ [kW]}$$

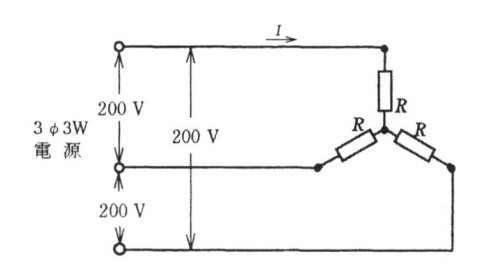

問題2 【正解】（ハ）

10 [Ω] の抵抗に流れる相電流を I_R [A] とすれば，1相の消費電力は，

$$\frac{3000}{3} = I_R^2 \times 10$$

$$I_R^2 = 100$$

$$\therefore \ I_R = \sqrt{100} = 10 \text{ [A]}$$

となります。**線電流 I [A] は相電流の $\sqrt{3}$ 倍**なので，次のようになります。

$$I = \sqrt{3}\,I_R = 10\sqrt{3} = 17.3 \text{ [A]}$$

問題3 【正解】（ニ）

1相のインピーダンス Z [Ω] は，

$$Z = \sqrt{10^2 + 10^2} = \sqrt{200} = 10\sqrt{2} \text{ [Ω]}$$

となります。これより相電流 I_Z [A] は，

$$I_Z = \frac{200}{Z} = \frac{200}{10\sqrt{2}} = \frac{20}{\sqrt{2}} \text{ [A]}$$

となるので，三相交流回路の全消費電力 P [kW] は，次のようになります。

$$P = 3 I_Z^2 \times 10 = 3 \times \left(\frac{20}{\sqrt{2}}\right)^2 \times 10 = 30 \times \frac{400}{2} = 6000 \text{ [W]} = 6.0 \text{ [kW]}$$

問題4 【正解】(ハ)

コンデンサの1相当たりの静電容量 C [F]，周波数 f [Hz] の場合の進相リアクタンス X_C [Ω] は，

$$X_C = \frac{1}{2\pi f C} \text{ [Ω]}$$

となります。線電流は I_C [A]，

$$I_C = \frac{V/\sqrt{3}}{X_C} = \frac{V/\sqrt{3}}{1/2\pi f C} = \frac{2\pi f C V}{\sqrt{3}} \text{ [A]}$$

となるので，三相コンデンサの進相無効電力 Q_C [var] は，次のようになります。

$$Q_C = 3 I_C^2 X_C = 3 \times \left(\frac{2\pi f C V}{\sqrt{3}}\right)^2 \times \frac{1}{2\pi f C} = 3 \times \frac{(2\pi f C)^2}{3} V^2 \times \frac{1}{2\pi f C}$$
$$= 2\pi f C V^2$$

問題5 【正解】(イ)

回路の合成リアクタンスは $X_C > X_L$ より，$(X_C - X_L)$ [Ω] となります。これより，三相交流回路に流れる電流 I の値 [A] は，次のようになります。

$$I = \frac{V/\sqrt{3}}{(X_C - X_L)} = \frac{V}{\sqrt{3}(X_C - X_L)} \text{ [A]}$$

問題6 【正解】(イ)

問5の結果より回路の無効電力 Q [kvar] は，次のようになります。

$$Q = 3 I^2 (X_C - X_L) = 3 \times \left(\frac{V}{\sqrt{3}(X_C - X_L)}\right)^2 \times (X_C - X_L)$$
$$= \frac{V^2}{(X_C - X_L)} \text{ [var]}$$

問題7 【正解】（ロ）

相電流 I〔A〕は,

$$I = \frac{200}{\sqrt{8^2+6^2}} = \frac{200}{10} = 20 \text{〔A〕}$$

となるので，三相交流回路の全消費電力回路の全無効電力 Q〔kvar〕は，次のようになります。

$$Q = 3I^2 \times 6 = 3 \times 20^2 \times 10 = 7200 \text{〔var〕} = 7.2 \text{〔kvar〕}$$

第46回テスト 電気理論5

	問い	答え
1	可動鉄片形の計器であることを示すJIS記号は。	イ. 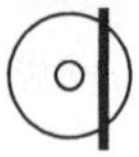 ロ. 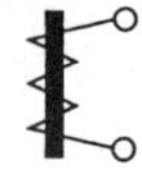 ハ.  ニ. 
2	図のような単相電力計により，負荷の消費電力を測定する場合の結線方法として，正しいものは。ただし，電流コイルと電圧コイルは図に示す端子間に入っているものとする。 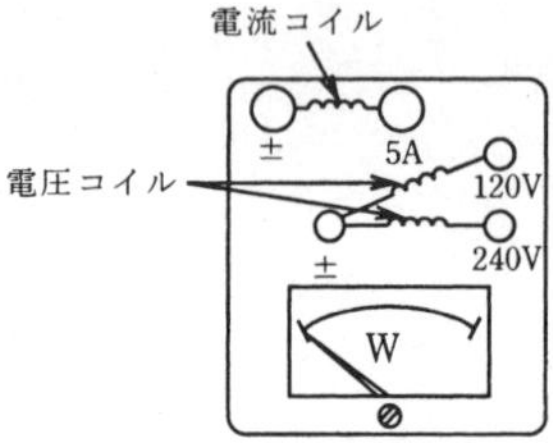	イ. 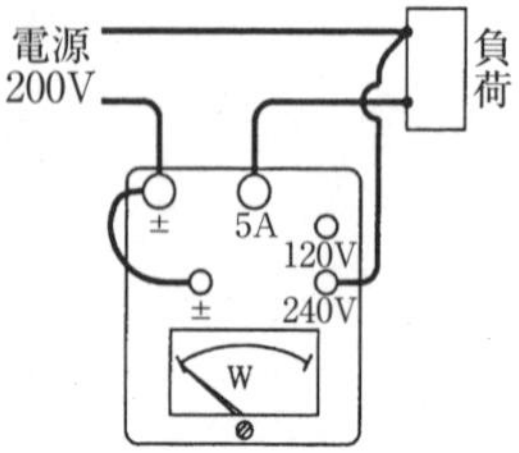 ロ. 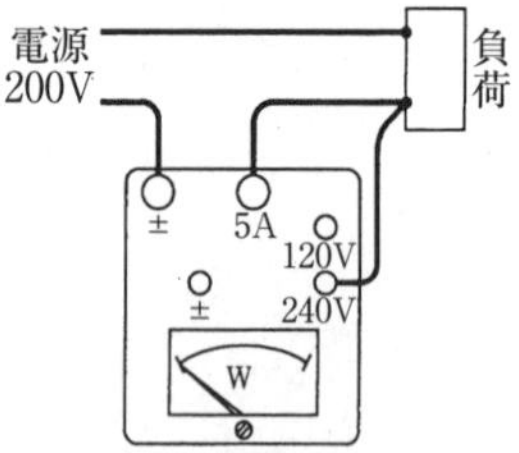 ハ. 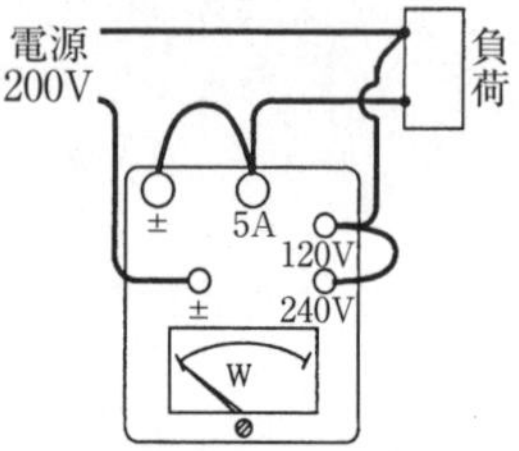 ニ. 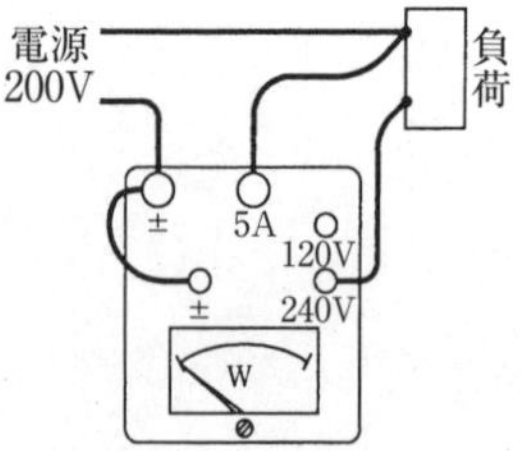

3	最大目盛が3〔V〕，内部抵抗が30〔kΩ〕の電圧計の測定範囲を最大300〔V〕に拡大したい。必要な倍率器の抵抗値〔kΩ〕は。	イ．2,970 ロ．3,000 ハ．3,030 ニ．3,060
4	写真に示す品物の用途は。	イ．電源の周波数測定に用いる。 ロ．磁束の測定に用いる。 ハ．照度の測定に用いる。 ニ．騒音の測定に用いる。
5	写真に示す品物の名称は。	イ．周波数計 ロ．回転計 ハ．相回転表示器 ニ．力率計
6	写真に示す機器の名称は。	イ．漏電遮断器試験器 ロ．回路計 ハ．絶縁抵抗計 ニ．接地抵抗計

7	写真に示す計器の用途は。	イ．周波数の測定に用いる。 ロ．力率の測定に用いる。 ハ．最大電力の測定に用いる。 ニ．相回転の確認に用いる。
8	写真の機器の矢印で示す破線で囲った部分を使用して測定するものは。	イ．電圧 ロ．電流 ハ．周波数 ニ．電力量

第46回テスト　解答と解説

問題1　【正解】（ロ）

主な計器の記号と動作原理を示します。

種類	記号	使用回路	動作原理及び測定対象
可動コイル形	⌒	直流	固定された永久磁石による磁界と，可動コイルに流れる電流との間に生じる力によって，可動コイルを駆動させる方式（電圧，電流，抵抗）
可動鉄片形計器	⚡	交流直流	固定コイルに流れる電流の磁界と，その磁界によって磁化された可動鉄片との間に生じる力により可動鉄片を駆動させる方式（電圧，電流）
電流力計形計器	⊟	交流直流	固定コイルに流れる電流の磁界と，可動コイルに流れる電流との間に生じる力によって，可動コイルを駆動させる方式（電圧，電流，電力）
整流形	▶︎⊢	交流	整流器と可動コイル形計器を組み合わせて使用する（電圧，電流）
熱電形計器	∨	交流直流	発熱線に流れる電流によって熱せられる熱電対に生じる起電力を，可動コイル形の計器で指示させる方式（電圧，電流，電力）

誘導型	○|	交　流	渦電流と磁界の電磁作用を利用して円盤を回転させる（電圧，電流，電力）
静電型	⏚	交流直流	固定電極と可動電極間に働く静電力により指示させる方式（電圧）

問題2 【正解】（イ）

単相電力計の**電流コイル**は負荷に**直列**，**電圧コイル**は負荷と**並列**になるように接続します。

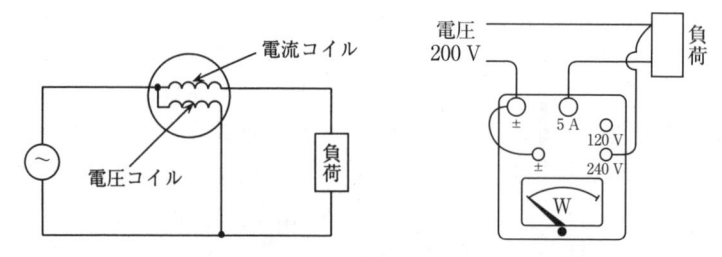

単相電力計の電流コイルと電圧コイルの接続法

問題3 【正解】（イ）

最大目盛が3〔V〕で内部抵抗が30〔kΩ〕の電圧計に流れる電流 I〔A〕は，

$$I = \frac{3}{30 \times 10^3} = \frac{0.1}{10^3} = 0.1 \times 10^{-3}〔A〕$$

となります。電圧計の測定範囲を最大300〔V〕に拡大したときに倍率器 R〔kΩ〕を接続したときも同じ電流になればよいので，倍率器の抵抗値 R〔Ω〕は，

$$I = 0.1 \times 10^{-3} = \frac{300}{30 \times 10^3 + R}$$

$$0.1 \times 10^{-3}(30 \times 10^3 + R) = 300$$

$$0.1 \times 10^{-3} \times 30 \times 10^3 + 0.1 \times 10^{-3} \times R = 300$$

$$3 + 0.1 \times 10^{-3} \times R = 300$$

$$300 - 3 = 297 = 0.1 \times 10^{-3} \times R$$

∴ $R = \dfrac{297}{0.1 \times 10^{-3}} = 2970 \times 10^3 \,[\Omega] = 2970 \,[\mathrm{k}\Omega]$

となります。

問題4 【正解】（ハ）

照度計なので照度の測定に用います。計器に照度の単位である「LUX」が表示されているので解りやすいです。

問題5 【正解】（ハ）

三相回路の相順を測定する**相回転表示器**です。

問題6 【正解】（ニ）

計器にΩと書いてあるので，接地抵抗計か絶縁抵抗計かで悩むところですが，端子が3個あるので**接地抵抗計**であることが解ります。

問題7 【正解】（ロ）

力率の測定に用いる力率計です。「**LEAD**（進み）」と「**LAG**（遅れ）」と表示しているので判別が簡単です。力率が進みか遅れかを判別してどれくらいの力率であるかも同時に測定します。

問題8 【正解】（ロ）

クランプメーターと呼ばれるもので，破線で囲った部分に電線を通して**電流値**を測定します。種類により負荷電流と漏れ電流を測定できるものがあります。

第12章
配電理論

1. 配電 1〜4（第47回テスト〜第50回テスト）
   （正解・解説は各回の終わりにあります。）

※本試験では，各問題の初めに以下のような記述がございますが，本書では，省略しております。

次の各問には4通りの答え（イ，ロ，ハ，ニ）が書いてある。それぞれの問いに対して答えを1つ選びなさい。

第47回テスト 配電1

問い	解答
1. 図のような単相2線式配電線路で，電線1線当たりの抵抗 r〔Ω〕，線路リアクタンス〔Ω〕，線路に流れる電流を I〔A〕とするとき，電圧降下（V_s-V_r）の近似値〔V〕を示す式は。ただし，負荷の力率：$\cos\theta > 0.8$ で，遅れ力率であるとする。	イ．$2I(r\cos\theta + x\sin\theta)$ ロ．$\sqrt{3}I(r\cos\theta + x\sin\theta)$ ハ．$2I(r\sin\theta + x\cos\theta)$ ニ．$\sqrt{3}I(r\sin\theta + x\cos\theta)$
2. 図のような配電線路において，負荷の端子電圧200〔V〕，電流10〔A〕，力率80〔%〕（遅れ）である。1線当りの線路抵抗が0.4〔Ω〕，線路リアクタンスが0.3〔Ω〕であるとき，電源電圧 V_s の値は〔V〕は。	イ．205 ロ．210 ハ．215 ニ．220

3

図は，送電端電圧 V_s〔V〕，受電端電圧 V_r〔V〕，線電流 I〔A〕，線路抵抗 R〔Ω〕，線路リアクタンス X〔Ω〕の1相分の等価回路である。深夜において，負荷がコンデンサだけになった場合の電流と電圧の関係を示すベクトル図は。

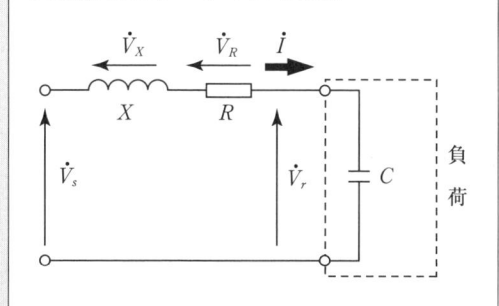

イ．

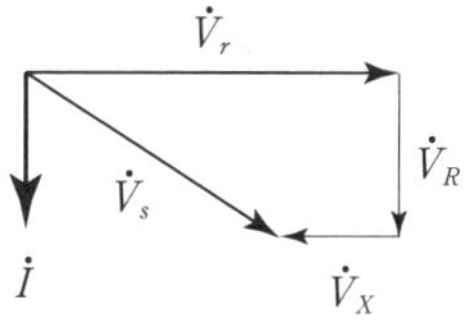

ロ．

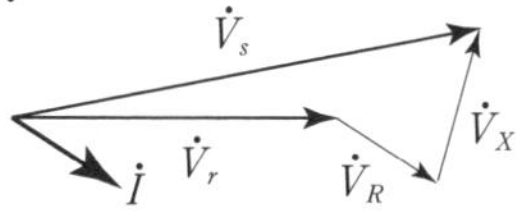

ハ．

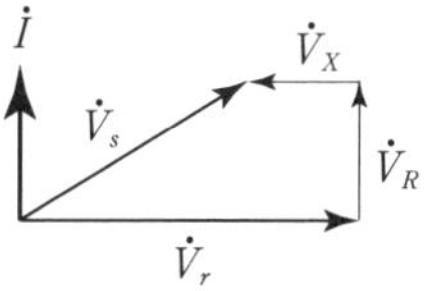

ニ．

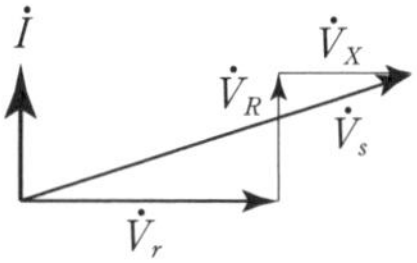

4

図のような単相3線式配電線路において，スイッチAを閉じ，スイッチBを開いた状態から，次にスイッチBを閉じた場合，a-b間の電圧 V_{ab} はどのように変化するか。

ただし電源電圧は 105〔V〕一定で，電線1相当たりの抵抗は 0.1〔Ω〕，負荷抵抗は 3.3〔Ω〕とする。

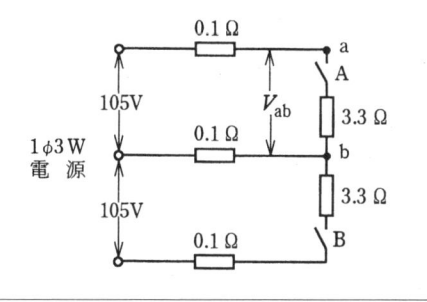

イ．約 3〔V〕下がる。
ロ．約 3〔V〕上がる。
ハ．約 5〔V〕下がる。
ニ．約 5〔V〕上がる。

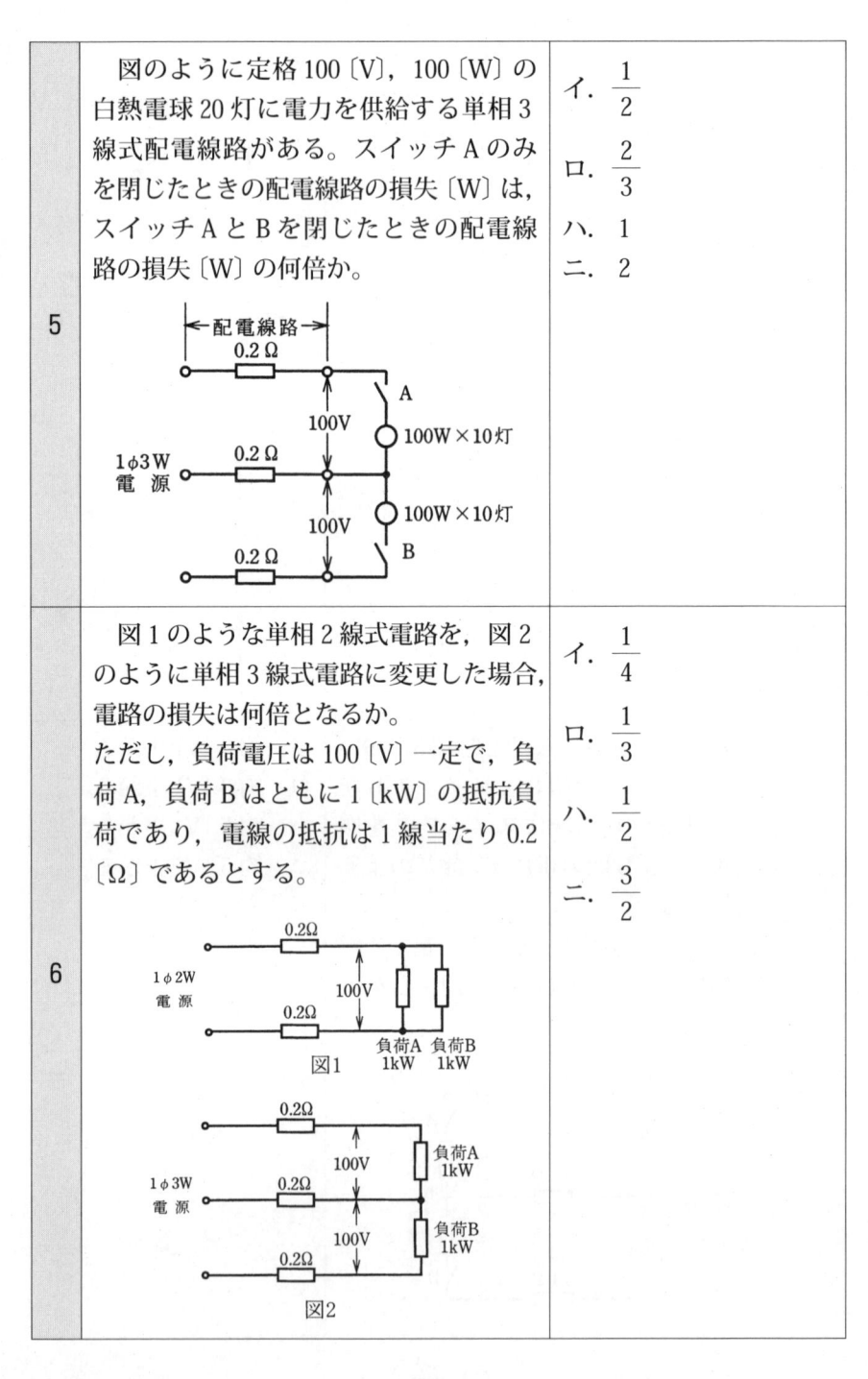

5	図のように定格100〔V〕，100〔W〕の白熱電球20灯に電力を供給する単相3線式配電線路がある。スイッチAのみを閉じたときの配電線路の損失〔W〕は，スイッチAとBを閉じたときの配電線路の損失〔W〕の何倍か。 配電線路の図：単相3線式電源，各線0.2Ω，100V×2，100W×10灯×2（スイッチA，B）	イ. $\dfrac{1}{2}$ ロ. $\dfrac{2}{3}$ ハ. 1 ニ. 2
6	図1のような単相2線式電路を，図2のように単相3線式電路に変更した場合，電路の損失は何倍となるか。 ただし，負荷電圧は100〔V〕一定で，負荷A，負荷Bはともに1〔kW〕の抵抗負荷であり，電線の抵抗は1線当たり0.2〔Ω〕であるとする。 図1：単相2線式電源，0.2Ω×2，100V，負荷A 1kW，負荷B 1kW 図2：単相3線式電源，0.2Ω×3，100V×2，負荷A 1kW，負荷B 1kW	イ. $\dfrac{1}{4}$ ロ. $\dfrac{1}{3}$ ハ. $\dfrac{1}{2}$ ニ. $\dfrac{3}{2}$

第47回テスト 解答と解説

問題1 【正解】（イ）

単相2線式配電線路の遅れ力率の場合の電圧降下(V_s-V_r)の近似値〔V〕は，
$$V_s\text{-}V_r = 2I(r\cos\theta + x\sin\theta)\,[\text{V}]$$
となります。V_sは送電端線間，V_rは受電端線間電圧です。三相3線式配電線路の遅れ力率の場合の電圧降下（V_s-V_r）の近似値〔V〕は，
$$V_s\text{-}V_r = \sqrt{3}\,I(r\cos\theta + x\sin\theta)\,[\text{V}]$$
となります。

問題2 【正解】（ロ）

問1の結果より，負荷の端子電圧200〔V〕，電流10〔A〕，力率80〔％〕（遅れ），1線当りの線路抵抗が0.4〔Ω〕，線路リアクタンスが0.3〔Ω〕とすると，次のように計算できます。

$$\begin{aligned}
V_s &= V_r + 2I(r\cos\theta + x\sin\theta) \\
&= 200 + 2 \times 10\,(0.4 \times 0.8 + 0.3 \times \sqrt{1-0.8^2}) \\
&= 200 + 2 \times 10\,(0.32 + 0.18) = 200 + 10 = 210\,[\text{V}]
\end{aligned}$$

問題3 【正解】（ハ）

通常の状態では，送電端電圧V_s〔V〕＞受電端電圧V_r〔V〕ですが，深夜において，負荷がコンデンサだけになった場合には，送電端電圧V_s〔V〕＜受電端電圧V_r〔V〕となります。この現象を**フェランチ効果**といいます。送電端電圧V_s〔V〕＜受電端電圧V_r〔V〕となった場合でも，電源側（送電端）の位相は負荷側（受電端）の位相よりも必ず進みなので，電流と電圧の関係を示すベクトル図は，（ハ）となります。

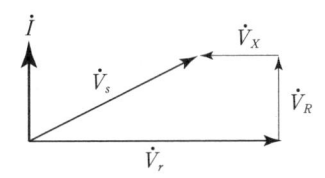

フェランチ効果時の電圧関係

問題 4 【正解】（ロ）

　単相3線式配電線路において，スイッチAを閉じスイッチBを開いた状態のときの回路は図1のようになります。回路を流れる電流 I〔A〕は，

$$I = \frac{105}{0.1 + 3.3 + 0.1} = \frac{105}{3.5} = 30 \text{〔A〕}$$

となるので，負荷の端子電圧 V〔V〕は，

$$V = 3.3I = 3.3 \times 30 = 99 \text{〔V〕}$$

となります。

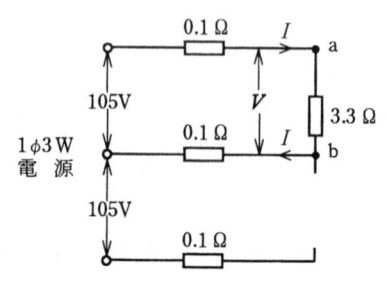

図1　スイッチAを閉じた回路

　スイッチBを閉じた場合の回路は図2のようになります。負荷が平衡しているので，スイッチBを閉じた場合には中性線には相殺されて電流が流れません。これより中性線の抵抗の電圧降下0になるので，この場合の回路を流れる電流 I'〔A〕は，

$$I' = \frac{105 + 105}{0.1 + 3.3 + 0.1 + 3.3} = \frac{105}{3.4} = 30.9 \text{〔A〕}$$

となるので，負荷の端子電圧 V'〔V〕は，

$$V' = 3.3I_A = 3.3 \times 30.9 = 102 \text{〔V〕}$$

となって，a–b間の電圧の変化 V_{ab}〔V〕は，

$$V_{ab} = V' - V = 102 - 99 = 3 \text{〔V〕}$$

となります。3〔V〕上昇することがわかります。

配電 1

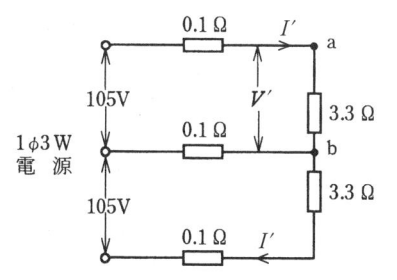

図2　スイッチAとスイッチBを閉じた回路

問題5　【正解】（ハ）

　スイッチAのみを閉じたときの負荷の電力は，白熱電球が10灯になるので100〔W〕× 10 = 1000〔W〕となります。図3より線路を流れる電流I〔A〕は，電圧が100〔V〕なので，

$$I = \frac{1000}{100} = 10 \text{〔A〕}$$

となります。これよりスイッチAのみを閉じたときの配電線路の損失 P_A〔W〕は，

$$P_A = (r + r)\,I^2 = (0.2 + 0.2) \times 10^2 = 0.4 \times 100 = 40 \text{〔W〕}$$

となります。

図3　スイッチAを閉じた回路

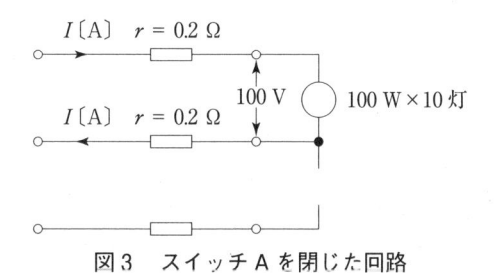

　次にスイッチAとBを閉じたときは図4のようになります。**負荷は平衡しているので中性線**には電流は流れません。この場合でも回路を流れる電流はスイッチAのみを閉じた場合と同じなので，スイッチAとBを閉じたときの配電線路の損失 P_{AB}〔W〕は，

$$P_A = (r + r)\,I^2 = (0.2 + 0.2) \times 10^2 = 0.4 \times 100 = 40 \text{〔W〕}$$

となるので，配電線路の損失は同じになります。

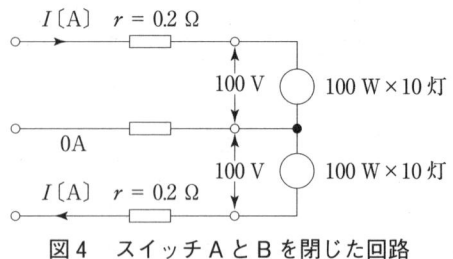

図4　スイッチAとBを閉じた回路

問題6 【正解】（イ）

　図5より，単相2線式電路の負荷の電力は合計 2000 [W] なので線路を流れる電流 I [A] は，電圧が 100 [V] であることから，

$$I = \frac{2000}{100} = 20 \text{ [A]}$$

となります。これより単相2線式電路の配電線路の損失 P_2 [W] は，

$$P_2 = (0.2 + 0.2) \times 20^2 = 0.4 \times 400 = 160 \text{ [W]}$$

となります。

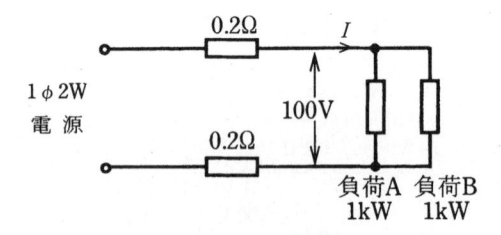

図5　単相2線式電路

　図6の単相3線式電路において負荷は平衡しているので中性線には電流は流れません。片側の負荷の電力は 1000 [W] なので線路を流れる電流 I [A] は，電圧が 100 [V] なので，

$$I = \frac{1000}{100} = 10 \text{ [A]}$$

となります。これより単相3線式電路の配電線路の損失 P_3 [W] は，

$$P_3 = (0.2 + 0.2) \times 10^2 = 0.4 \times 100 = 40 \text{ [W]}$$

となります。単相3線式電路に変更すると電路の損失は，

$$= \frac{P_3}{P_2} = \frac{40}{160} = \frac{1}{4}$$

となります。

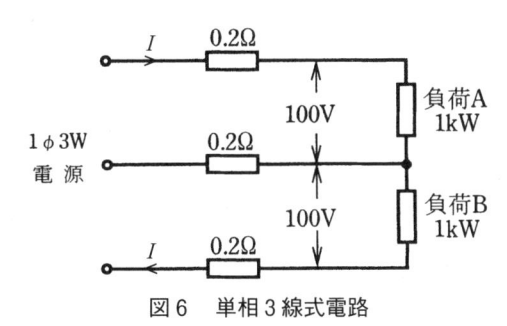

図6　単相3線式電路

第48回テスト 配電2

	問い	答え
1	図のような単相3線式電線路において、スイッチAを開き、スイッチBを閉じた状態でのa-b間の電圧V_{ab}の値〔V〕は。ただし、電源電圧は105〔V〕一定、電線1線当たりの抵抗は0.1〔Ω〕、負荷は抵抗負荷で3.3〔Ω〕とする。	イ. 100 ロ. 105 ハ. 106 ニ. 108
2	図のような単相3線式電路で、電流のI_Aの大きさは20〔A〕、電流I_Bの大きさは20〔A〕、負荷Aの力率は100〔%〕、負荷Bの力率は50〔%〕（遅れ）である。電流I_A, I_B及び中性線に流れる電流I_Nのベクトル図として、正しいものは。	イ. ロ. ハ. ニ.

3	図1のような単相2線式電路を，図2のように単相3線式電路に変更した場合，線路の損失〔W〕はおよそ何ワット減少するか。ただし，負荷は20〔Ω〕の抵抗負荷とし，電線1本当りの抵抗は0.1〔Ω〕とする。	イ．5 ロ．10 ハ．15 ニ．20
4	図のような配電線路において，変圧器の一次電流 I の値〔A〕は。ただし，変圧器と配電線路の損失及び変圧器の励磁電流は無視するものとする。	イ．0.7 ロ．1.0 ハ．1.5 ニ．2.0
5	図のような単相2線式配電線路で，各点間の抵抗が電線1線当たりそれぞれ0.1〔Ω〕，0.2〔Ω〕，0.2〔Ω〕である。A点の電源電圧が210〔V〕であるとき，D点の電圧〔V〕は。ただし，負荷の力率はすべて100〔%〕であるとする。	イ．200 ロ．202 ハ．204 ニ．206

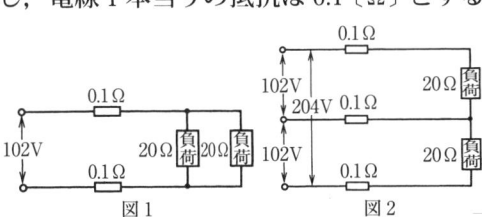

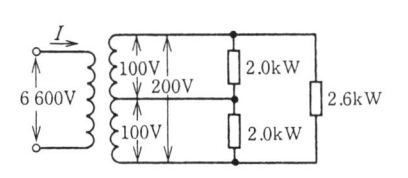

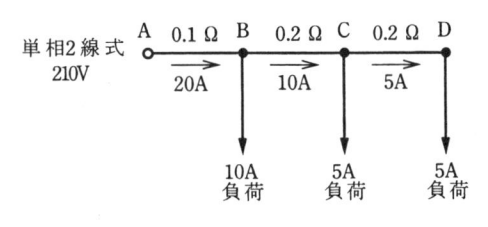

6	図のような三相3線式高圧配電線路で線電流は 200〔A〕であった。この配電線路の電圧降下 (V_s-V_r)〔V〕は。ただし，電線1線当たりの抵抗は 0.5〔Ω〕，負荷の力率は 0.9〔遅れ〕とし，線路のインダクタンスは無視するものとする。 （図：200 A, 0.5 Ω, V_s, V_r, 負荷：力率0.9（遅れ））	イ．78 ロ．100 ハ．156 ニ．200
7	三相3線式配電線路に消費電力 300〔kW〕，遅れ力率 80〔%〕の負荷が接続され，負荷の端子電圧は 6000〔V〕であった。電線1条当たりの抵抗を 0.3〔Ω〕とすると，この配電線路の損失〔kW〕は，およそ。	イ．0.4 ロ．0.5 ハ．1.2 ニ．3.5

第48回テスト 解答と解説

問題1 【正解】(ニ)

スイッチAを開き，スイッチBを閉じた状態で回路を流れる電流 I 〔A〕は，

$$I = \frac{105}{0.1 + 3.3 + 0.1} = \frac{105}{3.5} = 30 \text{〔A〕}$$

となります。中性線の電圧降下 e〔V〕は，

$$e = 0.1 \times 30 = 3 \text{〔V〕}$$

となります。a–b 間の電圧 V_{ab} の値〔V〕は，電源電圧 105〔V〕と中性線の電圧降下 e〔V〕を加えたものになります。なぜならば，中性線の電流の方向はスイッチAの負荷に対して反対になるので，電圧降下ではなく上昇として作用するからです。ゆえに，

$$V_{ab} = 105 + e = 105 + 3 = 108 \text{〔V〕}$$

となります。

問題2 【正解】(ニ)

単相3線式電路の**中性線**に流れる電流は両端の**線路の差**が流れます。電流の $\dot{I}_A$ の大きさは 20〔A〕，電流 $\dot{I}_B$ の大きさは 20〔A〕，負荷Aの力率は 100〔%〕，負荷Bの力率は 50〔%〕（遅れ）なので，電流 $\dot{I}_A$ と電流 $\dot{I}_B$ の位相は 60°遅れになります。$\cos 60° = 0.5$ だからです。電流 $\dot{I}_A$ と電流 $\dot{I}_B$ の位相の関係は図に示すようになります。中性線の電流は電流 $\dot{I}_A$ と電流 $\dot{I}_B$ の差の電流となるので，電流 $\dot{I}_B$ の位相が反対になり図の $-\dot{I}_B$ となります。電流 $\dot{I}_A$ と電流 $-\dot{I}_B$ のベクトルの合成は図に示す $\dot{I}_N$ となります。

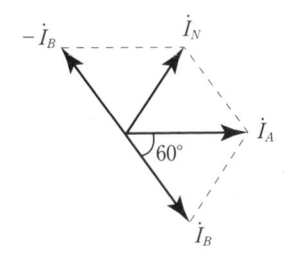

電流 $\dot{I}_A$ と電流 $\dot{I}_B$ の差のベクトル

問題3 【正解】（ハ）

単相2線式電路の負荷抵抗を合成すると，合成抵抗 $R_2 \,[\Omega]$ は，

$$R_2 = \frac{10 \times 10}{10 + 10} = \frac{200}{20} = 10 \,[\Omega]$$

になるので，流れる電流 $I_2 \,[A]$ は，

$$I_2 \,[A] = \frac{102}{0.1 + 10 + 0.1} = \frac{102}{10.2} = 10 \,[A]$$

となります。電流を $I_2 \,[A]$，線路合成抵抗を $R_2 \,[\Omega]$ とすると単相2線式電路の線路の損失 $P_2 \,[W]$ は，

$$P_2 = I_2{}^2 R_2 \,[W]$$

で求めることができます。これより，

$$P_2 = (0.1 + 0.1) \times 10^2 = 0.2 \times 100 = 20 \,[W]$$

となります。単相3線式電路に変更した場合，負荷が平衡しているので，中性線には電流が流れません。単相3線式電路の負荷抵抗を合成すると，合成抵抗 $R_3 \,[\Omega]$ は，

$$R_3 = 20 + 20 = 40 \,[\Omega]$$

になるので，流れる電流 $I_3 \,[A]$ は，

$$I_3 \,[A] = \frac{204}{0.1 + 40 + 0.1} = \frac{204}{40.2} = 5.07 \,[A]$$

となるので単相3線式電路の線路の損失 $P_3 \,[W]$ は，

$$P_3 = I_3{}^2 R_2 \,[W]$$

より，

$$P_3 = (0.1 + 0.1) \times 5.07^2 = 0.2 \times 25.7 = 5.14 \,[W]$$

となります。線路の損失 $[W]$ は，

$$20 - 5.14 \fallingdotseq 15 \,[W]$$

となるので，およそ15ワット減少します。

問題4 【正解】（ロ）

単相3線式電路の負荷が平衡しているので，中性線には電流が流れません。100 $[V]$ 負荷の電流 $I_1 \,[A]$ は，

$$I_1 = \frac{2000}{100} = 20 \,[A]$$

となります。同様に，200 $[V]$ 負荷の電流 $I_2 \,[A]$ は，

$$I_2 = \frac{2600}{200} = 13 \,[\text{A}]$$

となります。これより両側の電線に流れる電流 $I_3\,[\text{A}]$ は，

$$I_3 = I_1 + I_2 = 20 + 13 = 33 \,[\text{A}]$$

となります。

変圧器二次側の電流

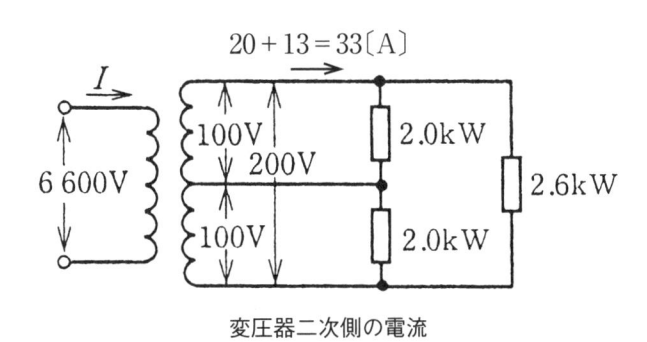

これより変圧器二次側の電力 $P_2\,[\text{W}]$ は，

$$P_2 = 200 I_3 = 200 \times 33 = 6600 \,[\text{W}]$$

となります。一次側の電力 $P_1\,[\text{W}]$ は変圧器の一次電流を $I\,[\text{A}]$ とすれば，

$$P_1 = 6600\,I \,[\text{W}]$$

で表すことができます。
変圧器と配電線路の損失及び変圧器の励磁電流は無視するので，変圧器一次側の電力 P_1 と変圧器二次側の電力 P_2 は等しいので，

$$P_1 = P_2$$
$$6600\,I = 6600$$
$$\therefore\ I = \frac{6600}{6600} = 1.0 \,[\text{A}]$$

となります。

問題5 【正解】（イ）

AB 間の電流が 20 [A] なので，AB 間の電圧降下 $v_{AB}\,[\text{V}]$ は，

$$v_{AB} = (0.1 + 0.1) \times 20 = 4 \,[\text{V}]$$

となります。BC 間の電流が 10 [A] なので，BC 間の電圧降下 $v_{BC}\,[\text{V}]$ は，

$$V_{BC} = (0.2 + 0.2) \times 10 = 4 \,[\text{V}]$$

となります．同様に，CD間の電流が5〔A〕なので，CD間の電圧降下v_{CD}〔V〕は，
$$V_{CD} = (0.2 + 0.2) \times 5 = 2 \text{〔V〕}$$
となります．以上により，AD間の降下v_{AD}〔V〕は，
$$v_{AD} = v_{AB} + v_{BC} + v_{CD} = 4 + 4 + 2 = 10 \text{〔V〕}$$
となるので，A点の電源電圧が210〔V〕であるとき，D点の電圧V_D〔V〕は，
$$v_{AD} = 210 - V_{CD} = 210 - 10 = 200 \text{〔V〕}$$
となります．

問題.6 【正解】（ハ）

線電流をI〔A〕，電線1線当たりの抵抗をR〔Ω〕，線路のリアクタンスをX〔Ω〕，角荷の力率を遅れ$\cos\theta$とすれば，三相3線式配電線路の電圧降下$(V_s - V_r)$〔V〕は，
$$(V_s - V_r) = \sqrt{3}\,I(R\cos\theta + X\sin\theta) \text{〔V〕} \quad (1)$$
で表されます．線路のインダクタンスL〔H〕と線路のリアクタンスX〔Ω〕の関係は電源の周波数をf〔Hz〕とすれば，
$$X = 2\pi f L \text{〔Ω〕}$$
で表されるので，線路のインダクタンスL〔H〕が0になると線路のリアクタンスX〔Ω〕も0になります．これより（1）式は，
$$(V_s - V_r) = \sqrt{3}\,IR\cos\theta \text{〔V〕}$$
となります．上式に題意の数値を代入すれば，
$$(V_s - V_r) = \sqrt{3}\,IR\cos\theta = \sqrt{3} \times 200 \times 0.5 \times 0.9 \fallingdotseq 156 \text{〔V〕}$$
となります．

問題7 【正解】（ハ）

三相3線式配電線路の負荷の消費電力$P = 300 \times 10^3$〔kW〕，負荷の端子電圧$V = 6000$〔V〕，遅れ力率$\cos\theta = 0.8(80\text{〔%〕})$のときの線電流$I$〔A〕は，
$$P = \sqrt{3}\,VI\cos\theta \text{〔W〕}$$
より，
$$I = \frac{P}{\sqrt{3}\,V\cos\theta} = \frac{300 \times 10^3}{\sqrt{3} \times 6000 \times 0.8} = 36.1 \text{〔A〕}$$
となります．電線1条当たりの抵抗rを0.3〔Ω〕とすると，この配電線路の損失p〔kW〕は，

$p = 3I^2r = 3 \times 36.1^2 \times 0.3 = 1173 \,\text{[W]} \fallingdotseq 1.2 \,\text{[kW]}$
となります。

第49回テスト 配電3

	問い	答え
1	図のように，定格電圧200〔V〕，消費電力18〔kW〕，力率0.9（遅れ）の三相負荷に電気を供給する配電線路がある。この配電線路の電力損失〔kW〕は。ただし，電線1線当たりの抵抗は0.1〔Ω〕とし，配電線路のリアクタンスは無視できるものとする。	イ．0.81 ロ．0.90 ハ．1.0 ニ．1.8
2	図のように三相電源から，三相負荷（定格電圧200〔V〕，定格消費電力20〔kW〕，遅れ力率0.8）に電気を供給している配電線路がある。図中のように低圧進相コンデンサを設置して，力率を1.0に改善する場合の変化として，誤っているものは。ただし，電源電圧は一定とし，負荷のインピーダンスも負荷電圧にかかわらず一定とする。なお，配電線路の抵抗rは1線当たり0.1〔Ω〕とし，線路のリアクタンスは無視できるものとする。	イ．線路の電流Iが減少する。 ロ．線路の電力損失が減少する。 ハ．電源からみて，負荷側の無効電力は0となる。 ニ．線路の電圧降下が20〔％〕程度増加する。

3	図のように，三相3線式構内は配電線路の末端に力率80〔%〕（遅れ）の三相負荷があり，線電流は50〔A〕であった。いまこの負荷と並列に電力用コンデンサ C を接続して，線路の力率を100〔%〕に改善した場合，この配電線路の電力損失〔kW〕は。ただし，電線1線当たりの抵抗は0.4〔Ω〕，線路のリアクタンスは無視できるものとし，負荷電圧は一定とする。	イ．1.08 ロ．1.11 ハ．1.92 ニ．3.00
4	図のように三相3線式の高圧配電線路の末端に遅れ力率80〔%〕の三相負荷がある。変電所から負荷までの配電線路の電圧降下 (V_s-V_r) が600〔V〕であるとき，配電線路の線電流 I の値〔A〕は。ただし電線1線当たりの抵抗0.8〔Ω〕，リアクタンスは0.6〔Ω〕とする。	イ．200 ロ．$200\sqrt{3}$ ハ．$208\sqrt{3}$ ニ．600
5	三相3線式配電線路に接続された遅れ力率80〔%〕の三相負荷がある。これに並列にコンデンサを設置して力率を100〔%〕に改善した場合，配電線路の電力損失はもとの何倍となるか。ただし，負荷の電圧は変化しないものとする。	イ．0.64 ロ．0.80 ハ．1.00 ニ．1.25

6　図のような三相交流回路において，線路の電圧降下（線間電圧）を 4〔V〕以内にするための電線の最小太さ〔mm²〕は。ただし電線の抵抗は表のとおりとし，線路のリアクタンスは無視するものとする。

イ．14
ロ．22
ハ．38
ニ．60

長さ 200m
3φ3W 200V 電源
20A
20A
20A
三相負荷
力率 100%

電線太さ〔mm²〕	100〔m〕当たりの抵抗〔Ω〕
14	0.130
22	0.082
38	0.049
60	0.030

第49回テスト 解答と解説

問題1 【正解】（ハ）

三相3線式配電線路の負荷の消費電力 $P = 18 \times 10^3$ 〔W〕，負荷の端子電圧 $V = 200$ 〔V〕，遅れ力率 $\cos \theta = 0.9$（90〔%〕）のときの線電流 I 〔A〕は，

$$P = \sqrt{3}\, VI \cos \theta \text{〔W〕}$$

より，

$$I = \frac{P}{\sqrt{3}\, V \cos \theta} = \frac{18 \times 10^3}{\sqrt{3} \times 200 \times 0.9} = 57.7 \text{〔A〕}$$

となります。電線1条当たりの抵抗 r を 0.1〔Ω〕とすると，この配電線路の損失 p〔kW〕は，

$$p = 3I^2 r = 3 \times 57.7^2 \times 0.1 = 999 \text{〔W〕} \fallingdotseq 1.0 \text{〔kW〕}$$

となります。

問題2 【正解】（ニ）

低圧進相コンデンサを設置して，**力率を1.0**に改善する場合の変化は，**無効電流が0**になるので，電源からみて，負荷側の無効電力は0となります。その結果，線路の電流 I が減少し，線路の**電力損失が減少**します。三相3線式配電線路の電圧降下 $(V_s - V_r)$〔V〕は，線電流を I〔A〕，電線1線当たりの抵抗を R〔Ω〕，負荷の力率を遅れ $\cos \theta$，線路のリアクタンスを無視すれば，

$$(V_s - V_r) = \sqrt{3}\, IR \cos \theta \text{〔V〕}$$

で表されます。定格電圧 200〔V〕，定格消費電力 20〔kW〕，遅れ力率 0.8 のときの線路電流 I は，

$$I = \frac{P}{\sqrt{3}\, V \cos \theta} = \frac{20000}{\sqrt{3} \times 200 \times 0.8} = 72.2 \text{〔A〕}$$

となるので，この場合の電圧降下 $(V_s - V_r)$〔V〕は，

$$(V_s - V_r) = \sqrt{3} \times 72.2 \times 0.1 = 12.5 \text{〔V〕}$$

となります。力率1のときの線路電流 I は，

$$I = \frac{P}{\sqrt{3}\, V \cos \theta} = \frac{20000}{\sqrt{3} \times 200 \times 1} = 57.7 \text{〔A〕}$$

となるので，この場合の電圧降下 $(V_s - V_r)$〔V〕は，

$$(V_s\text{-}V_r) = \sqrt{3} \times 57.7 \times 0.1 ≒ 10 \text{ [V]}$$

となるので，20％程度減少します．

問題3　【正解】（ハ）

線電流が50〔A〕で力率80〔％〕（遅れ）のときの有効電流 I_1〔A〕は，

$$I_1 = 50 \times 0.8 = 40 \text{ [A]}$$

となります．力率を100〔％〕に改善した場合には線電流が有効電流に等しくなります．この配電線路の電力損失 p〔kW〕は，電線1線当たりの抵抗が0.4〔Ω〕なので，

$$p = 3 \times I_1^2 \times 0.4 = 3 \times 40^2 \times 0.4 = 1920 \text{ [W]} = 1.92 \text{ [kW]}$$

となります．

問題4　【正解】（ロ）

線電流を I〔A〕，電線1線当たりの抵抗を R〔Ω〕，線路のリアクタンスを X〔Ω〕，三相3線式配電線路の電圧降下（$V_s\text{-}V_r$）〔V〕は，負荷の力率を遅れ $\cos\theta$ とすれば，

$$(V_s\text{-}V_r) = \sqrt{3}\,I\,(R\cos\theta + X\sin\theta) \text{ [V]}$$

となるので，$(V_s\text{-}V_r) = 600$〔V〕，$R = 0.8$，$X = 0.6$，$\cos\theta = 0.8$，$\sin\theta = 0.6$ とすれば，線電流 I〔A〕は，

$$(V_s\text{-}V_r) = 600 = \sqrt{3} \times I\,(0.8 \times 0.8 + 0.6 \times 0.6) = \sqrt{3} \times I \times 1$$

$$\therefore\ I = \frac{600}{\sqrt{3}} = \frac{600\sqrt{3}}{\sqrt{3} \times \sqrt{3}} = \frac{600\sqrt{3}}{3} = 200\sqrt{3} \text{ [A]}$$

となります．

問題5　【正解】（イ）

配電線路の**電力損失**は**線路電流の2乗**に比例します．問3の結果より，力率80〔％〕から力率100〔％〕に改善した場合の線路電流は，$40/50 = 0.8$ となります．電力損失は線路電流の2乗に比例するので，$0.8^2 = 0.64$ 倍となります．この関係は重要なので確実に理解しておきましょう．

問題6　【正解】（ハ）

問2より線路のリアクタンスを無視した場合の三相交流回路の線路の電圧降下（線間電圧）より，

$$(V_s - V_r) = \sqrt{3}\, IR \cos\theta$$
$$4 = \sqrt{3} \times 20\, R \times 1$$
$$\therefore\ R = \frac{4}{\sqrt{3} \times 20} = \frac{1}{5\sqrt{3}} = 0.1155\ [\Omega]$$

となります。これは200〔m〕の値なので100〔m〕当たりでは，0.058〔Ω〕以下でなくてはなりません。問題の表より，これよりも小さい電線の太さは38〔mm²〕となります。

第50回テスト 配電4

問い	答え
1. 図Aに示す単相2線式電線路の電力損失は、図Bに示す三相3線式電線路の電力損失の何倍か。ただし、電線1線当たりの抵抗を0.1〔Ω〕とする。 図A: 1φ2W電源、0.1Ω、200V、6kW負荷 図B: 3φ3W電源、0.1Ω、200V、2kW×3（Δ負荷）	イ. 2 ロ. 3 ハ. 6 ニ. 9
2. 図のように、三相3線式配電線路に消費電力300〔kW〕、遅れ力率80〔%〕の負荷が接続され、負荷の端子電圧は6,000〔V〕であった。電線1本当りの抵抗を0.32〔Ω〕とすると、この配電線路の損失〔kW〕は。 3φ3W電源、0.32Ω、6,000V、負荷300kW 遅れ力率80%	イ. 0.42 ロ. 0.72 ハ. 1.25 ニ. 3.75

配電 4

3	図のような三相3線式配電線路において，末端P点から電源側を見た線路の1相当たりの抵抗 r，及び1相当たりのリアクタンス x は，それぞれ $r = 0.6 〔Ω〕$, $x = 0.8 〔Ω〕$ であるとする。このとき配電線のP点における三相短絡電流〔kA〕は。ただし，変圧器二次側の線間電圧は 6.6〔kV〕であるとする。 3φ3W 電源 ─── 22/6.6 kV ─── $r = 0.6 〔Ω〕$ $x = 0.8 〔Ω〕$ ─── × P点	イ．2.0 ロ．3.8 ハ．8.2 ニ．11.0
4	線間電圧 V〔kV〕の配電系統において受電点からみた電源側の合成百分率インピーダンスが Z〔％〕{10〔MV・A〕基準}であった。受電点における三相短絡電流〔kA〕を示す式は。	イ．$\dfrac{100}{\sqrt{3}\,VZ}$ ロ．$\dfrac{100\sqrt{3}}{VZ}$ ハ．$\dfrac{1000}{\sqrt{3}\,VZ}$ ニ．$\dfrac{1000}{VZ}$
5	図に示す高圧需要家の受電点（A点）からみた電源側の百分率インピーダンス（%Z）は10〔MV・A〕基準でいくらか。ただし，配電用変電所の変圧器の %Z は 30〔MV・A〕基準で 21〔％〕，変電所から電源側及び高圧配電線の %Z は 10〔MV・A〕基準でそれぞれ 2〔％〕及び 3〔％〕とする。 3〜 ─── 10 MV・A 2％ ─── 変電所 30 MV・A 21％ ─── 高圧配電線 10 MV・A 3％ ─── 需要家 A点	イ．12〔％〕 ロ．23〔％〕 ハ．24〔％〕 ニ．26〔％〕

第50回テスト 問題

6	消費電力120〔kW〕，力率0.6（遅れ）の負荷を有する高圧受電設備に高圧進相コンデンサを施設して，力率を0.8（遅れ）に改善したい。必要なコンデンサの容量は〔kvar〕は。	イ．35 ロ．70 ハ．90 ニ．160
7	容量100〔kV・A〕，消費電力80〔kW〕，力率80〔%〕（遅れ）の負荷を有する高圧受電設備に高圧進相コンデンサを設置し，力率を93〔%〕（遅れ）程度に改善したい。必要なコンデンサの定格容量 Q_c〔kvar〕として，適切なものは。ただし $\cos\theta_2$ が0.93のときの $\tan\theta_2$ は0.38とする。	イ．20 ロ．30 ハ．50 ニ．75
8	負荷電圧6,600〔V〕，負荷電流50〔A〕，遅れ力率60〔%〕の三相負荷がある。負荷端において力率を80〔%〕に改善した場合，線路に流れる電流〔A〕は。ただし，負荷電圧及び消費電力は変わらないものとする。	イ．22.5 ロ．30.0 ハ．37.5 ニ．40.0
9	定格容量100〔kV・A〕，消費電力80〔kW〕，力率80〔%〕（遅れ）の負荷に電力を供給する高圧受電設備に，定格容量30〔kvar〕の高圧進相コンデンサを設置し，力率を改善した。力率改善後におけるこの設備の無効電力〔kvar〕の値は。	イ．20 ロ．30 ハ．50 ニ．75
10	1台あたりの消費電力12〔kW〕，遅れ力率80〔%〕の三相負荷がある。定格容量150〔kV・A〕の三相変圧器から電力を供給する場合，供給できる負荷の最大台数は。ただし，負荷の需要率は100〔%〕で，変圧器は過負荷で運転しないものとする。	イ．8 ロ．10 ハ．12 ニ．15

第50回テスト　解答と解説

問題1　【正解】（イ）

単相2線式電線路の線電流 I_2〔A〕は，

$$I_2 = \frac{6000}{200} = 30 \text{〔A〕}$$

となるので，電力損失 p_2〔W〕は，

$$p_2 = 2 \times 0.1 \times 30^2 = 180 \text{〔W〕}$$

となります。三相3線式電線路の線電流 I_3〔A〕は，

$$= \sqrt{3} \times \frac{2000}{200} = 10\sqrt{3} \text{〔A〕}$$

となるので，電力損失 p_3〔W〕は，

$$p_3 = 3 \times 0.1 \times (10\sqrt{3})^2 = 0.3 \times 300 = 90 \text{〔W〕}$$

となるので，

$$\frac{p_2}{p_3} = \frac{180}{90} = 2$$

より，2線式電線路の電力損失は，三相3線式電線路の電力損失の2倍となります。

問題2　【正解】（ハ）

三相3線式配電線路の電流 I〔A〕は，

$$I = \frac{300000}{\sqrt{3} \times 6000 \times 0.8} = 36.1 \text{〔A〕}$$

となるので，この配電線路の損失 p〔kW〕は，

$$= 3 \times 0.32 \times 36.1^2 \fallingdotseq 1250 \text{〔W〕} = 1.25 \text{〔kW〕}$$

となります。

問題3　【正解】（ロ）

変圧器二次側と短絡点Pまでの**短絡インピーダンス** Z〔Ω〕は，

$$Z = \sqrt{0.6^2 + 0.8^2} = \sqrt{0.36 + 0.64} = 1 \text{〔Ω〕}$$

となります。配電線のP点における三相短絡電流 I〔kA〕は，

$$I = \frac{6600}{\sqrt{3}\,Z} = \frac{6600}{\sqrt{3} \times 1} = 3810\,[\text{A}] \fallingdotseq 3.8\,[\text{kA}]$$

問題4 【正解】(ハ)

線間電圧 V [kV], 受電点からみた電源側の合成百分率インピーダンスが Z [%] {10 [MV・A] 基準} の場合の受電点における三相短絡電流 I [kA] を示す式は,

$$I = \frac{\text{基準容量 [MV・A]}}{\sqrt{3}\,V\,[\text{kV}]\,Z\,[\%]} \times 100\,[\text{kA}]$$

で表すことができます。基準容量が 10 [MV・A] なので,

$$I = \frac{\text{基準容量 [MV・A]}}{\sqrt{3}\,V\,[\text{kV}]\,Z\,[\%]} \times 100 = \frac{10}{\sqrt{3}\,VZ} \times 100 = \frac{1000}{\sqrt{3}\,VZ}\,[\text{kA}]$$

となります。導き出すのは大変なので公式として覚えましょう。単位をそろえるのがポイントです。

問題5 【正解】(イ)

変圧器の %Z を 10 [MV・A] 基準にすると,

$$21\,[\%] \times \frac{10\,[\text{MV・A}]}{30\,[\text{MV・A}]} = 7\,[\%]$$

となります。高圧需要家の受電点 (A点) からみた電源側の百分率インピーダンス (%Z) は, 百分率インピーダンスが直列に接続されているので,

$$7 + 2 + 3 = 12\,[\%]$$

となります。

問題6 【正解】(ロ)

負荷の皮相電力 S_1 [kV・A] は,

$$S_1 = \frac{120}{0.6} = 200\,[\text{kV・A}]$$

であり, 無効電力 Q_1 [kvar] は, 次のようになります。

$$Q_1 = S_1 \times \sqrt{1 - 0.6^2} = 200 \times \sqrt{0.64} = 200 \times 0.8 = 160\,[\text{kvar}]$$

力率を 0.8 (遅れ) に改善した場合の負荷の皮相電力 S_2 [kV・A] は,

$$S_2 = \frac{120}{0.8} = 150\,[\text{kV・A}]$$

となります。この場合の無効電力 Q_2〔kvar〕は，
$$Q_2 = S_2 \times \sqrt{1-0.8^2} = 150 \times \sqrt{0.36} = 150 \times 0.6 = 90 \text{〔kvar〕}$$
となるので，必要なコンデンサの容量は Q_C〔kvar〕は，
$$Q_C = Q_1 - Q_2 = 160 - 90 = 70 \text{〔kvar〕}$$
となります。

問題7　【正解】（ロ）

力率 80〔%〕（遅れ）のときの無効電力 Q_1〔kvar〕は，
$$Q_1 = S_1 \times \sqrt{1-0.8^2} = 100 \times \sqrt{0.36} = 100 \times 0.6 = 60 \text{〔kvar〕}$$
となります。力率を 0.93（遅れ）に改善した場合の負荷の皮相電力 S_2〔kV・A〕は，
$$S_2 = \frac{80}{\cos\theta_2} \text{〔kV・A〕}$$
となります。この場合の無効電力 Q_2〔kvar〕は，
$$Q_2 = S_2\sqrt{1-\cos^2\theta_2} = \frac{80}{\cos\theta_2} \times \sqrt{\sin^2\theta_2}$$
$$= \frac{80}{\cos\theta_2} \times \sin\theta_2 = 100\tan\theta_2 = 80 \times 0.38 \fallingdotseq 30 \text{〔kvar〕}$$
となるので，必要なコンデンサの容量は Q_C〔kvar〕は，
$$Q_C = Q_1 - Q_2 = 60 - 30 = 30 \text{〔kvar〕}$$
となります。

問題8　【正解】（ハ）

改善前の場合の有効電流 I_1〔A〕は，
$$I_1 = I \times \cos\theta_1 = 50 \times 0.6 = 30 \text{〔A〕}$$
となります。負荷電圧及び消費電力は変わらないので，力率を 80〔%〕に改善した場合の線電流 I_2〔A〕は，
$$I_2 = \frac{30}{\cos\theta_2} = \frac{30}{0.8} = 37.5 \text{〔A〕}$$
となります。

問題9 【正解】（ロ）

力率 80〔%〕（遅れ）のときの無効電力 Q_1〔kvar〕は，

$$Q_1 = S \times \sqrt{1 - 0.8^2} = 100 \times \sqrt{0.36} = 100 \times 0.6 = 60 \text{〔kvar〕}$$

となります。定格容量 $Q_c = 30$〔kvar〕の高圧進相コンデンサを設置した場合の設備の無効電力 Q_2〔var〕は，

$$Q_2 = Q_1 - Q_c = 60 - 30 = 30 \text{〔kvar〕}$$

となります。

問題10 【正解】（ロ）

1台の皮相電力 S〔kV・A〕は，

$$S = \frac{12}{0.8} = 15 \text{〔kV・A〕}$$

となるので，定格容量 150〔kV・A〕の三相変圧器から電力を供給する場合の最大台数は，$150 \div 15 = 10$ 台となります。

著者略歴

若月 輝彦 (わかつき てるひこ)

資格
電験第1種合格
環境計量士(騒音・振動)合格
エネルギー管理士(電気分野)合格
建築物環境衛生管理技術者合格

著書
電験第2種合格ガイド(電気書院)
電験第2種早分かり全7巻(電気書院)
電験第2種に合格できる本全5巻(電気書院)
電気管理士合格完全マスタブック全4巻(電気書院)
電験三種過去10年問題集平成14年度機械・法規(技術評論社)
電気のQ&A(技術評論社)
わかりやすい! 電験二種一次試験 合格テキスト(弘文社)
わかりやすい! 電験二種二次試験 合格テキスト(弘文社)
わかりやすい! 電験二種一次試験 重要問題集(弘文社)
わかりやすい! 電験二種二次試験 重要問題集(弘文社)
合格への近道 電験三種(理論)(弘文社)
合格への近道 電験三種(電力)(弘文社)
合格への近道 電験三種(機械)(弘文社)
合格への近道 電験三種(法規)(弘文社)
わかりやすい 第1種電気工事士 筆記試験(弘文社)
わかりやすい 第2種電気工事士 筆記試験(弘文社)
合格への近道 一級電気工事施工管理学科試験(弘文社)
合格への近道 二級電気工事施工管理学科試験(弘文社)
合格への近道 一級電気工事施工管理実地試験(弘文社)
合格への近道 二級電気工事施工管理実地試験(弘文社)
最速合格! 1級電気工事施工学科 50回テスト(弘文社)
最速合格! 1級電気工事施工実地 25回テスト(弘文社)
最速合格! 2級電気工事施工学科 50回テスト(弘文社)
最速合格! 2級電気工事施工実地 25回テスト(弘文社)

第 1 種電気工事士　筆記試験　50 回テスト

著　　　者	若 月 輝 彦	
印刷・製本	㈱ 太 洋 社	

発 行 所　株式会社　弘文社

〒546-0012 大阪市東住吉区
中野 2 丁目 1 番27号
☎　(06)6797―7 4 4 1
FAX　(06)6702―4 7 3 2
振替口座 00940―2―43630
東住吉郵便局私書箱 1 号

代 表 者　岡 崎　達

落丁・乱丁本はお取り替えいたします。

国家・資格試験シリーズ

衛生管理者試験

- 第1種衛生管理者必携　〈A5判〉
- 第2種衛生管理者必携　〈A5判〉
- よくわかる第1種衛生管理者試験　〈A5判〉
- よくわかる第2種衛生管理者試験　〈A5判〉
- これだけマスター
  第1種衛生管理者試験　〈A5判〉
- これだけマスター
  第2種衛生管理者試験　〈A5判〉
- わかりやすい第1種衛生管理者試験　〈A5判〉
- わかりやすい第2種衛生管理者試験　〈A5判〉

土木施工管理試験

- これだけマスター
  2級土木施工管理　〈A5判〉
- これだけマスター
  1級土木施工管理　〈A5判〉
- 4週間でマスター
  2級土木（学科・実地）　〈A5判〉
- 4週間でマスター
  1級土木（学科編）　〈A5判〉
- 4週間でマスター
  1級土木（実地編）　〈A5判〉
- 最速合格！
  1級土木50回テスト（学科）　〈A5判〉
- 最速合格！
  1級土木25回テスト（実地）　〈A5判〉
- 最速合格！
  2級土木50回テスト（学科・実地）　〈A5判〉

自動車整備士試験

- よくわかる
  3級整備士試験（ガソリン）　〈A5判〉
- よくわかる
  3級整備士試験（ジーゼル）　〈A5判〉
- よくわかる
  3級整備士試験（シャシ）　〈A5判〉
- よくわかる
  2級整備士試験（ガソリン）　〈A5判〉
- 3級自動車ズバリ一発合格　〈A5判〉
- 2級自動車ズバリ一発合格　〈A5判〉

電気工事士試験

- プロが教える
  第1種電気工事士 筆記　〈A5判〉
- わかりやすい
  第1種電気工事士 筆記　〈A5判〉
- わかりやすい
  第2種電気工事士 筆記　〈A5判〉
- よくわかる
  第2種電気工事士 筆記　〈A5判〉
- よくわかる
  第2種電気工事士 技能　〈A5判〉
- よくわかる
  第1種電気工事士 筆記　〈A5判〉
- よくわかる
  第1種電気工事士 技能　〈A5判〉
- これだけマスター
  第1種電気工事士 筆記　〈A5判〉
- これだけマスター
  第2種電気工事士 筆記　〈A5判〉

国家・資格試験シリーズ

消防設備士試験

わかりやすい！
第4類消防設備士試験　〈A5判〉

わかりやすい！
第6類消防設備士試験　〈A5判〉

わかりやすい！
第7類消防設備士試験　〈A5判〉

本試験によく出る！
第4類消防設備士問題集　〈A5判〉

本試験によく出る！
第6類消防設備士問題集　〈A5判〉

本試験によく出る！
第7類消防設備士問題集　〈A5判〉

これだけはマスター！
第4類消防設備士試験 筆記+鑑別編　〈A5判〉

管工事施工管理試験

2級管工事施工管理受験必携　〈A5判〉

1級管工事施工管理受験必携　〈A5判〉

よくわかる！2級管工事施工　〈A5判〉

1級管工事施工実地対策　〈A5判〉

2級管工事施工実地対策　〈A5判〉

毒物劇物取扱責任者試験

毒物劇物取扱責任者試験　〈A5判〉

これだけはマスター！基礎固め
毒物劇物取扱者試験　〈A5判〉

ビル管理試験

建築物環境衛生(ビル管理)必携　〈A5判〉

よくわかるビル管理技術者試験　〈A5判〉

チャレンジ！建築物環境衛生　〈A5判〉

電験第三種試験

プロが教える！電験3種受験対策　〈A5判〉

プロが教える！電験3種テキスト　〈A5判〉

プロが教える！電験3種重要問題集　〈A5判〉

チャレンジ！ザ・電験3種　〈A5判〉

基礎からの
電験三種受験入門　〈A5判〉

これだけはマスター
電験三種　〈A5判〉

合格への近道
電験三種（理論）　〈A5判〉

合格への近道
電験三種（電力）　〈A5判〉

合格への近道
電験三種（機械）　〈A5判〉

合格への近道
電験三種（法規）　〈A5判〉

ストレートに頭に入る！
電験三種　〈A5判〉

ボイラー技士試験

よくわかる
2級ボイラー技士　〈A5判〉

よくわかる
1級ボイラー技士　〈A5判〉

わかりやすい2級ボイラー技士　〈A5判〉

わかりやすい1級ボイラー技士　〈A5判〉

これだけ！2級ボイラー合格大作戦　〈A5判〉

これだけ！1級ボイラー合格大作戦　〈A5判〉

国家・資格試験シリーズ

公害防止管理者試験

本試験形式！公害防止管理者
　大気関係　　　　　　　〈A5判〉

本試験形式！公害防止管理者
　水質関係　　　　　　　〈A5判〉

これだけ大作戦！公害防止管理者
　大気・粉じん関係　　　〈A5判〉

これだけ大作戦！公害防止管理者
　水質関係　　　　　　　〈A5判〉

よくわかる！公害防止管理者
　ダイオキシン類関係　　〈A5判〉

よくわかる！公害防止管理者
　水質関係　　　　　　　〈A5判〉

わかりやすい！公害防止管理者
　大気関係　　　　　　　〈A5判〉

わかりやすい！公害防止管理者
　水質関係　　　　　　　〈A5判〉

環境計量士試験

よくわかる環境計量士(濃度)　〈A5判〉

よくわかる環境計量士(騒音・振動)　〈A5判〉

わかりやすい環境計量士(法規・管理)　〈A5判〉

測量士補試験

これだけマスター
　ザ・測量士補　　　　　〈A5判〉

測量士補受験の基礎　　　〈A5判〉

よくわかる！
　測量士補重要問題　　　〈B5判〉

危険物取扱者試験

これだけ！甲種危険物試験
　合格大作戦！！　　　　〈A5判〉

これだけ！乙種第4類危険物
　合格大作戦！！　　　　〈A5判〉

これだけ！乙種総合危険物試験
　合格大作戦！！　　　　〈A5判〉

実況ゼミナール！
　甲種危険物取扱者試験　〈A5判〉

実況ゼミナール！
　乙種4類危険物取扱者試験　〈A5判〉

実況ゼミナール！
　科目免除者のための乙種危険物　〈A5判〉

実況ゼミナール！
　丙種危険物取扱者試験　〈A5判〉

暗記で合格！甲種危険物　〈A5判〉

暗記で合格！乙種4類危険物　〈A5判〉

暗記で合格！乙種総合危険物　〈A5判〉

暗記で合格！丙種危険物　〈A5判〉

わかりやすい！甲種危険物　〈A5判〉

わかりやすい！乙種4類危険物　〈A5判〉

わかりやすい！乙種1・2・3・5・6類危険物　〈A5判〉

わかりやすい！丙種危険物取扱者　〈A5判〉

最速合格！乙4危険物でるぞ〜問題集　〈A5判〉

直前対策！乙4危険物20回テスト　〈A5判〉

本試験形式！甲種危険物模擬テスト　〈A5判〉

本試験形式！乙4危険物模擬テスト　〈A5判〉

本試験形式！乙種1・2・3・5・6類模擬テスト　〈A5判〉